21世纪高等教育计算机规划教材

# 计算机组装
# 与维护（项目式）

## Computer Assembly and Maintenance

蔡英 王曼韬 主编

U0312860

人民邮电出版社

北 京

图书在版编目（CIP）数据

计算机组装与维护：项目式 / 蔡英，王曼韬主编
-- 北京 ：人民邮电出版社，2014.3（2021.8重印）
21世纪高等教育计算机规划教材
ISBN 978-7-115-33821-1

Ⅰ．①计… Ⅱ．①蔡… ②王… Ⅲ．①电子计算机—
组装—高等学校—教材②计算机维护—高等学校—教材
Ⅳ．①TP30

中国版本图书馆CIP数据核字(2014)第016564号

## 内 容 提 要

本书以个人计算机的组装与维护为主线，主要介绍了计算机系统的基本知识，计算机配件及外围设备的选购，常用计算机产品的选购，个人计算机的组装过程，构建软件系统的一般过程，网络克隆技术，系统备份和优化，计算机软、硬件故障诊断以及计算机的维护方法等内容。

本书适合作为高等院校"计算机组装与维护"课程的教材，同时也适合作为计算机初学者的目学用书。

◆ 主　编　蔡英　王曼韬
　　责任编辑　李海涛
　　责任印制　彭志环　焦志炜

◆ 人民邮电出版社出版发行　　北京市丰台区成寿寺路 11 号
　　邮编　100164　电子邮件　315@ptpress.com.cn
　　网址　http://www.ptpress.com.cn
　　固安县铭成印刷有限公司印刷

◆ 开本：787×1092　1/16
　　印张：18　　　　　　　　　2014 年 3 月第 1 版
　　字数：472 千字　　　　　　2021 年 8 月河北第 8 次印刷

定价：39.80 元

读者服务热线：(010)81055256　印装质量热线：(010)81055316
反盗版热线：(010)81055315

# 前　言

随着计算机软、硬件技术的发展，个人计算机已走入了千家万户，成为人们日常生活和办公的必需品。从事计算机组装与维护的人员需要掌握较为全面的计算机组装与维护技能。在高等教育中，"计算机组装与维护"也成为一门重要的课程。

本书结合当前主流的硬件和软件，介绍了计算机组装与维护的基本技能。全书在内容安排上力求做到深浅适度、详略得当，从基础知识起步，用大量的案例介绍计算机组装与维护的基本方法和技巧。叙述上力求简明扼要、通俗易懂，既方便教师讲授，又便于学生理解和掌握。

计算机行业的知识更新速度快，书本上的知识常常滞后于现实中技术和产品的更新速度。因此，本书重在向学生传授计算机组装与维护的基本知识和常用技能，同时教给学生获取新知识的方法和途径。

为方便教师教学，本书配备了内容丰富的教学资源包，包括 PPT 电子教案、习题答案、教学大纲和两套模拟试题及答案。任课老师可登录人民邮电出版社教学服务与资源网（www.ptpedu.com.cn）免费下载使用。

本书共分 10 个项目，主要内容安排如下表所示。

| 项　目 | 标　题 | 主要内容 |
| --- | --- | --- |
| 项目一 | 确定配置及选购主要配件 | 介绍 CPU、主板和内存的选购知识 |
| 项目二 | 选购其他重要配件 | 介绍存储设备、输入输出设备等重要配件的选购知识 |
| 项目三 | 组装计算机 | 介绍组装个人计算机的基本过程 |
| 项目四 | 设置 BIOS | 介绍设置 BIOS 的基本方法 |
| 项目五 | 构建软件系统 | 介绍在计算机上安装应用软件和系统软件的过程 |
| 项目六 | 选购常用外围设备 | 介绍打印机、扫描仪、投影仪等外围设备的选购要领 |
| 项目七 | 选购其他计算机产品 | 介绍笔记本电脑、平板电脑及品牌机等的选购要点 |
| 项目八 | 系统优化、备份与安全设置 | 介绍系统优化、备份与安全设置等相关知识 |
| 项目九 | 计算机系统的管理和维护 | 介绍计算机系统的管理和维护知识 |
| 项目十 | 计算机常见故障诊断及维护 | 介绍计算机常见软件和硬件故障诊断及维护技巧 |

本书由四川农业大学蔡英、王曼韬任主编，参加编写的还有成都信息工程学院陈锋、西南石油大学郑严以及成都大学程跃等。由于编者水平有限，书中难免存在疏漏之处，敬请各位读者指正。

编　者

2013 年 11 月

# 目　录

# 项目一
# 确定配置及选购主要配件

21 世纪是信息化时代,计算机作为一种信息化的工具,在当今社会正起着越来越重要的作用,而选购和组装计算机也已不再是少数人才能掌握的高深技术,越来越多的人希望根据自己的意愿选购并组装适合自己使用的计算机。下面就介绍确定计算机配置方案的要素以及选购计算机配件的方法。

**学习目标**

了解确定计算机配置的基本原则。

掌握 CPU、主板和内存的主要性能指标。

掌握 CPU、主板和内存的选购原则。

## 任务一　确定计算机配置

选购计算机的关键是满足用户的使用需求,在这个前提下,根据计算机性能的优劣、价格的高低、商家服务质量的好坏等具体问题来最终决定计算机的配置方案。确定配置方案时,必须考虑以下几个要点。

- 明确购买计算机的目的。
- 确定购买计算机的预算。
- 确定购买品牌机还是兼容机。
- 确定购买台式机还是笔记本电脑。

下面分别阐述这 4 个要点。

**1. 明确购买计算机的目的**

在购买计算机之前,首先应建立正确的选购思路,明确拟购计算机的用途,不同的用途会形成不同的购机方案。至于购买品牌机还是兼容机,台式机还是笔记本电脑都必须以满足使用要求为准则。

（1）普通办公用户

这一类用户购买计算机主要用于普通办公,例如打字、制表、听音乐、上网以及玩小型桌面游戏等。对于这类用户,一台基于赛扬系列或闪龙系列处理器、1GB 内存的计算机提供的性能已经绰绰有余,没必要选购价格更高的酷睿 2 双核系列计算机。

（2）家庭娱乐用户

这一类用户购买计算机主要用于个人或家庭娱乐,例如看高清电影、玩大型 3D 游戏等。对于这类用户，一般选购基于速龙双核系列或奔腾双核系列处理器、2GB 内存和独立显卡的计算机就可以满足要求。

（3）图形图像处理用户及电脑游戏爱好者

这一类用户购买计算机的主要目的是制作三维动画和进行大量的图形图像处理等。对于这类用户，推荐购买一台基于酷睿 2 双核系列或羿龙系列处理器的计算机，并尽量选用较大的内存和较好的独立显卡，以满足大量的数据计算和处理要求。

对于电脑游戏爱好者来说，除了对计算机的配置要求比较高外，还应选择屏幕尺寸较大且响应时间较短的液晶显示器（LCD），因为纯平显示器一般尺寸较小，而响应时间较长的液晶显示器容易出现拖尾等现象，无法满足游戏的要求。另外，一般说来，品牌机的显卡性能和总体性能都不是特别优良，进行大量 3D 运算有些吃力，所以建议此类用户选择兼容机。

　　购买什么样的计算机首先应该由用户购机的用途来决定，价格并不是最重要的因素。既要考虑自己购机的主要用途，不要盲目地追求高档配置，又不能为了省钱而选购性能过于低下的计算机，导致无法满足实际需求。

### 2. 确定购买计算机的预算

确定购机预算也是购机方案的重要一步，购机的预算根据不同用途、不同时期以及当时的市场行情会有所不同，因此，确定预算应根据当时的具体情况和个人资金投入能力而定。

### 3. 确定购买品牌机还是兼容机

如果用户是一个计算机的初学者，掌握的计算机知识有限，则购买品牌机不失为一个较合适的选择，如图 1-1 所示。相反，如果用户已经掌握了一定的计算机知识，并且希望计算机可以随时根据自己的需要进行升级，那么兼容机则是更好的选择。

（1）购买品牌机有以下优点

- 可靠的质量保障。
- 赠送大量的随机软件及浅显易懂的说明书。
- 耐心的技术服务。
- 值得信赖的售后服务。

（2）购买兼容机有以下优点

图 1-1　品牌机

- 配置自由。
- 兼容性好。
- 价格低廉。
- 便于升级。
- 提高动手能力。

### 4. 确定购买台式机还是笔记本电脑

用户在购买计算机时一定要考虑充分，是选择台式机还是笔记本电脑，有以下几个必须考虑的因素。

- 应用场合。
- 价格承受能力。
- 对性能要求的程度。

（1）从应用场合考虑。如果计算机的主要用途是移动办公或者用户经常外出，那么笔记本电脑无疑是最好的选择，如图 1-2 所示。如果只是普通家庭用户，则台式机是较好的选择。

（2）从价格因素考虑。笔记本电脑的价格相比台式机还是要高出很多，超出不少人的承受能力。虽然市场上也有价格较低的低端笔记本电脑，但其性能、质量和售后服务总是无法让人满意。所以如果用户购机预算不高，还是选择台式机更为合算。

（3）从性能要求考虑。相同价位的笔记本电脑与台式机比起来性能还是有一定的差距，并且笔记本电脑的升级性很差。对于希望不断升级计算机，以满足更高性能要求的用户来说，笔记本电脑是无法实现这一点的。

图 1-2　笔记本电脑

在充分考虑以上 3 点后，用户就可以根据自身情况决定是选择台式机还是笔记本电脑了。

# 任务二　选购计算机主要配件

计算机是由多种配件有序地组合在一起的一个整体，在确定了计算机的配置方案以后，就得逐个选购配件，完成配件的选购以后才能进行组装，最终得到适合自己的计算机。

## 一、选购 CPU

CPU 是计算机系统中最重要的配件，一般形象地将其比喻为计算机的大脑，其外观如图 1-3 所示。在选购计算机时，一般要先确定 CPU 的类型，由此再来确定其他配件的选购方案。

【知识准备】

1. 了解 CPU 的发展历程

目前，CPU 的生产厂商主要有 Intel 和 AMD 两家。

（1）Intel 早期 CPU

Intel（英特尔）公司为全球日益发展的计算机工业提供功能模块，包括微处理器、芯片组、板卡、系统以及软件等，其产品标识如图 1-4 所示。

图 1-3　CPU 的正面和反面　　　　　　图 1-4　Intel 的产品标识

Intel 早期的 CPU 主要经历了以下发展历程。

① 1971 年 Intel 推出了世界上第一款微处理器 4004。

② 随后先后推出了 8088、8086、80286、80386 和 80486 处理器，其性能不断提高，制作工艺也越来越精细。

③ 1993 年 Intel 公司推出了划时代的 586，并将其命名为 Pentium（奔腾）处理器。

④ 随后相继推出了 Pentium Pro、Pentium MMX、Pentium II、Pentium III 和 Pentium 4 处理器。

⑤ 期间为占领低端市场，还推出了低成本的 Celeron（赛扬）系列 CPU。

Celeron（赛扬）系列 CPU 的典型的做法是减少二级缓存和前端总线频率。例如：Celeron 420 主频 1.6GHz，二级缓存 512KB，前端总线 800MHz。

图 1-5 所示为部分 Intel 早期的产品。

图 1-5　Intel 的早期产品

（2）Intel 现代 CPU

① 2006 年，Intel 公司结束使用"奔腾"处理器转而推出"酷睿"（英文名：Core）处理器，首先推出的"酷睿一代"主要用于智能手机和掌上电脑等移动计算机。

② "酷睿一代"推出不久就被"酷睿 2"（酷睿二代）取代，"酷睿 2"是一个跨平台的构架体系，包括服务器版、桌面版、移动版三大领域。

③ 2008 年推出的酷睿 i 是接替"酷睿 2"的全新处理器系列，可以理解为酷睿 i 相当于"酷睿 3"，只是"酷睿 3"并不存在。酷睿 i 采用了全新的制作工艺和架构，相比于同级的酷睿 2 处理器更强，效率更高。

酷睿 i 又分为 i7、i5、i3 等 3 个系列。其中 2008 年推出的 i7 属于 Intel 高端产品，具有 4 核 8 线程；i5 是 i7 的精简版，属于中高端产品，4 核 4 线程；而 i3 又是 i5 的精简版，采用双核心设计，通过超线程技术可支持 4 个线程。

图 1-6 所示为部分 Intel 现代的产品。

图 1-6　Intel 的现代产品

（3）AMD 系列 CPU

AMD（Advanced Micro Devices，超微半导体）是美国一家业务遍及全球，专为电子计算机、通信及电子消费类市场供应各种芯片产品的公司。

① AMD 系列 CPU 的特点是以较低的核心时脉频率产生相对较高的运算效率，其主频通常会比同效能的 Intel CPU 低 1GHz 左右。

② AMD 早期的产品策略主要是以较低廉的产品价格取胜，虽然最高性能不如同期的 Intel 产品，但却拥有较佳的价格性能比。

③ 2003 年 AMD 先于 Intel 推出 64 位 CPU，使得 AMD 在 64 位元 CPU 的领域有比较早发展的优势，此阶段的 AMD 产品仍采取了一贯的低主频高性能策略。

AMD 产品标识如图 1-7 所示，目前典型的 AMD CPU 产品主要有速龙（Athlon）和羿龙（Phenom）两个系列，如图 1-8 所示。

图 1-7 AMD 产品标识

图 1-8 AMD CPU 产品

说明

如果从外观上区分 Intel 与 AMD 的 CPU，可以看到 AMD 的 CPU 有针脚，如图 1-9 所示，而 Intel 的 CPU 没有针脚，只有电极触点，如图 1-10 所示。

图 1-9 AMD CPU 外观

图 1-10 Intel CPU 外观

### 2. 明确 CPU 的分类

CPU 的种类丰富，可以满足不同的使用场合，主要依据以下原则分类。

（1）按 CPU 字长分

按照 CPU 处理信息的字长，CPU 可以分为 4 位微处理器、8 位微处理器、16 位微处理器、32 位微处理器以及 64 位微处理器等。字长越长，性能越优良。

（2）按 CPU 封装的内核数分

按 CPU 封装的内核数可分为以下几种。

① 单核 CPU：其中只包括一个 CPU 核心，早期 CPU 大多数均为单核产品。

② 双核 CPU（Dual Core Processor）：在一个处理器上集成两个运算核心，也就是将两个物理处理器核心整合入一个处理器上，然后采用并行总线将各处理器核心连接起来。

③ 多核 CPU：把多个芯片集成在一个封装内，不同核心间交换数据更快，减小电路延迟，并且性能比多 CPU 更高，芯片制造成本更低。

（3）按照 CPU 接口分

按 CPU 接口可分为 Socket 775、Socket 754、Socket 939、Socket 940、Socket AM2 等数十种接口类型的 CPU，稍后作具体介绍。

（4）按照 CPU 采用的内核分

按 CPU 采用的内核亦可分 Yonah 内核 CPU、Conroe 内核 CPU、Windsor 内核 CPU、Brisbane 内核 CPU 等数十种内核类型的 CPU。

纵观 CPU 的发展史，可以预测未来 CPU 的发展方向：CPU 会继续沿着高主频多核心的方向发展；制造工艺会越来越简单，集成度会越来越高；高速缓存越来越大，CPU 与内存之间的瓶颈问题会得到解决；CPU 的封装工艺会越来越先进，接口类型会统一为同一平台。

### 3. 了解 CPU 的结构

用户可以通过 CPU 的编码和接口等外部结构来认识 CPU。要衡量一个 CPU 性能的高低，主要通过 CPU 的参数进行判断，如 CPU 的主频、双核和多核技术等。

从外部看，CPU 主要由三部分组成：核心、基板和针脚（触点）。下面以 Intel Core 2 Duo E7200 为例来介绍 CPU 的外部结构，如图 1-11 所示。

图 1-11　Intel Core 2 Duo E7200

（1）核心

CPU 中间凸起部分是 CPU 核心，是 CPU 集成电路所在的地方。核心内部包含各种为实现特定功能而设计的硬件单元，而每个硬件单元通常由大量的晶体管构成。

（2）基板

基板一般为印制版电路，是核心和针脚的载体。核心和针脚都是通过基板来固定的，基板将核心和针脚连成一个整体。基板负责内核芯片和外界的数据传输。早期的基板是由陶瓷制成的，而现在的 CPU 已改成用有机物制造，能提供更好的电气和散热性能。

（3）针脚（触点）

针脚或触点就是 CPU 的电极，CPU 进行运算后产生的电信号以及接受指令的电信号全部都从这里输出或输入。同时，针脚在安装时还能起到定位作用。

有的 CPU 顶面还会印有 CPU 编号，其中会注明 CPU 的名称、时钟频率、二级缓存、前端总线频率、产地和生产日期等信息，但 AMD 公司与 Intel 公司标记的形式和含义有所不同。CPU 上的安装标志用于在安装芯片时确定正确的安放位置。

### 4. 认识 CPU 的接口

CPU 通过接口与主板连接后才能进行工作。目前 CPU 的接口大多为针脚式，对应到主板上就有相应的插槽类型，如图 1-12 所示。CPU 接口类型不同，在插孔数、体积以及形状等方面都有所差异，不能互相接插。

Socket 插座是一个方形多针脚孔的插座，插座上有一根拉杆，在安装和更换 CPU 时，只要将拉杆向上拉出，就可以轻易地插进或取出 CPU 芯片。

（1）LGA 775

LGA（LAND GRID ARRAY）是 Intel 64 位平台的封装形式，称为触点阵列封装，也称为 Socket

T。LGA 775 采用 775 针的 CPU，而 Socket 775 则对应在主板上采用 775 针的接口。目前采用此种接口的有 LGA 775 封装的单核心的 Celeron D 以及双核心的 Core 2 等 CPU。Socket 775 插座与其对应的 CPU 外观如图 1-13 所示。

图 1-12　CPU 接口

图 1-13　Socket 775

（2）LGA 1156

LGA 1156 又称为 Socket H，是 Intel 在 LGA775 之后的 CPU 插槽，也是 Intel Core i3/i5/i7 处理器（Nehalem 系列）的插槽，读取速度比 LGA 775 高。LGA 1156 的外观如图 1-14（a）所示。

（3）LGA 1155

LGA 1155 又称为 Socket H2，是 Intel 于 2011 年所推出 Sandy Bridge 微架构的新款 Core i3、Core i5 及 Core i7 处理器所用的 CPU 插槽，此插槽将取代 LGA 1156，两者并不兼容，因此新旧款 CPU 无法互通使用，LGA 1155 的外观如图 1-14（b）所示。

（a）LGA 1156　　　　　（b）LGA 1155

图 1-14　LGA 1156 和 LGA 1155

（4）Socket AM2

Socket AM2 是支持双通道 DDR2 800 内存的 AMD 64 位桌面 CPU 的接口标准，具有 940 根 CPU 针脚。目前采用 Socket AM2 接口的有低端的 Sempron、中端的 Athlon 64、高端的 Athlon 64 X2 等 AMD 桌面 CPU。Socket AM2 插座外观如图 1-15 所示。

（5）Socket AM3

Socket AM3 为全新的 CPU 接口规格。所有 AMD 桌面级 45nm 处理器均采用了新的 Socket AM3 插座，具有 938 针的物理引脚，并支持 DDR3 内存。其外观如图 1-16（a）所示。

（6）Socket FM1

Socket FM1 是 AMD 公司研发代号为"Llano"的新处理器所用的桌上型电脑 CPU 插槽，针脚有 905 个。其外观如图 1-16（b）所示。

图 1-15　Socket AM2

（a） Socket AM3 　　　　　　　（b） Socket FM1

图 1-16　Socket AM3 和 Socket FM1

说明

组装一台电脑，要充分发挥 CPU 的性能，必须有相应的主板支持，这取决于主板上采用的芯片组，它决定于 CPU 的接口（插座）类型和前端总线频率。确定一款 CPU，同时也决定了它所使用的主板类型。例如选了 Intel 的 CPU 就不能插在 AMD 支持的主板上。

各个系列 CPU 的接口类型和针脚数如表 1-1 所示。

表 1-1　　　　　　　　　　　　各个系列 CPU 的接口类型和针脚数

| CPU 系列 | 接口类型 | 针 脚 数 |
|---|---|---|
| 奔腾双核 E 系列 | LGA 775 | 775pin |
| 奔腾双核 G 系列 | LGA 1155 | 1155pin |
| 酷睿 2 系列 | LGA 775 | 775pin |
| 酷睿一代 i3/i5 系列 | LGA 1156 | 1156pin |
| 酷睿二/三代 i3/i5 系列 | LGA 1155 | 1155pin |
| 酷睿一/二/三代 i7 系列 | LGA 1155、1156、1366、2011 | 1155、1156、1366、2011pin |
| 速龙系列 | Socket AM2、AM2+、AM3 | 940、938pin |
| 速龙Ⅱ系列 | Socket FM1、FM2、AM3 | 905、904、938pin |
| 羿龙Ⅱ系列 | Socket AM3 | 938pin |
| APU A4/A6 系列 | Socket FM1、FM2 | 905、904pin |
| APU A8 系列 | Socket FM1、FM2、AM2、AM2+ | 905、904、940pin |
| APU A10 系列 | Socket FM2 | 904pin |

**5. 熟悉 CPU 的主要性能参数**

下面介绍 CPU 的主要性能参数，这些参数是选购 CPU 产品的重要依据。

（1）双核和多核技术

目前主流的双核（或多核）技术由 Intel 公司最早研发出，但却是 AMD 公司首先将其应用于个人计算机上。该技术主要针对大量纯数据处理的用户，其性能在同主频单核 CPU 的基础上可提升 15%～20%，但对于大量娱乐需求的用户来说并没有明显的性能优势。

（2）主频、外频和倍频

① 主频：也叫做时钟频率，是 CPU 内部的时钟工作频率，用来表示 CPU 的运算速度。一般

来说，主频越高，CPU 的运算速度越快。但是，计算机的运算速度并不完全由 CPU 决定，还受主板、内存和硬盘等因素的影响。

② 外频：是 CPU 的基准频率。CPU 的外频越高，CPU 与系统内存交换数据的速度越快，有利于提高系统的整体运行速度。CPU 的外频与它的生产工艺及核心技术有关。

③ 倍频：倍频是 CPU 主频和外频之间的相对比例关系，主频等于外频乘以倍频。若 CPU 的倍频为 10，外频为 200MHz，则 CPU 的主频就是 2.0GHz。倍频的数值一般以 0.5 的整数倍。

说明

如果把外频看作 CPU 这台"机器"内部的一条生产线，那么倍频就可以看成生产线的条数。一台机器生产速度的快慢（主频）自然就是生产线的速度（外频）乘以生产线的条数（倍频）。

（3）前端总线频率

前端总线（FSB）是 CPU 和外界交换数据的最主要的通道，前端总线的数据传输能力对计算机整体性能的提升作用很大。如果没有足够快的前端总线频率，再强的 CPU 也不能明显提高计算机整体速度。

说明

前端总线是 CPU 与主板之间连接的通道，前端总线频率就是该通道运输数据的速度。如果把 CPU 看作一台安装在房间中的机器，前端总线就是这个房间的"大门"。机器的生产能力再强，如果"大门"很窄或者物流速度比较慢的话，CPU 就不得不处于一种"吃不饱"的状态。

（4）缓存

随着 CPU 主频的不断提高，其处理速度也越来越快，其他设备通常赶不上 CPU 的速度，无法及时将数据传给 CPU。CPU 高速缓存（Cache Memory）用来存储一些常用的或即将用到的数据和指令，CPU 需要数据或指令的时候直接从高速缓存中读取，而不用再到内存甚至硬盘中去读取，这样大大提升了 CPU 的处理速度。

① L1 Cache：指 CPU 的一级缓存，它内置于 CPU 内部并与 CPU 同速运行，可以有效地提高 CPU 的运行效率。一级缓存越大，CPU 的运行效率越高，但受到 CPU 内部结构的限制，一级缓存的容量通常较小。

② L2 Cache：指 CPU 的二级缓存，二级缓存是比一级缓存速度更慢、容量更大的内存，主要作为一级缓存和内存之间数据的临时交换地点，以提高 CPU 的运行效率。同时，它也是区分 CPU 档次高低的一个重要标志，是影响计算机速度的一个重要因素。

③ L3 Cache：指 CPU 的三级缓存，是为读取二级缓存后未命中的数据设计的一种缓存，在拥有三级缓存的 CPU 中，只有约 5%的数据需要从内存中调用，这进一步提高了 CPU 的效率。

说明

CPU 缓存位于 CPU 与内存之间，其容量比内存小，但交换速度比内存快。在 CPU 中加入缓存是一种高效的解决方案，这样整个内存储器（缓存+内存）就变成了既有高速度缓存又有大容量内存的存储系统了。

（5）制造工艺

是指在生产 CPU 过程中，加工各种电路和电子元件以及制造导线连接各个元器件时的制造精度，以微米（千分之一毫米）或纳米（百万分之一毫米）来表示；自 1995 年以后，制造精度从 0.5μm、0.35μm、0.25μm、0.18μm、0.15μm、0.13μm、90nm、65nm、45nm 以及 32nm，一直发展到目前最新的 22nm。

（6）工作电压

工作电压（Supply Voltage）是指 CPU 正常工作所需的电压。CPU 的制造工艺越先进，工作电压越低，发热量和功耗也就越小。

（7）超线程

超线程技术（Hyper-Threading，HT）就是利用特殊的硬件指令，把两个逻辑内核模拟成两个物理芯片，让单个处理器都能使用线程级并行计算，进而兼容多线程操作系统和软件，减少了 CPU 的闲置时间，提高的 CPU 的运行效率。

（8）总线速度

与 CPU 进行数据交换的总线速度可以分为内存总线速度和扩展总线速度。

① 内存总线速度：也称系统总线速度，一般等同于 CPU 的外频。由于内存的发展滞后于 CPU 的发展，为了缓解内存带来的瓶颈，出现了二级缓存来协调两者之间的差异，而内存总线速度就是指 CPU 与二级高速缓存和内存之间的工作频率。

② 扩展总线速度：是指安装在计算机系统上的局部总线（如 VESA 或 PCI 总线），当打开主机箱时会看见一些插槽，这些就是扩展槽，而扩展总线就是 CPU 联系这些外围设备的桥梁。

（9）多媒体指令集

CPU 依靠指令来计算和控制系统，指令的强弱是 CPU 性能的重要指标，每款 CPU 在设计时就规定了一系列与其硬件电路相配合的指令系统。

① MMX（Multi Media eXtension，多媒体扩展）指令集：包括 57 条多媒体指令，通过这些指令可以一次处理多个数据，在软件的配合下，就可以得到更高的性能。

② SSE（Streaming SIMD Extensions，单指令多数据流扩展）指令集：又称为互联网 SSE 指令集，包括 70 条指令。这些指令对目前流行的图像处理、浮点运算、3D 运算、视频处理和音频处理等多媒体应用起到了全面强化的作用。

③ 3DNow!指令集：是一种由 AMD 公司开发的 3D 加速指令集，在一个时钟周期内可以同时处理 4 个浮点运算指令或两条 MMX 指令。

【技能训练 1-1】——熟悉 CPU 的品牌及产品。

CPU 是计算机的核心部件，也是决定计算机性能的主要因素。用户选择什么样的 CPU 将直接影响其所选主板及内存的类型。目前市场上的 CPU 有着品牌、性能和技术等方面的差异，具体选择什么样的产品要依据用户的使用情况而定。

在目前的个人计算机市场上，主流的 CPU 品牌依然是 Intel 和 AMD。在质量和性能上，两个品牌不相上下。

（1）Intel 系列

目前，Intel CPU 分为以下多个系列。

① T 系列：Intel 双核产品，主要用于笔记本电脑，包括奔腾双核和酷睿双核，2 以下是奔腾双核，如 T2140；2 以上是酷睿双核，数字越大功能越强，如 T5800、T9600，酷睿双核比奔腾双核的质量好。

② P 系列：是 Intel 酷睿双核的升级版，目标在减小功耗，同数字的 P 要好于同数字的 T，例如 P8600 要好于 T8600。

③ Q 系列：Intel 桌面平台（台式机）最早推出的 4 核产品，将两个酷睿双核封装在一起。

④ E 系列：同 T 一样是 Intel 双核，也包括奔腾双核和酷睿双核，主要应用于台式机。

⑤ 酷睿 i 系列：酷睿 i7 是最高端最高性能产品，支持 Turbo 加速模式；酷睿 i5 是酷睿 i7 的精简版；酷睿 i3 又是酷睿 i5 的精简版，酷睿 i3 整合了 GPU（图形处理器），也就是说由 CPU+GPU 封装而成。但是由于 GPU 性能有限，如果需要获得更好的 3D 性能，可以外加显卡。

说明　　酷睿 i7、i5 和 i3 通常不再区分笔记本电脑或台式机。总体性能而言，酷睿 i7>酷睿 i5>酷睿 i3>（P 系列>T 系列）；对于笔记本电脑而言：酷睿 i7>酷睿 i3>P 系列>T 系列；对于台式机而言：酷睿 i7>酷睿 i5>酷睿 i3>Q 系列>E 系列。

典型 Intel CPU 的主要性能参数如表 1-2 所示。

表 1-2　　　　　　　　　　　　　Intel 常见 CPU 的主要性能参数

| CPU 系列 | 型 号 | 制作工艺 | 主 频 | 前端总线 | 二级缓存 | 三级缓存 |
|---|---|---|---|---|---|---|
| 奔腾双核 E 系列 | Pentium E5800 | 45nm | 3 200 MHz | 800 MHz | 2 MB | |
| | Pentium E6500 | 45nm | 2 930 MHz | 1 066 MHz | 2 MB | |
| 奔腾双核 G 系列 | Pentium G640 | 32nm | 2 800 MHz | 1 066MHZ | 2×256 KB | 3MB |
| | Pentium G860 | 32nm | 3 000 MHz | 1 333MHZ | 2×256 KB | 3MB |
| 酷睿 2 系列 | Core 2 E7500 | 45nm | 2 930MHZ | 1 066MHZ | 3MB | |
| | Core 2 Q9300 | 45nm | 2 500MHZ | 1 333MHZ | 6MB | |
| 酷睿一代 i 系列 | Core i3 550 | 32nm | 3 200 MHz | DMI 总线 | 2×256 MB | 4MB |
| | Core i5 760 | 45nm | 3 330 MHz | DMI 总线 | 4×256 MB | 8MB |
| 酷睿二代 i 系列 | Core i3 2120 | 32nm | 3 300 MHz | DMI 总线 | 512 MB | 3MB |
| | Core i5 2300 | 32nm | 2 800 MHz | DMI 总线 | 4×256 MB | 6MB |
| 酷睿三代 i 系列 | Core i3 3220 | 22nm | 3 300 MHz | DMI 总线 | 2×256 MB | 3MB |
| | Core i5 3570K | 22nm | 3 400 MHz | DMI 总线 | 4×256 MB | 6MB |

由于酷睿 i7 系列 CPU 采用最新的快速通道互连（Quick Path Interconnect，QPI）总线技术，取代了使用多年的前端总线（FSB）技术，使得 CPU 的性能又一次得到了较大提升。酷睿 i7 系列 CPU 的主要性能参数如表 1-3 所示。

表 1-3　　　　　　　　　　　　　酷睿 i7 系列 CPU 的主要性能参数

| CPU 系列 | 型 号 | 制作工艺 | 主频 | QPI 总线 | 二级缓存 | 三级缓存 |
|---|---|---|---|---|---|---|
| 酷睿一代 i7 系列 | Core i7 920 | 45nm | 2 660 MHz | 4.8 GT/s | 4×256 KB | 8 MB |
| | Core i7 940 | 45nm | 2 930 MHz | 4.8 GT/s | 4×256 KB | 8 MB |
| | Core i7 Extreme Edition 965 | 45nm | 3 200 MHz | 6.4 GT/s | 4×256 KB | 8 MB |

【产品展示 1-1】——典型 Intel CPU 简介

① Intel Core 2 E7200。

Intel Core 2 E7200（见图 1-17）采用了 45nm 工艺，相比 65nm 处理器，其性能更强，功耗降低。相对于 E4000 系列而言，提升了 50%二级缓存容量，加入 SSE4 指令集等新元素，主频达 2.53GHz，前端总线频率达 1 066MHz，以及 3MB 的二级缓存。这些都令 E7200 表现出更高的性能和更低的功耗，同时超频性能更是不容忽视，在高清影视播放、多媒体和游戏等方面表现卓越。

② Intel Core i5 750。

Intel Core i5 750（见图 1-18）为台式 4 核心 CPU，内核为 Lynnfield，制作工艺为 45nm，主频为 2 660MHz，L1 缓存为 128KB；L2 缓存为 1MB；L3 缓存为 8MB。

图 1-17　Intel Core 2 E7200　　　　　　　　　　　　图 1-18　Intel Core i5 750

③ Intel Core i7 975

Intel Core i7 975（见图 1-19）为四核心八线程台式机 CPU，插槽类型为 LGA 1366；CPU 主频为 3.3GHz；制作工艺为 45nm；二级缓存为 1MB；三级缓存为 8MB 内核为 Bloomfield；倍频为 25 倍。

图 1-19　Intel Core i7 975

（2）AMD 系列

目前市场上的主流 AMD 系列 CPU 产品主要有速龙（Athlon）和羿龙（Phenom）两个系列，按照产品性能由低到高排列如下。

AMD 速龙 X2（Athlon）——AMD 速龙 II X2（Athlon II ）——AMD 羿龙 II X2（Phenom II）——AMD 速龙 II X3（Athlon II X3）——AMD 羿龙 II X3（Phenom II X3）——AMD 速龙 II X4（Athlon II X4）——AMD 羿龙 X4（Phenom X4）。

下面列举 AMD 各个系列中几款常见 CPU 的性能参数，如表 1-4 所示。

表 1-4　　　　　　　　　　　　　AMD 常见 CPU 的主要性能参数

| CPU 系列 | 型　　号 | 制作工艺 | 主　　频 | 总线频率 | 二级缓存 | 三级缓存 |
|---|---|---|---|---|---|---|
| 速龙 II 系列 | Athlon X2 245 | 45nm | 2 900 MHz | HT3.0 总线 2000MHz | 2 MB | 无 |
| | Athlon X4 740 | 32nm | 3 200 MHz | | 4 MB | 无 |
| 羿龙 II 系列 | Phenom II X4 955 | 32nm | 3 200 MHz | HT3.0 总线 2000MHz | 4×512 KB | 6MB |
| | Phenom II X6 1090T | 45nm | 3 200 MHz | HT3.0 总线 2000MHz | 6×512 KB | 6MB |
| APU A4 系列 | A4-3300 | 32nm | 2 500 MHz | | 1MB | 无 |
| | A4-3300 | 32nm | 2 700 MHz | | 1KB | 无 |
| APU A6 系列 | A6-3670K | 32nm | 2 700 MHz | | 4MB | 无 |
| | A6-3650 | 32nm | 2 600 MHz | | 4MB | 无 |
| APU A8 系列 | A8-5600K | 32nm | 3 600 MHz | | 4MB | 无 |
| | A8-3870K | 32nm | 3 000 MHz | | 4MB | 无 |

续表

| CPU 系列 | 型　　号 | 制作工艺 | 主　　频 | 总线频率 | 二级缓存 | 三级缓存 |
|---|---|---|---|---|---|---|
| APU A10 系列 | A10-5800K | 32nm | 3 800 MHz | | 4MB | 无 |
| | A10-5700 | 32nm | 3 400 MHz | | 4MB | 无 |
| 推土机系列 | FX 6200 | 32nm | 3 800 MHz | | 6MB | 8MB |
| | FX 8350 | 32nm | 4 000 MHz | | 8MB | 8MB |

【产品展示 1-2】——典型 AMD CPU 简介。

① AMD Athlon 64 X2 5000+ AM2。

Athlon 64 X2 5000+ AM2（见图 1-20）为 Brisbane 双核心 64 位处理器，是一块中低端的 CPU 产品，但 2.6GHz 的主频和 1 000MHz 的总线频率对于一般用户来说已经足够用了。该产品在 Athlon 64 X2 系列的处理器中是最具性价比的一款产品。

② AMD Phenom X4 9550。

AMD Phenom X4 9550（见图 1-21）为 Agena 四核心 64 位处理器，2.2GHz 的主频和 2000MHz 的总线频率以及 128 位浮点运算单元，使其在 3D 图形处理方面更出色。

③ AMD Phenom X4 9600。

AMD Phenom X4 9600（见图 1-22）为四核心 64 位中端处理器，主频为 2.3GHz，集成 SSE4A 多媒体指令集和 X86-64 运算指令集。计算机在运行时，同时工作的四核心可以发挥出强大的运算处理能力，能够让用户在 3D 图形处理和大型 3D 游戏中自由驰骋。

图 1-20　AMD Athlon 64 X2 5000+ AM2　　图 1-21　AMD Phenom X4 9550　　图 1-22　AMD Phenom X4 9600

【知识拓展 1-1】——选 Intel 还是 AMD

总的来讲，Intel 的 CPU 相对于 AMD 的 CPU 在兼容性、发热量及超频性能方面更出色；而 AMD 的 CPU 则在价格上有一定的优势。

AMD 的 CPU 在处理图形图像、三维制作、游戏应用等方面略有优势；Intel 的 CPU 主频较高，处理数值计算的能力较强，在科学计算、办公应用、多媒体应用（比如看电影、听音乐）方面更强一些。

由于 Intel 的 CPU 在总体性能上要强于 AMD 的 CPU，而 AMD 的 CPU 性价比更高。因此，现在市场上购买 AMD 的 CPU 比较多。而对于初学计算机组装的用户来说，选用 Intel CPU 更有利于组装并减少出故障的可能性。

说明

需要强调的是随着游戏对 3D 的处理能力的提高，很多人对画面的流畅和对画质的细腻要求也越来越高，这时选择一块好的显卡比好的 CPU 更重要。随着 CPU 核心技术的不断提高，普通 CPU 的性能已经足够满足个人大多数应用的需要，所以人们在买 PC 的时候，CPU 已经不再是唯一的标准。

**【技能训练 1-2】——掌握 CPU 的选购技巧**

CPU 无疑是衡量一台计算机档次的标志。在购买或组装一台计算机之前，首先要确定的就是选择什么样的 CPU。

（1）确定 CPU 系列

主要应根据计算机的用途来确定所选购 CPU 的系列。

① 对于文件办公用户，可选择 Intel 的赛扬系列、AMD 的闪龙系列和速龙单核系列的 CPU。

② 对于个人或家庭娱乐用户，可选择 Intel 的奔腾双核系列、AMD 的速龙双核系列的 CPU。

③ 对于图形图像处理用户和电脑游戏爱好者，可选择 Intel 的酷睿 2 双核或四核系列、AMD 的羿龙三核或四核系列或者更高性能的 CPU。

（2）注重性价比

CPU 产品的频率提高幅度已经远远大于其他设备的运行速度提高幅度，因此现在选购 CPU 已经不能仅凭频率高低来选择，而应该根据 CPU 的性能以及用途等方面来综合考虑，选择一款性价比高的产品。

在选购 CPU 时，性价比是一个比较重要的因素。Intel 的 CPU 市场占有率大、兼容性好，但是价格普遍比 AMD 的 CPU 高。建议用户尽量选择一些价格适中、性能相对出色的产品，而不要盲目追求品牌。

（3）根据用途选择

在选购 CPU 时，还应该根据用户的需求进行选择。为了适应不同用户的需求，Intel 的 CPU 有高端的 Core i7、Core i5、中端的 Core 2、Pentium 以及低端的 Celeron。AMD 的 CPU 有高端的 Phenom X4，中端的 PhenomII X3、Athlon II X4、Athlon IIX2 低端的 SempronX2。

此外，选择什么样的 CPU 首先考虑计算机的用途。如果是简单的上网、看电影、听音乐，玩玩小游戏这些普通应用，低端的 CPU 就足够了。如果是用来玩大型游戏、视频编辑及 3D 图形设计，或者是资金非常充裕，应该选择性能较强的，因为将来的软件要求越来越高，有利于将来的升级。

（4）注意 CPU 主频与缓存的取舍

对于同一个系列的 CPU，其性能的高低主要通过主频和缓存来区别，从对 CPU 性能影响程度来看，缓存要大于主频。所以在选购 CPU 时，在价格相差不大的情况下，应优先考虑缓存更大的 CPU。

（5）盒装 CPU 与散装 CPU 的确定

相同型号的盒装 CPU 与散装 CPU 在性能指标、生产工艺上完全一样，是同一生产线上生产出来的产品。由于产品发行渠道不同等因素，盒装 CPU 较散装 CPU 更有质量保证，而且盒装一般都配装了风扇，当然价格也要比散装的更贵一些。

对于一般用户，如果在价格差距不大的前提下，建议选择盒装 CPU。而对于一些需要超频或追求高性价比的用户，一般要自行购买风扇等散热系统，此时购买散装 CPU 便可节约一些资金。

（6）考虑 CPU 功耗和发热量

CPU 的制作工艺是影响 CPU 功耗和发热量的主要因素，制作工艺越先进，功耗和发热量就越小。CPU 功耗和发热量主要是在选购笔记本电脑时需要考虑的一个因素。由于笔记本电脑经常需要使用电池供电，CPU 功耗的大小将直接影响其运行时间；而内部有限的空间直接影响其散热效果，若发热量过大而散热不良则会导致系统不能正常运行。

选购笔记本电脑时建议选购 CPU 的制作工艺是 45nm 的产品；对于选购台式机的用户，由于主机内部空间较大，而且风扇的可选择类型较多，加上使用交流电供电，所以 CPU 的功耗和发热量不需重点考虑。

（7）注意 CPU 的质保时间

不同厂商、不同型号的 CPU 可能质保时间不同，有的质保 1 年，有的质保 3 年。在类似的产品中，建议选择质保时间长的 CPU，并一定要求商家注明质保期限作为凭证。

【技能训练 1-3】——辨别 CPU 的真伪

CPU 与其他配件不同，没有其他厂家生产的仿冒产品，但有一些不法商贩将相同厂家低主频的 CPU 经过超频处理后，当作高主频的 CPU 销售，从而非法获得两者之间的差价。另外，还有一种做假方法是用散装 CPU 加上一个便宜的风扇做成盒装卖。

（1）通过厂商配合识别

市场上出售的 CPU 分为盒装和散装两种，一般面向零售市场的产品大部分为盒装产品。盒装 CPU 享受 3 年质保，一般在 3 年内非人为损坏或烧毁时，厂商负责免费更换相同频率的 CPU。用户可以拨打厂商售后服务部门提供的免费咨询电话来验证产品的真伪。

① Intel：Intel 公司的免费服务热线是 8008201100，可以电话咨询 Intel 的产品信息、真伪和质保方法等。电话接通后，可根据话音提示信息按下分类号，将 CPU 的型号和金属帽上第 4 行的 S-Spec 编号以及散热风扇上的编号告诉对方工程师，可以查询 CPU 是否为盒装产品。

② AMD：AMD 公司的免费服务热线是 8008101118，只要在购买产品后，把标签上的银色涂层刮开，就会有一组数字显现出来。用户可以拨打这个热线电话咨询此产品是否为正规产品。

（2）刮磨法

真品的 Intel 包装采用了特殊工艺，用户可尝试用指甲去刮擦其上的文字，即使把封装的纸刮破也不会把字擦掉，而假冒产品只要用指甲轻刮就能将文字刮掉。

（3）观察产品标签法

产品标签的激光防伪标志和产品标签应该是一体的，如图 1-23 所示。

① 激光防伪标志采用了 Intel 公司的新标志，上面的图形会随着观察角度不同而变换形状和颜色。

② 中文包装的 Intel 盒装台式机 CPU 的产品编码以"BXC"3 位大写英文字母开头，其中字母"C"代表中国。

③ 标签上的 8 位由英文字母和数字组成的序列号应与 CPU 散热帽上第 5 行激光印制的序列号一致（散热帽上的序列号无需打开包装即可辨识）。

④ 包装上有醒目的"盒装正品"标识。

图 1-23　产品标签

（4）观察封口标签法

真品封口标签是 Intel 公司出厂时贴好的，封口标签底色为亮银色，字体颜色深且清晰，有立体感。封口标签有两个，分别位于图 1-24 所示的左上角和右上角位置。

（5）通过外观识别

如果是散装 CPU，要辨别是否是处理过的 CPU。不同核心的 CPU，在表面电容及金桥的布局上会有所不同，通过仔细观察就可以分辨。

（6）通过 CPU 编号识别

Intel 公司的 CPU 编号比较直观，容易辨别。图 1-25 所示为 Intel CORE i5-750 CPU 标识实物图，上面标有 CPU 的基本信息、产地信息、生产日期以及性能参数。

① 前两行显示了"CPU 基本信息"：Intel 公司的 CORE i5-750 4 核处理器。

② 第 3 行显示：步进号为 SLBLC，制造地为 MALAY（马来西亚）。

③ 第 4 行在"性能参数"中显示了 CPU 的频率以及二级缓存率等信息：CPU 的频率是 2.66GHz，二级缓存为 8MB。

④ 最后一行的 L925B615 为产品序列号。每个处理器的序列号应该都不相同，该序列号应与正品 Intel 盒装处理器外包装的序列号一致，还应与散热风扇的序列号一致。

图 1-24　看封口标签

图 1-25　CPU 编号

【操作案例 1-1】——选购 CPU

选购要求：所购计算机主要用于办公和家庭娱乐，配机预算为 4 000 元以内。

（1）选购 CPU 的原则

由于所购计算机主要用于办公和家庭娱乐，再考虑到 4 000 元的预算，基本可以确定选购一款中端的 CPU 产品比较合适。

（2）待选 CPU 详细信息

通过查找相关资料，拟定以下 3 款主流的中端 CPU 产品供选择，待选 CPU 详细信息如表 1-5 所示。

表 1-5　　　　　　　　　　待选 CPU 详细信息

| 型号<br>主要参数 | AMD 羿龙 II X4 955（盒） | Intel 酷睿 i3 2120（盒） | AMD 速龙 II X4 640（盒） |
|---|---|---|---|
| 适用类型 | 台式 CPU | 台式 CPU | 台式 CPU |
| 核心数量 | 四核心 | 双核心 | 四核心 |
| 工作功率 | 125W | 65W | 95W |
| 制作工艺 | 45nm | 32nm | 45nm |
| 主频 | 3.2GHz | 3.3GHz | 3.0Hz |

续表

| 主要参数 \ 型号 | AMD 羿龙 II X4 955（盒） | Intel 酷睿 i3 2120（盒） | AMD 速龙 II X4 640（盒） |
|---|---|---|---|
| 外频 | 200MHz | 100MHz | 200MHz |
| 倍频 | 16 倍 | 33 倍 | 15 倍 |
| 总线频率 | 2 000MHz | 5 000MHz | 2 000MHz |
| 二级缓存 | 4×512KB | 512KB | 4×512KB |
| 三级缓存 | 6MB | 3MB | — |
| 插槽类型 | Socket AM3 | LGA 1155 | Socket AM3 |
| 价格 | 555 元 | 740 元 | 470 元 |

【参数分析】

① 从主频来看，3 款 CPU 相差不大，由于主频越高，数据的运算处理能力越强，所以应优先考虑主频较高的产品。

② 对于总线频率，其值越高，说明 CPU 与其他部件的兼容和适应性也越好，而现在市面上大多数主机部件产品的工作频率都在 2 000MHz 左右。

③ 对于 L2 缓存，其值越大，在运算处理大量数据时的速度越快。

④ 在价格方面，一般选购 CPU 的价格占整机预算的 1/10～1/8 左右比较合适。

经过以上的对比分析，AMD 羿龙 II X4 955（盒）各项指标都比较突出，且具有明显的价格优势，而 Intel 酷睿 i3 2120（盒）虽然有在能耗、制作工艺等方面具有优势，但是其价格偏高。AMD 速龙 II X4 640（盒）在性价比方面略差，因此最后选择 AMD 羿龙 II X4 955（盒）这款 CPU。

【技能训练 1-4】——选购 CPU 风扇。

CPU 风扇就是为 CPU 安装的空调，为 CPU 提供散热功能。如果选择了与 CPU 不匹配的风扇，或者使用了错误的安装方法，轻则大大降低整个主机的性能，重则烧毁 CPU。

（1）CPU 风扇的品牌

目前市场上主流的 CPU 风扇品牌有酷冷至尊、九州风神、冷静星和散热博士等。常见的 CPU 风扇外观如图 1-26 和图 1-27 所示。

图 1-26  CPU 风扇 1

图 1-27  CPU 风扇 2

（2）CPU 风扇的性能参数

用户在选购 CPU 风扇时如何辨别哪些风扇的性能更好，哪些风扇更适合自己的主机呢？要解决这些问题，首先要了解 CPU 风扇的性能参数。

① 散热片类型：纯铜散热片（见图 1-28）比较重，对主板的要求较高，但是散热效果最好；镶铜散热片（见图 1-29）在铝质散热片的底部与 CPU 接触的部位镶入了一块纯铜，以增强导热功能，这种散热片物美价廉，能满足绝大部分人的需要；纯铝散热片（见图 1-30）最常见，其价位低、质量轻、散热效果稍差。

图 1-28　纯铜散热片　　　　图 1-29　镶铜散热片　　　　图 1-30　纯铝散热片

② 风量：指单位时间内通过风扇的空气体积，它是衡量风扇能力的一个最直观的重要指标，单位为 CFM（立方英尺/分）。在其他条件一样的情况下，风量越大，散热效果越好。

③ 转速：转速指单位时间内转动的圈数，单位是 r/min（转/分）。在风扇叶片一定的情况下，转速越高，风量越大，但噪声也越大。转速不是固定不变的，很多主板可以根据测量出的 CPU 温度来改变风扇的转速。当温度升高时，转速会加快。

④ 适用范围：适用范围标注了风扇适用于哪些 CPU。不同的 CPU 因为卡口和发热量的不同，需要配合不同的风扇。例如，Pentium（32bit）和 AMD（32bit）的卡口就不一样，AMD（32bit）和 AMD（64bit）的卡口也不一样。

（3）CPU 风扇的选购技巧

① 建议选购由主板供电并且电源插口有 3 个孔的风扇。廉价风扇只有两根电源线，它从电源接口取电而不像优质风扇那样从主板上取电。而优质风扇除电源线外还有一根测控风扇转速的信号线，现在的主板几乎都支持风扇转速的测控。

② 建议选购滚珠轴承结构的风扇。现在比较好的风扇一般都采用滚珠轴承，用滚珠轴承结构的风扇转速平稳，即使长时间运行也比较可靠，噪声也小。

　　区别滚珠风扇与一般风扇的方法是：一般滚珠风扇上都标有"Ball Bearing"的字样；另外，正面向滚珠风扇用力吹气时，风扇不易吹动，但一旦吹动，其转动时间就比较长。

③ 建议选购风扇时还要注意散热片的齐整程度与重量，另外，卡子的弹性要适中。

④ 建议选购原装品牌的 CPU 风扇。

## 二、选购主板

主板又称系统板（System Board），如图 1-31 所示，是其他配件的载体，是计算机系统最基本也是最重要的部件之一。主板的类型和档次决定着整个计算机系统的类型和档次，主板的性能影响着整个计算机系统的性能。

【知识准备】

了解主板的分类情况，为选购主板做好知识准备。

主板的典型结构如图 1-32 所示。

图 1-31　主板的外观

图 1-32　主板的结构

## 1．主板的基石——PCB 板

PCB 板（见图 1-33）通常由 4～6 层树脂材料粘合在一起，是所有主板组件构建的基础。PCB 板内部采用铜箔走线，最上和最下的两层叫做"信号层"，中间两层则叫做"接地层"和"电源层"。PCB 板的质量高低关系到主板的寿命和工作稳定性。

图 1-33　主板的 PCB 基板

**2. 主板的大脑——各种控制芯片组**

主板上的核心部分是芯片组（Chipset），就像人体的中枢神经一样控制着整个主板的工作过程。控制芯片组外观上都是扁平的集成电路。主板的性能几乎就取决于芯片组的性能。

（1）主控制芯片组

依据在主板上的位置和所负责的功能的不同，主控芯片组通常分为"北桥芯片"和"南桥芯片"两部分，如图1-34所示。

① 北桥芯片：是靠近CPU的芯片，在整个芯片组中起主导作用，通常整个芯片组都以北桥芯片来命名。北桥芯片提供对CPU类型、主频、内存类型以及显卡插槽等的支持。由于北桥芯片处理的数据量大，发热量高，因此其上通常都安装有散热片或散热风扇。

② 南桥芯片：靠近PCI插槽，主要负责控制存储设备、PCI接口设备以及鼠标和键盘等外围设备的工作以及通信。随着控制板块功能的逐渐发展，有些南桥芯片上也安装有散热片。

图1-34　南桥芯片和北桥芯片

（2）功能控制芯片组

主板上还会集成其他的功能控制芯片，例如音效芯片、网卡芯片以及磁盘阵列控制芯片（Raid）等，这些芯片分别具有特殊的控制功能。

① 音效芯片：尽管目前很多主板南桥芯片上都集成了声卡功能，但通常不能满足一些对音效要求比较高的用户，因此会外加专门的音效芯片以提高电脑音效，如图1-35所示。

② 网卡芯片：网卡芯片专用于实现以太网连接，以便用户使用电脑的网络功能，如图1-36所示。

③ 磁盘阵列控制芯片：磁盘阵列技术把多个磁盘组成一个磁盘集合，通过磁盘阵列控制芯片（见图1-37）实现一系列的调度算法。对用户来说，就像在使用一个容量很大而可靠性和速度非常高的大型磁盘一样。

图1-35　音效芯片　　　　　图1-36　网卡芯片　　　　　图1-37　磁盘阵列控制芯片

### 3．各种板卡的连接载体——插座和插槽

主板上最醒目的部分是各种插座或插槽。CPU、显卡、各种扩展卡（声卡、网卡和电视卡）都必须通过插座或插槽与主板连接。

（1）CPU 插座

主板和 CPU 必须搭配使用，主板的芯片组必须支持选定的 CPU。CPU 插座用于在主板上安装 CPU，主板上的 CPU 插座类型必须要与选定的 CPU 的型号对应，不同的 CPU 插座在插孔数、体积和形状方面都有区别，不能互相接插。

目前的 CPU 插座大多采用 Socket 架构，通常位于主板的右侧，上面布满了"针孔"或"触点"，侧面还有一个固定 CPU 的拉杆，根据支持的 CPU 不同，主板芯片组分为适用于 Intel 平台和 AMD 平台两种。

① Intel 平台插座。

目前，适用于 Intel 平台的主板和其支持的 CPU 型号如下。

• LGA 775（见图 1-38）：又称 Socket T，是早期 Intel Core 处理器的插座，主要支持 Core 2 Quad、Core 2 Duo 以及 Celeron 等。

• LGA 1366（见图 1-39）：又称 Socket B，充分发挥 DDR3 的优势，提高了带宽，适合于 Nehalem 系列核心代号为 Bloomfield 的 Intel Core i7 处理器。

• LGA 1156（见图 1-40）：又称 Socket H，功耗更低，适合于目前主流的 Nehalem 系列核心代号为 Lynnfield 的 Intel Core i3/i5/i7 处理器。

图 1-38　LGA 775　　　　　图 1-39　LGA 1366　　　　　图 1-40　LGA 1156

② AMD 平台插座。

目前，适用于 AMD 平台的主板和其支持的 CPU 型号如下。

• Socket AM2（见图 1-41）：支持 DDR2 内存，低端 Sempron、中端 Athlon、高端的 Athlon X2 等 AMD 桌面 CPU 都采用 Socket AM2。

• Socket AM3（见图 1-42）：支持 DDR3 内存，所有 AMD 桌面级 45nm 处理器均采用了新的 Socket AM3 插座。

图 1-41　Socket AM2　　　　　　图 1-42　Socket AM3

说明    通过观察和对比可以发现，Intel 和 AMD 的插槽在外形上有很大的区别，值得注意的是 Intel 的插槽大都加了固定装置。通常来说，同类插槽的版本越新，针脚数就越多。

（2）内存插槽

内存插槽用于安装内存，如图 1-43 所示。

图 1-43    内存插槽

内存的种类不同，主板上的内存插槽也不同。目前市场上出售的主流主板大都支持 DDR 2 或 DDR 3 内存。两种插槽分别如图 1-44 和图 1-45 所示。

图 1-44    DDR 2 内存插槽

图 1-45    DDR 3 内存插槽

说明    安插双内存时，还要注意内存插槽的颜色。只有当两根相同型号的内存都插入同样颜色的两个插槽时，才能发挥双通道的作用，所以在安插内存时务必要仔细小心。

（3）显卡插槽

主板上安插显卡的插槽称为显卡插槽，目前常见的显卡插槽有 AGP 和 PCI Express 两种。PCI Express 插槽和 AGP 插槽互不兼容，即这两种类型的显卡不能混用。

① AGP 显卡插槽。

早期的显卡采用 AGP 插槽。AGP 插槽与旁边的白色 PCI 并不处于同一水平位置，而是内进一些，如图 1-46 所示。随着显卡速度的提高，AGP 插槽已经不能满足显卡传输数据的速度，目前 AGP 显卡已经逐渐淘汰，取代它的是 PCI Express 插槽。

② PCI Express 显卡插槽。

PCI Express 显卡比 AGP 类型显卡的数据传输速度快，并且在 PCI Express 插槽的旁边通常还会提供 1 ~ 2 个短的 PCI Express X1 插槽，用来安插 PCI Express X1 的适配卡，如无线网卡等，如图 1-47 所示。

由于 PCI Express 的优势十分明显，现在大多数主板都采用这种显卡插槽。

图 1-46 AGP 显卡插槽

图 1-47 PCI Express 显卡插槽

（4）PCI 插槽

PCI 插槽是主板的主要扩展插槽，通过插接不同的扩展卡可以获得目前电脑能实现的几乎所有功能，是名副其实的"万用"扩展插槽，其颜色多为白色，位于主板上 AGP 插槽（或 PCI Express 插槽）的下方，如图 1-48 所示。

PCI 插槽是基于 PCI 局部总线的扩展插槽，可插接声卡、网卡、内置 ADSL Modem、USB2.0 卡、IEEE1394 卡、IDE 接口卡、RAID 卡、电视卡、视频采集卡以及其他种类繁多的扩展卡。

图 1-48 PCI 插槽

说明

主板上的 PCI 插槽越多，用户可安装的扩展卡就越多。但随着主板的发展，PCI 的插槽的数量反而有所减少，目前主流主板上的 PCI 插槽数量一般在 2~3 个，颜色也不再是单纯的白色，如图 1-49 所示。

图 1-49 PCI 插槽

（5）外存插槽

外存插槽是指连接外存储设备的接口，用于连接光驱和硬盘等设备。

① IDE 接口。

IDE 接口用来连接 IDE 硬盘或光驱的数据线。目前市场上出售的主板通常都提供两个 IDE 数据线接口，分别以 IDE1（或 PRI_IDE）和 IDE2（或 SEC_IDE）进行标注。图 1-50 所示为主板上的 IDE 数据线接口。

图 1-50　IDE 数据线接口

为了防止用户插错连接线插头，部分主板取消了未使用的第 20 针，形成了不对称的 39 针 IDE 接口插座，这样就可以区分连接方向。还有一些主板在插针接口的四周加上围栏，其中一边有一个小缺口，标准的连接线插头只能从一个方向插入，这样也可以避免连接错误。

② SATA 接口。

随着硬盘技术的发展，IDE 接口硬盘的输出速度不能满足大数据量的传输，于是串行接口（SATA 接口，如图 1-51 所示）硬盘日渐流行。目前主板上都提供了多个 SATA 接口。

SATA II 是芯片巨头 Intel 英特尔与硬盘巨头 Seagate 希捷在 SATA 的基础上发展起来的，其主要特征是外部传输率从 SATA 的 150MB/s 进一步提高到了 300MB/s，如图 1-52 所示。

图 1-51　SATA 接口

图 1-52　SATAII 接口

SATA 接口与传统的 IDE 接口相比具有以下优势。
- 可以热插拔，使用十分方便。
- 易于连接，布线简单，有利于散热。
- 不受主盘和从盘设置的限制，可以连接多块硬盘。
- SATA 接口的传输速率为更高。

由于 SATA 硬盘的数据线（见图 1-53）比 IDE 硬盘的数据线（见图 1-54）窄很多，因而串行硬盘的接口也更小巧。由于 SATA 接口的明显优势，IDE 接口也开始逐步减少，目前最新的主板上都只有一个 IDE 接口。

图 1-53　SATA 数据线

图 1-54　IDE 数据线

（6）电源插座

电源插座是主板与电源连接的接口，负责为 CPU、内存、硬盘以及各种板卡提供电能。电源插座有 20 针和 24 针两种。随着计算机的功能逐渐强大，耗电量也逐渐增加，24 针电源插座成为主流。同时，伴随着双核、四核 CPU 的出现，在主板上出现了 4 针或 8 针 CPU 电源单独供电插槽。

图 1-55 所示为上述 4 种电源插座。

（a）20 针电源插座

（b）24 针电源插座

（c）4 针电源插座

（d）8 针电源插座

图 1-55　电源插座

仔细观察会发现有些针孔是四边形的，有些针孔是六边形的，这种设计就是防插错结构，限制电源连接线只能按照一个方向插入插槽，避免连接错误，要注意的是，20 针的电源连接线同样可以插入 24 针的插槽，只要留意电源插座上的防插错装置，将电源线对准后插入即可。

#### 4. 与外设交流的通道——外设接口

主板上的外设接口用于连接鼠标、键盘、打印机、网线以及 USB 等设备，如图 1-56 所示。

图 1-56　外设接口

（1）PS/2 接口。

用于连接 PS/2 接口类型的鼠标和键盘。通常情况下，鼠标的接口为绿色，键盘的接口为紫色。

（2）并行接口。

又称 LPT 接口或打印机接口，以前用来连接打印机，现在的打印机一般都使用 USB 接口，所以现在并行接口使用较少。

（3）串行接口。

又称为 COM 口，用来连接串口设备，例如早期的鼠标，老式手机的数据线等。现在使用较少，以便用于专业设备，例如单片机编程设备等。

（4）USB 接口。

USB 接口是目前应用最广泛的接口，不但可以连接 U 盘、移动硬盘等外部存储器，还能连接手机、数码相机、打印机或扫描仪等外部设备。主板上通常具有 4～6 个 USB 接口。

（5）网卡接口。

网卡接口用于插接网线，将电脑接入 Internet。

（6）声卡接口。

主板上的声卡接口主要实现声音的输入和输出，如果是双声道声卡如下。

- 绿色：音频输出端口，接音箱或耳机。
- 红色：音源输入端口，接麦克风或话筒。
- 蓝色：线路输入（line in），将外部声音输入电脑，如 MP3 播放器或者 CD 机。

如果是四声道以上，黑色：后置音箱；橙色：中置音箱；灰色：侧边环绕音箱，如图 1-57 所示。

图 1-57　声卡接口

### 5. 了解主板的板型结构

目前市场上比较通用的主板分类标准有 3 种：主板上的 CPU 插座类型、主板适用的平台和主板的板型结构。

主板是其他各种设备的连接载体，为了防止出现混乱，制定出一个协调各方的标准是非常必要的。主板的板型结构就是根据主板上各种元器件的布局、大小、形状以及使用何种电源等性能参数制定出的，且要求各主板厂商严格遵循标准。

（1）AT 板型结构

AT 结构标准由 IBM 公司制定，属于早期的板型结构。在 AT 结构的主板中，CPU 插座位于主板左下方，总线扩展槽位于 CPU 的上方，内存插槽位于主板的右上方，I/O 端口需要电源线引到机箱背后，硬盘驱动器的连接端口与它们的安装位置距离较远。

随着 PC 相关技术的发展，CPU 和相关扩展插槽位置布局的不合理性逐渐凸显，CPU 位于众多扩展插槽的后面，对于升级或者使用加长型扩展卡的会很不方便，甚至不能插入扩展卡，同时

AT 标准机箱内部的没有明确的散热空气流通道，这样导致 CPU 的散热效果很不理想。目前，AT 结构的主板已经被淘汰。

（2）ATX 板型结构

ATX 结构由 Intel 公司制定，比 AT 结构的主板更科学，布局更合理。CPU 插座位于主板右方，总线扩展槽位于 CPU 的左侧，内存插槽位于主板右下方，I/O 端口都集成在主板上。IDE 接口位于主板左下方，与所连设备靠得较近。

ATX 结构的电源插头也采用新的规格，支持 3V/5V/12V 电源，还支持软件关机、指令开机等功能，从而保证系统运行更加可靠。ATX 结构主板如图 1-58 所示，其上有 4 ~ 6 个 PCI 插槽，目前已经逐渐被 BTX 取代。

（3）Micro ATX 板型结构

Micro ATX（又称 Mini ATX 或 MATX），是 ATX 结构的简化版。Micro ATX 保持了 ATX 标准主板背板上的外设接口位置，与 ATX 兼容。Micro ATX 主板把扩展插槽减少为 3 ~ 4 个，从横向减小了主板宽度，从而减小总面积，比 ATX 结构更为紧凑。

按照 Micro ATX 标准，主板上还应该集成图形和音频处理功能。目前多用于品牌机并配备小型机箱，Micro ATX 结构主板如图 1-59 所示。

图 1-58　ATX 结构主板

图 1-59　Micro ATX 结构主板

（4）BTX 板型结构

BTX 是英特尔制定的最新一代主板结构。也是 ATX 结构的取代者。BTX 结构具有性能强、体积小等优点，还改变了目前计算机机箱布置杂乱无章、接线凌乱和充满噪声的缺点。

BTX 具有如下特点。

① 支持窄板设计，系统结构将更加紧凑。

② 对主板的线路布局进行了优化设计，使得主板散热性能更好。

③ 机械性能得到优化和升级，主板的安装更加简单。

BTX 具有良好的兼容性，目前根据板型宽度不同派生出来的结构有以下几种。

- 标准 BTX（325.12mm）。
- Micro BTX（264.16mm）。
- Low-profile 的 Pico BTX（203.20mm）。

标准 BTX 板型结构如图 1-60 所示，PCI Express 和串行 SATA 接口等在 BTX 板型的主板中都得到很好的支持。在新型 BTX 主板中还预装了 SRM（支持及保持模块）优化散热系统，对于以后 CPU 的发展具有促进意义。

由于技术的不断突破，将来的 BTX 主板还将完全取消传统的串口、并口和 PS/2 等接口，使主板结构更加紧凑、饱满。

图 1-60　BTX 主板结构图

 AT、ATX、BTX 都是个人电脑所有配件都必须遵循的一种技术规范，对主板的约束性应该是最强的，其次是机箱、电源，其他周边设备的约束性没有这么严格。

### 【技能训练 1-5】——了解主板的品牌

主板是连接计算机中各个硬件设备的平台，无论与哪种硬件设备有冲突，都会影响计算机的整体性能，所以要求主板与其上的各种设备能"搭配默契、协同工作"。

目前国内的主板品牌非常多，用户在选购主板时，面对众多的主板品牌经常会觉得无从下手。为方便用户挑选最适合自己的主板，现将主要品牌介绍如下。

（1）高端主板

这类主板质量一流，性能卓越，但价格偏高。代表品牌有华硕（ASUS）、微星（MSI）、技嘉（GIGA）等。这一类的主板大多在用料上十分考究，做工上精细有加，PCB 走线清晰，其产品无论是稳定性还是抗干扰能力都是一流的。

（2）中端主板

这类主板多数是后起之秀，技术发展较快，市场占有率也较高，例如磐正（SUPoX）、映泰（BIOSTAR）、精英（ECS）、华擎（Asrock）、昂达（ONDA）、七彩虹（Colorful）、斯巴达克（Spark）等。这一类的主板价格普遍比第一类的低一些，性价比较为突出。

（3）低端主板

这类主板主要面对低端用户，如网吧、机房等，价格较低，性能与稳定性不是很好。这里不做过多介绍。

当然，高端品牌也不都是价格昂贵的产品，也有针对低端用户推出的一些低端主板，以满足低端用户的需求。同一品牌的主板采用的芯片组不同，其价格差距也较大。

### 【技能训练 1-6】——掌握主板的选购要领

由于现在的主板品牌和型号都非常丰富，价格也千差万别，所以在选购时要综合考虑下面的这些因素，才能选购到合适的主板。

（1）主板的品牌

目前在市场上，各种品牌的主板琳琅满目，其中比较知名的品牌有华硕、微星、升技、联想以及技嘉等。建议用户优先选择这些大品牌的主板,因为大品牌的厂家从产品的设计、选料筛选、工艺控制、品管测试到包装运输都要经过十分严格的把关。一块有品牌作保证的主板会为计算机的稳定运行提供很好的保障。

(2)芯片组是否支持 CPU

主板芯片组是主板最重要的部件之一,全球有多家公司可以设计和生产主板芯片组,分别是 Intel、AMD、VIA、nVIDIA、ALI、SiS 以及 ATi 等。

在选购主板之前,一般都已确定了所选购 CPU 的类型和型号,因此就要选择与之匹配的主板。Intel 和 AMD 两家公司的 CPU 都具有两种接口类型,其中 Intel CPU 的两种接口由于针脚数不同不能兼容,在选购支持 Intel CPU 的主板时要注意区别;而 AMD CPU 的两种接口由于针脚数相同,因此一般情况下主板可以兼容这两种接口类型。

(3)查看主板的总线频率

主板的前端总线频率直接影响 CPU 与内存的数据交换速度,前端总线频率越大,则 CPU 与内存之间的数据传输量越大,也就更能充分发挥出 CPU 的性能。

在选购主板时应保证主板的总线频率要大于等于 CPU 的总线频率,这样才能发挥出 CPU 的全部性能。考虑到以后可能要对 CPU 进行升级,应尽量选择总线频率更大的主板。

(4)查看主板对内存的支持情况

查看支持的内存类型,当前的主板主要支持 DDR2 和 DDR3 的内存,DDR2 内存的工作频率最高可达到 1 200MHz,而 DDR3 内存的工作频率则可达到 2 000MHz 或更高。在选购时应保证主板支持的工作频率要大于或等于所选购内存的工作频率。

若选择支持 DDR2 内存的主板,则查看其是否支持双通道,如图 1-61 所示;若选择支持 DDR3 内存的主板,则查看其是否支持三通道,如图 1-62 所示。

图 1-61　双通道内存插槽　　　　　　　　图 1-62　三通道内存插槽

　　　　　选购主板时要特别注意主板上提供的内存插槽能否满足需要。由于市面上流行的 DDR 3 和 DDR 2 插槽在外形上极为相似,如果不经过对比很难区分。所以在购买时通常要仔细阅读主板的说明书,了解该款主板支持哪种类型的内存以及是否支持双通道内存架构等。

(5)查看是否是集成显卡和对独立显卡的支持情况

若选购的计算机主要用于文件办公等一些对显卡性能要求不高的场合,并且购机预算不多时,则可选择集成显卡的主板,这样可很大程度地减少资金的投入。

若需要使用独立显卡,则应查看主板的显卡插槽类型与所选购的显卡接口类型是否相同。

对于一些高级图形图像处理用户和游戏爱好者,若想使用双显卡,则应查看主板显卡插槽的个数以及对双显卡的支持情况,如图 1-63 所示。

图 1-63　支持双显卡的主板

（6）查看硬盘和光驱接口情况

目前硬盘主要使用 SATA 接口，而光驱主要使用 IDE 接口，所以在选购主板时要根据使用硬盘和光驱的个数来查看主板上 SATA 接口和 IDE 插槽的个数，以满足实际需求。

（7）查看其他外部接口

主板上的外部接口主要有 USB 接口、串口、并口等，这些需要根据使用外设的情况来确定。例如要使用并口打印机，则必须选择有并口接口的主板。

**说明**　由于 PCI Express 类型的显卡与 AGP 类型的显卡并不兼容，因而插槽不能混用。目前大多购买 SATA 接口的硬盘，要区分 SATA 和 SATAII 接口。

（8）查看集成声卡和集成网卡的情况

目前市场上的主板大多集成了声卡和网卡，在选购主板时可查看集成的声卡和网卡是否满足需求，如声卡支持的声道数、网卡的传输速率等。

目前主板的集成度越来越高，一般都集成了声卡和网卡，有的还还集成了显卡。如果用户只是使用计算机进行普通的操作，对声卡、显卡、网卡都没有很高的要求，那么购买一款集成这些设备的主板后，就不用再单独购买这些硬件了。但对于要玩大型 3D 游戏和做图形设计的用户来说，集成显卡将不能胜任工作，所以这时需要选购一款支持独立显卡的主板。

（9）做工

主板的做工关系到主板工作时的稳定性。判断主板做工的好坏可以观察元件的焊接是否精致、光滑，元件的排列是否整齐、有规律等。做工较差的主板，其元件的焊接点一般都很粗糙，元件排列也不整齐，有的甚至偏出了主板上的焊接点。其次看 CPU 底座、内存条插槽以及各种扩展插槽是否松动，能否使各配件固定牢靠等。

（10）其他方面

除了以上要点外，选购主板时还应注意以下几个方面。

① 计算机的升级换代速度太快，尽量选购升级性能好的主板。例如要考虑主板支持的最大内存、支持的最高外频以及 PCI 插槽的数量等因素。

② 是否方便拆卸和安装设备，主板布局结构是否合理，是否利于安装其他配件和散热处理，其设计是否符合未来升级安装需要。

③ 主板的电路板的层数是否为多层板（一般要大于 4 层，最好是 6 层以上），各焊点接合处是否工整简洁，走线是否简洁清晰。

④ 主板所用的元件包括各种插槽接口是否采用高质量贴片元件、镀金处理和高容量钽质电容，拿在手里有一定分量。

⑤ 主板是否通过相应的安全标准认证测试，如 ISO、FCC、CCEE 等，是否提供完整的主板产品包装和相关配件，如各种连接线、驱动盘、保修卡及说明书等。

**【操作案例 1-2】——选购主板**

已知：所购计算机用于日常办公，配套 CPU 为 AMD 速龙 II X4 640（盒），插槽类型为 Socket AM3。整机预算为 4000 元以内。

**【选购方案分析】**

（1）选购主板的原则

① 选购 CPU 为 AMD 速龙 II X4 640，所选主板的芯片组需要支持 AMD 平台。

② CPU 插座类型为 Socket AM23，所选主板的 CPU 插座也应该为 Socket AM3。

③ 最后还要考虑选购一块性价比比较适中的品牌主板。

（2）待选主板详细信息

通过查找相关资料，拟定以下 3 种主板供选择，待选主板详细信息如表 1-6 所示。

表 1-6　　　　　　　　　　　　　　　待选主板详细信息

| 型号<br>参数 | 微星 860GM-S41 | 七彩虹战斧 C.H61 V21 | 华擎 890GMH/USB3 |
|---|---|---|---|
| 集成芯片 | 显卡/声卡/网卡 | 声卡/网卡 | 显卡/声卡/网卡 |
| 主芯片组 | AMD 760G | Intel H61 | AMD 890GX |
| CPU 插槽 | Socket AM3 | LGA 1155 | Socket AM3 |
| 适用平台 | AMD | Intel | AMD |
| CPU 类型 | Phenom II/Athlon II/Sempron | Core i7/Core i5/Core i3 | Phenom II、Athlon II |
| 内存类型 | DDR 3 | DDR 3 | DDR 3 |
| 内存插槽 | 2×DDR3 DIMM | 2×DDR3 DIMM | 4×DDR3 DIMM |
| 显卡插槽 | PCI-E 2.0 X16 | 1×PCI-E X16 显卡插槽 | 1×PCI-E 2.0 X16 |
| PCI 插槽 | 1×PCI 插槽 | 1×PCI 插槽 | 2 个 PCI 插槽 |
| IDE 插槽 | 2×IDE 插槽 | 1 个 IDE 插槽 | 1 个 IDE 插槽 |
| SATA 插槽 | 4×SATA II 接口 | 4×SATA II 接口 | ATA 100、ATA 133、SATA150、SATA II |
| 主板板型 | Micro ATX 板型 | Micro ATX 板型 | Micro ATX 板型 |
| 电源插口 | 一个 4 针，一个 24 针电源接口 | 一个 8 针，一个 24 针电源接口 | 一个 4 针，一个 24 针电源接口 |
| USB 接口 | 8×USB2.0 接口（4 内置+4 背板） | 8×USB2.0 接口（4 内置+4 背板） | 8×USB2.0 接口（4 内置+4 背板） |
| 报价 | 360 | 399 | 550 |

**【主板参数分析】**

这里使用排除法进行筛选。

- 根据主板支持的 CPU 平台，排除七彩虹战斧 C.H61 V21。
- 看 CPU 插座类型，其余两款同时满足。
- 看价格，华擎 890GMH/USB3 比微星 860GM-S41 贵近 200 元。

- 看品牌，微星就是一线大品牌，而华硕的低端主板都是由华擎代工的。

最后得出结论，从性价比和品牌效应上比较，建议选择微星 860GM-S41。

通过本案例分析，相信读者已经对选购主板有了比较理性的认识。其实选购主板和选购其他商品一样，都需要从商品质量和用户需求等情况出发。

# 三、选购内存

内存是影响整机性能的一个重要因素，在选购时也应重点考虑。随着内存生产技术水平的不断提高，内存的性能也不断提高，而价格却越来越低，加上内存的品牌、种类、型号较多，因此在选择时有较大的空间。

【知识准备】

### 1. 了解内存的类型

随着计算机技术日益更新并逐渐成熟，内存工艺技术的提高和市场需求的增加，早期很多内存产品都已被淘汰，新产品已逐渐占领了市场。

（1）SDRAM

SDRAM（Synchronous Dynamic Random－Access Memory，同步动态随机存储器）如图 1-64 所示，这种内存能与 CPU 同步工作，减少数据传输的延迟，提升了计算机性能和效率。SDRAM 是早期 Pentium 系列计算机中普遍使用的内存，目前已被淘汰。

**说明**　　内存颗粒是对内存芯片的一种称呼。在计算机中，很多板卡都有一种金色的引脚，它有一个专用名字，称为金手指。SDRAM 内存条的两面都有金手指，如图 1-65 所示。

图 1-64　SDRAM 内存条

图 1-65　金手指的外观

（2）DDR SDRAM

DDR SDRAM（Double Data Rate SDRAM，双倍数据速率 SDRAM，简称 DDR）是 SDRAM 的升级版本，具有比 SDRAM 多一倍的传输速率和内存带宽。从外形上看， SDRAM 的内存条具有 168Pin 引脚，并且有两个缺口，而 DDR SDRAM 内存采用的是 184Pin 引脚，金手指上也只有一个缺口，如图 1-66 所示。

图 1-66　DDR SDRAM 内存条

（3）DDR 2

DDR 2 内存的工作原理类似于 DDR，但 DDR 每个时钟周期内只能通过总线传输两次数据，而 DDR 2 则可以传输 4 次，并且发热量更低。DDR 2 与 DDR 长度一样，但 DDR 2 内存具有 240Pin 引脚，并且 DDR 2 与 DDR 内存条上的缺口位置也不同，如图 1-67 所示。

图 1-67 DDR 与 DDR 2 的外观对比

（4）DDR 3

DDR3 相比 DDR2 有更低的工作电压，性能更好且更省电，可达到的频率上限超过 2 000MHz。DDR3 采用 100nm 以下的生产工艺，采用点对点的拓扑架构，以减轻控制总线的负担。DDR3 内存是目前的主流产品，如图 1-68 所示。

图 1-68 DDR 3 内存

（5）DDR4

DDR4 是即将推出的内存最新类型，其工作电压降低到 1.2 ~ 1.0V，而频率提升至 2 133 ~ 2 667MHz。新一代的 DDR4 内存将拥有两种规格，包括两个互不兼容的内存产品，以满足更多不同的用户需求。

---

**说明**

内存外观区别很明确，SDR：两个缺口、单面 84 针脚、双面 168 针脚；DDR1：一个缺口、单面 92 针脚、双面 184 针脚、左 52 右 40、内存颗粒长方形；DDR2：一个缺口、单面 120 针脚、双面 240 针脚、左 64 右 56、内存颗粒正方形、电压 1.8V；DDR3：一个缺口、单面 120 针脚、双面 240 针脚、左 72 右 48、内存颗粒正方形、电压 1.5V。

---

**2. 熟悉内存的性能参数**

在选购内存前，用户应该对它的参数进行了解。内存的主要性能参数如下。

（1）容量

内存容量是指内存条的存储容量，是内存条的关键性参数。容量以 MB（或 GB）为单位，如 512MB、1GB 等。在用户预算的范围内，内存容量越大越有利于系统的运行。随着科技的发展和用户需求的提升，目前台式机中主流的内存容量为 2～4GB。

**说明** 系统内存的基本单位是 Byte（字节），每个字节由 8 位二进制数组成，它们的换算公式如下：1Byte=8bit；1KB=1 024Byte；1MB=1 024KB；1GB=1 024MB；1TB=1 024GB。

（2）工作电压

内存稳定工作时的电压称为工作电压，不同类型的内存，其工作电压也不同，但各自都有自己的规格，超出这个规格容易造成内存的损坏。

① DDR SDRAM 内存的工作电压一般在 2.5V 左右。

② DDR 2 SDRAM 内存的工作电压一般在 1.8V 左右。

③ DDR 3 内存的工作电压一般在 1.5V 左右。

（3）内存主频

内存主频和 CPU 主频一样，习惯上被用来表示内存的速度，它代表着该内存所能达到的最高工作频率。内存主频以 MHz 为单位。

① DDR 内存的主流内存频率为 333MHz 和 400MHz。

② DDR 2 内存的主流内存频率为 533MHz、667MHz 和 800MHz，其中 800MHz 的内存频率应用最多。

③ DDR 3 内存的主流内存频率为 800MHz、1 066MHz、1 333MHz、1 600MHz 和 2 000MHz 等。

（4）存取时间

存取时间代表读取数据所延迟的时间，以 ns 为单位，与内存主频是完全不同的概念。一般情况下，内存的存取时间都标在芯片上。存取时间越短，CPU 等待的时间就越短。

存取时间代表读取数据所延迟的时间。大多数 SDRAM 芯片的存取时间为 5ns、6ns、7ns、8ns 或 10ns。如 LG 的 PC100 SDRAM 芯片上的标识为 7J 或 7K，说明它的存取时间为 7ns，但它的系统时钟频率依然是 10ns，外频为 100MHz。

（5）带宽

内存的带宽也称为数据传输率，是指每秒钟访问内存的最大位数（或字节数），也就是内存这个"中转仓库"单位时间内能够运输数据的最大值。

（6）时钟周期

时钟周期代表内存所能运行的最大频率，数字越小说明内存芯片所能运行的频率越高。对于一片普通的 PC-100 的 SDRAM 内存条来说，其芯片上的标识 10 代表了它的运行时钟周期为 10ns，即可在 100MHz 的外频下正常工作。大多数内存标号的尾数表示 tCK 周期，如 PC-133 标准要求 tCK 的数值不大于 7.5ns。

（7）ECC

ECC（Error Correction Coding 或 Error Checking and Correcting，是一种具有自动纠错功能的内存）是新型内存中普遍提到的一种技术名词，它是内存校验的一种。ECC 与传统的奇偶校验（Parity）类似，然而奇偶校验只能检测到错误所在，并不能进行纠正，ECC 却可以纠正绝大多数错误。它不仅能够检测一位错误，而且能够纠正一位错误，这意味着系统能在不中断和不破坏数据的情况下继续运行。

一般来说，内存条上的内存芯片是以双数形式出现的，如果有时看到单数的内存芯片，说明该内存是支持 ECC 的，也就是说一旦发现内存其中一颗内存芯片有问题时，第 5 颗、第 9 颗或第

17 颗内存芯片就会自动替补。

【知识拓展 1-2】——认识 SIMM、DIMM 和 RIMM

不同的内存条安装在主板上的专用内存插槽上。应用在台式机的内存插槽主要有：SIMM、DIMM 和 RIMM，这些都会在主板的内存插槽边上以及主板说明书上标示出来。

（1）SIMM（Single In-Line Memory Module，单边接触内存模组）

SIMM 是 486 及其较早的 PC 机中常用的内存插槽。SIMM 内存插槽主要有两种型态：30pin 和 72pin。30pin 的单面内存条是用来支持 8 位的数据处理量。72pin 的单面内存条是用来支持 32 位的数据处理量。

例如一次可处理 64 位的英特尔奔腾系列的中央处理器，你需要 8 条 30pin 或两条 72pin 的内存条来支持它。在 486 以前，大多采用 30pin 的 SIMM 插槽，或者与 72pin 的 SIMM 插槽并存；而在 Pentium 中，应用更多的是 72pin 的 SIMM 接口，或者与 DIMM 插槽并存。

（2）DIMM（Dual In-Line Memory Module，双边接触内存模组）

DIMM 内存插槽是指这种类型接口内存的插板的两边都有数据接口触片，这种接口模式的内存通常为 84pin 或 92pin，但由于是双边的，所以一共有 84×2=168pin 或 92×2=184pin 接触。DIMM 内存插槽支持 64 位数据传输，使用 3.3V 电压。

（3）RIMM（Rambus In-Line Memory Module）

RIMM 内存插槽就是支持 Direct RDRAM 内存条的插槽。RIMM 有 184pin，资料的输出方式为串行，与现行使用的 DIMM 模块 168pin，并列输出的架构有很大的差异。

【技能训练 1-7】——明确内存的选购要领

现在市面上 DDR 内存占据了内存市场的主流地位。

（1）内存的品牌

由于市面上内存的品牌众多，金士顿（Kingston）是全世界第一大内存提供商，其产品的特点是做工精细，兼容性非常好，质保条件宽松。金士顿内存条外观如图 1-69 所示。

其他知名内存品牌还有威刚（A－DATA，见图 1-70）；金邦（Geil，见图 1-71）和海盗船（见图 1-72）。

（2）选购原则

市场上内存的琳琅满目，在选购内存条时应当掌握以下原则。

图 1-69　金士顿 DDR3 1333 4G 台式机内存

图 1-70　威刚 4G DDR3 1333

图 1-71　金邦 4GB DDR3 1600

图 1-72　海盗船 4G DDR3 1333

① 符合主板上的内存插槽要求。不同的主板支持不同的内存，目前主板市场上的主流品牌大都支持 DDR 3 内存，因此在购买计算机时应选购 DDR 3 内存。如果要对计算机进行升级，则应该先查明主板支持的内存类型以及所支持内存的最大容量。

② 注意内存的做工。内存的做工影响着内存的性能。一般来说，要使内存能稳定工作，那么使用的 PCB 板层数应在 6 层以上，否则在工作时容易出现不稳定的情况。

③ 主频的选择。内存的工作频率直接影响内存中数据的存取速度，频率越高数据存取速度越快，所以内存的工作频率应越大越好。但在确定所选购内存的工作频率时，还应考虑主板对内存工作频率的支持情况和价格等因素。

目前 DDR 3 内存的主流主频是 1 333MHz 或 1 600MHz，这种类型的内存提供了比较大的带宽，对系统性能的提升也是比较明显的。

④ 注意内存的品牌。不少小厂家将低端的内存芯片通过涂改编号或使用其他造假方法，将低档内存打磨成高档内存出售，而这些内存往往不能稳定、正常地工作，因此，最好到直接代理商处选购知名品牌的内存，或者在专业人员的指导下购买，并应尽量选择售后服务良好的品牌。

⑤ 确定内存容量和个数。从理论上讲，内存的容量越大越好，但是还必须根据实际需要来选择，在满足需要的前提下，还要留有一定的富余容量。若要使用更大容量的内存，而且主板支持双通道或三通道内存，则内存的个数应选择 2 的整数倍或 3 的整数倍。例如在支持双通道的主板上若要使用 2GB 的内存，则最好选择两根 1GB 的内存。

⑥ 注重内存的质量和售后。内存也有散装和盒装之分，散装内存由于运输、进货渠道、保存环境等因素，容易出现损坏，在选购内存时应尽量选择盒装的内存。

内存的品牌较多，选择时应尽量选择大品牌的内存，如金士顿、威刚等，这类内存质量有保证，售后服务也较好。另外要咨询内存的质保时间，内存的质保时间通常有三年、五年、终身质保，选购时应尽量选择质保时间较长的内存。

【技能训练 1-8】——辨别内存的真伪与使用

由于内存的制作技术水平要求不是很高，所以在市场上容易出现假冒伪劣产品，在选购内存时应注意识别。下面介绍几种常用的识别方法。

（1）短信或网站查询

现在大多数品牌的内存都提供短信真伪查询和官方网站真伪查询（如金士顿）等防伪服务，用户可通过查询来确定其真伪。

（2）通过观察产品说明书来辨别

真品的说明书，其文字和图示清晰明朗，而伪劣产品的说明书，其文字和图示明显昏暗无光泽，并且往往不能提供官方网站的网址以及查询方法的介绍。

（3）使用内存应注意的问题

内存是比较娇贵的电器产品，最怕的就是静电，因此，在插拔内存时一定要注意先释放静电。其次，内存在使用过程中绝对不能带电插拔，否则会烧毁内存甚至烧毁主板。

（4）内存故障的确认方法

内存是数据传输的通道，一般来说，当内存出现故障时，电脑运行会表现得不稳定，经常出现蓝屏、死机等现象。这时如果排除了操作系统不稳定或病毒等原因，则很可能是内存的故障了。

 通过替换法，将有故障的内存换到另一台能稳定运行的电脑上再观察其运行状态，如果该电脑也运行不稳定，则可判断内存出现故障。也可通过专用的内存测试软件来测试电脑的稳定性，如电脑不能稳定通过测试，也表明内存有问题。

**【操作案例 1-3】——选购内存**

已知：所购计算机主要用于工作与娱乐，需运行一些平面和 3D 设计软件，以及一些大型 3D 游戏。

已确定选购的主板为华硕 P8B75-M LE，其内存插槽参数如表 1-7 所示。

表 1-7                                    华硕 P8B75-M LE 内存插槽参数

| 内存类型 | DDR 3 |
| --- | --- |
| 内存插槽 | 2×DDR3 DIMM |
| 最大内存容量 | 16GB |
| 内存描述 | 支持双通道 DDR3 1600/1333/1066MHz 内存 |

**【内存参数分析】**

① 由于需运行设计软件和 3D 网游，所以应选择较大容量的内存，建议选择 4GB 或 8GB 容量的内存。

② 主板可以支持 DDR3 1600/1333/1066MHz 内存，内存频率越高，存取速度也越快，但相应价格也越贵，因此选用性价比较高的 DDR 1600 内存。

③ 主板支持双通道技术，在经济条件许可的情况下，可以选用两条 4GB 的内存组成双通道，提高整体存取速度。

④ 由于各厂商在同容量内存价格上差距并不大，但大厂商的内存性能稳定性高，而且售后服务质量较好，所以应尽量选择金士顿、威刚等大厂商的内存。

最后结合市场价格确定选购一条或两条金士顿 4GB DDR3 1600 的内存。

# 小　　结

本项目主要介绍了根据实际需求确定计算机配置方案的方法和原则，并详细介绍了计算机中 CPU、主板和内存等三种主要配件的选购方法。选购计算机配件需要长期的经验积累，再加上配件更新换代速度较快，所以应多了解最新的硬件信息，多收集硬件识别与选购的资料，逐步熟悉和掌握计算机硬件的选购方法和技巧。

# 习　　题

1. 简述 CPU 的接口类型和主要性能指标。
2. 高速缓存的主要作用是什么？它和内存有什么关系？
3. 简要说明选择 CPU 时应注意的基本问题。
4. 主板的分类标准有哪些？每一种标准的特点是什么？
5. 根据板型结构的发展，简述未来主板板型的发展趋势。
6. 简要说明内存的主要类型及其性能指标。
7. 简要说明内存的选购要领。

# 项目二
# 选购其他重要配件

　　当今计算机系统的运算速度日益提升，即使微机也可达每秒亿次以上的计算速度，这使得大量复杂的科学计算问题得以解决。计算机整体性能的发挥需要各个配件之间能协调稳定地工作，因此，选择合适的配件是成功组装计算机的关键环节。本项目将继续介绍计算机中存储设备、输入输出设备以及其他板卡的选购方法。

**学习目标**

掌握常用存储设备的选购要领。

掌握常用板卡的选购要领。

掌握显示器、鼠标和键盘等的选购要领。

明确主流购机方案的确定原则。

# 任务一　选购存储设备

　　在信息爆炸的互联网时代，用户经常需要处理海量的数据，存储设备因此显得尤为重要。内存、硬盘、光盘以及移动存储设备都属于存储设备，是计算机中存储数据的"仓库"。本任务将介绍常用存储设置的基本知识及其选购技巧。

## 一、选购硬盘

　　硬盘是计算机中重要的外部存储设备，标记为"HD"，是计算机的信息存储"仓库"，主要用于存放各种各样的数据，是长期保存数据的首选设备。其产品外形如图2-1所示。

图 2-1　硬盘

**【知识准备】**

**1. 了解硬盘的物理结构**

硬盘集机、电、磁于一体，其结构复杂，硬盘的外壳是一个金属盒子，正面贴有产品标签，其上有厂家的信息和产品信息，如商标、型号、序列号、生产日期、容量以及跳线的设置方法等。这些信息是正确使用硬盘的基本依据。

硬盘的背面则是控制电路板（PCB），在电路板上有很多芯片，主要用来对硬盘进行控制；而在硬盘的侧面有电源接口、跳线和数据线接口，用于连接电源与数据线。

硬盘的内部主要由磁盘、磁头、磁头臂、主轴与音圈电动机等组成，如图 2-2 所示。

图2-2 硬盘的结构

（1）数据接口

硬盘的数据接口（简称接口）是数据与主板以及主板上各部件之间进行数据交换的纽带，硬盘接口可分为 ATA、SATA 与 SCSI 三种。其中 ATA 与 SATA 接口主要用于个人计算机，SCSI 接口多用于网络服务器或高端领域，如高档图形工作站。

① ATA 接口。ATA 接口也叫 IDE 接口或并行 ATA 接口，是硬盘使用最为广泛的一种接口标准，如图 2-3 所示。ATA 接口是为解决老式的 ST506/412 接口速度慢、成本高的问题而开发出的新接口标准，具有价格低廉、稳定性好、速度快、标准化程度高等优点。

② SATA 接口。SATA（Serial ATA）接口即串行 ATA 接口，是一种完全不同于并行 ATA 的新型硬盘接口类型，因为采用串行方式传输数据而得名。SATA 总线使用嵌入式时钟信号，使其具备了更强的纠错能力，在传输数据时会对传输指令（不仅仅是数据）进行检查，如果发现错误则自动矫正，这在很大程度上提高了数据传输的可靠性。

SATA 接口的传输速率较 IDE 要高，Serial ATA 1.0 定义的数据传输率可达 150MB/s，而目前的 SATA II 的数据传输率则已经高达 300MB/s。除此之外，SATA 接口还具有结构简单、支持热插拔等优点。图 2-4 所示即为硬盘的 SATA 接口。

③ SCSI 接口。SCSI（Small Computer System Interface）接口即小型计算机系统接口。与 ATA 接口完全不同，是一种广泛应用于小型机上的高速数据传输技术，具有多任务、带宽大、CPU 占用率低、支持热插拔等优点，但较高的价格，以及在使用时必须另外购买 SCSI 接口卡的问题，使得它很难如 IDE 硬盘般普及，因此 SCSI 硬盘主要应用于中、高端服务器和高档工作站中。图 2-5 所示即为硬盘的 SCSI 接口。

图2-3 ATA 接口

图2-4 SATA 接口

图2-5 SCSI 接口

说明

硬盘的数据接口除上述 3 种外，还有 SAS（串行连接 SCSI）接口、光纤通道、IEEE 1394 接口与 USB 接口等，因为这几种接口并不常用于家用计算机，所以这里不进行介绍。

（2）电路板

电路板是硬盘的电路部分，其上有主芯片、缓存、电机驱动芯片、辅助电路以及与盘体对应的 BIOS 资料。在电路板上还有一块 ROM 芯片，里面固化的程序可以对硬盘进行初始化、执行加电和启动主轴电机、进行加电初始寻道、定位及故障检测等。

图 2-6 展示了酷鱼 7 系列的一块电路板。某些硬盘的电路板上会附加有一层保护层，它具备防震与防止静电击穿板上的电子元件等功能。拧下电路板上的螺丝，就可以取下电路板。因此，当硬盘因电路板故障而无法读取数据时，可取下电路板维修或更换。

（3）通气孔

硬盘盘体内并不是真空的，因为硬盘内部的磁头在真空环境下无法动作，但硬盘工作时又必须保证内外大气压相等。为解决这一问题，就在硬盘外壳上开设了通气孔，如图 2-7 所示。另外，为了保证硬盘内部是一个洁净的工作空间，在盘体内通气孔的相应位置处还安装有空气过滤组件，以便过滤直径超过 0.3μm 以上的杂质。

（4）磁头

磁头（Head）是硬盘中最昂贵的部件，也是硬盘技术中最重要和最关键的一环，它负责读写硬盘盘片上的数据。图 2-8 所示即为硬盘的磁头驱动器。传统的磁头是读写合一的电磁感应式磁头，但硬盘的读和写是两种截然不同的操作。因此，这种二合一磁头在设计时必须要同时兼顾到读、写两种特性，从而造成硬盘设计上的局限。

图 2-6  电路板

图 2-7  通气孔

图 2-8  磁头驱动器

由于数据是记录在盘片表面上的，因此每个存放数据的盘片上都需有一个与之对应的磁头。一般盘片的两个表面都会用来存放数据，因此磁头数往往是盘片数的 2 倍。而有一些硬盘最上面盘片的上表面和最下面盘片的下表面不用来存放数据，此时磁头数＝盘片数×2–2。

（5）伺服口

硬盘外壳的侧面上有一个孔，一般都是用铝质贴纸封住，防止它被破坏，这个就是伺服口，如图 2-9 所示。其作用是当硬盘装配完成后由其写入伺服信息。伺服信息用于辅助磁头定位，它必须在盘片处于运转状态时写入。另外，由于磁头只能读而不能写伺服信息，因此，必须在硬盘装配完成后，工作人员才会使用伺服道写入机通过伺服口写入伺服信息。

为防止灰尘通过伺服口进入盘体，要用相应的贴纸封上伺服口，而在使用硬盘的过程中，也要避免破坏该封口。否则进入灰尘后，硬盘的读写速度会变慢、噪声增大、造成硬盘数据的丢失，甚至导致盘片损坏。为了防止一些初级用户破坏贴纸，生产厂商会在贴纸上加贴一个标签，并印上警告信息，如图 2-10 所示。

（6）盘片

盘片的功能就是存储数据。它被密封在硬盘内部，其上附着磁性物质，运用这些磁性物质就可达到读写数据的目的。

图 2-9　伺服口

图 2-10　伺服口上的警告信息

由于盘片在硬盘内部高速旋转（有 5 400r/min、7 200r/min、10 000r/min，甚至 15 000r/min 等不同型号），因此盘片材料的硬度和耐磨性要求很高。早期的硬盘盘片都使用塑料材料，然后再在其上涂上磁性材料；随着硬盘转速和容量的提高，又出现了金属盘基的盘片。目前市场中的主流硬盘都是采用铝材料的金属盘片。

> 在一块硬盘中，并不只有一张盘片，而是由多个盘片叠加在一起，互相之间由垫圈隔开。硬盘盘片是以坚固耐用的材料为盘基，其上在附着表面被加工得相当平滑。硬盘的盘片若暴露在普通环境中，会产生坏道等严重的后果，因此，普通用户不可自行拆卸硬盘。

为了提高硬盘读写数据的灵敏度，磁头与盘片的距离很小。早期设计的磁盘驱动器中磁头到盘片距离为几微米，后来降到 $0.1 \sim 0.5\mu m$，现在的水平已经达到 $0.005 \sim 0.01\mu m$，这只相当于头发直径的千分之一，如图 2-11 所示。

> 硬盘工作时磁头的飞行悬浮高度低、速度快，一旦有小的尘埃进入硬盘密封腔内，或者磁头与盘体发生碰撞，就有可能损坏磁头或使盘片产生物理坏道，从而丢失数据。因此，硬盘工作时不要有冲击或碰撞，搬动时要小心轻放。

### 2. 熟悉硬盘的常用参数

早期的硬盘容量都非常小，设计者规定盘片上的磁性物质以磁道的形式分布，而每一条磁道都具有相同的扇区数，这就使得数据的分布具有相应的规律，从而使磁头能够根据柱面与扇区找到所需数据。硬盘的基本结构如图 2-12 所示。

图 2-11　磁头与盘片的距离

图 2-12　硬盘的基本结构

（1）磁面

在一块硬盘中并不是只有一张盘片，而是有多个盘片，每个盘片的上、下两个面一般都会用来存储数据，即有效盘面，通常称为磁面。为方便存储数据，设计者又对每个磁面按照顺序由上至下从 0 开始进行了编号。由于每个磁面对应一个磁头，所以磁面号也叫磁头号。如某硬盘有 3 个磁头，则其磁面号（磁头号）为 0~2。

（2）磁道

当盘片旋转时，磁头若保持在一个位置上，则每个磁头都会在盘片表面划出一个圆形轨迹，磁盘上的信息便是沿着这些轨迹存放的，这些圆形轨迹即磁道（Track），图 2-13 所示为磁道的示意图。这些磁道仅是盘片表面以特殊方式磁化了的一些磁化区，因此用肉眼无法看到。设计者同样对其由外向内自 0 开始编号。

一块标准的 3.5 英寸硬盘的盘面通常有几百到几千条磁道，而大容量硬盘每面的磁道数更多。硬盘相邻磁道之间并不是紧挨着的，这是因为磁化单元相隔太近，则磁性会相互产生影响，同时也使磁头的读写变得困难。

（3）柱面

通常情况下，硬盘每张盘片的上、下两面都会划分数目相等的磁道，而盘片上相同位置的磁道看上去就像在同一个圆柱体的表面上，于是我们就称之为柱面（Cylinder）。它实际就是所有位置相同的磁道的集合，因此，一个硬盘的柱面数与其某个磁面上的磁道数是相同的。同理，柱面的编号也与磁道一样由外向内自 0 开始编号。

数据的读写是按柱面进行的，即在读写数据时首先在同一柱面内从 0 磁头开始进行读写，然后依次向下操作同一柱面的不同磁头，当该柱面内的所有磁头都完成操作后，再转移到下一个柱面。即盘片的某个磁道写满数据后，会在同一柱面的下一个磁面上写数据，并不是我们通常认为的按磁道来写数据。同样，读数据也是按照这种方式进行的，从而提高了硬盘的读写效率。

（4）扇区

为了更合理地利用空间，以及更迅速准确地读取数据，在划分磁道后，还要将其划分成更小的区间。早期的硬盘是直接从盘片的圆心引出多条射线，将每个磁道等分成若干个扇环形，如图 2-14 所示，每一个扇环形对应的区域就称之为一个扇区（Sector），每个扇区可存放 512 个字节的信息，硬盘驱动器在向盘片上读取和写入数据时，以扇区为单位。

图 2-13　磁道

图 2-14　扇区

虽然这种划分方式合理利用了空间，但却存在很大的缺陷，即磁道（或柱面）的半径越大，每个扇区所占用的面积就越大，这就造成了盘片空间的浪费。现在已对这种划分方式进行了改进，划分时并不是由圆心引出的射线来等分，而是每个磁道单独划分，使硬盘空间得到充分利用。

【知识拓展】——了解硬盘的适用平台

不同的计算机平台使用的硬盘也不同。目前常见的平台有台式机、笔记本电脑和服务器等。下面就对这 3 种平台上使用的硬盘进行简要的介绍。

（1）台式机硬盘

台式机硬盘是最为常见的计算机存储设备。随着用户对个人计算机性能需求的日益提高，台式机硬盘也在朝着大容量、高速度、低噪声的方向发展，单碟容量逐年提高，主流转速也达到 7 200r/min，甚至还出现了 10 000r/min 的 SATA 接口硬盘。台式机硬盘的主要生产厂商有希捷、西部数据、日立、SAMSUNG 等。

（2）笔记本硬盘

笔记本硬盘是应用于笔记本电脑的存储设备，强调的是便携性和移动性，因此必须在体积、稳定性和功耗上达到很高的要求，而且防震性能要好。笔记本硬盘和台式机硬盘从产品结构和工作原理看并没有本质的区别，但由于笔记本电脑内部空间狭小、散热不便，且电池能量有限，对硬盘的体积、功耗和坚固性等提出了很高的要求。

（3）服务器硬盘

服务器硬盘在性能上的要求远远高于台式机硬盘，这是受服务器大数据量、高负荷、高速度等要求所决定的。服务器硬盘一般采用 SCSI 接口，高端服务器还有采用光纤通道接口的。服务器硬盘主要具有以下 4 个特点。

① 速度快：服务器硬盘转速很高，7 200r/min、10 000r/min 的产品已经相当普及，甚至还有达到 15 000r/min 的硬盘。

② 可靠性高：因为服务器硬盘几乎是 24 小时不停地工作，承受着巨大的工作压力。硬盘厂商都采用了各自独有的先进技术来保证数据的安全。为了避免意外的损失，服务器硬盘一般都能承受较大的冲击力。

③ 可支持热插拔：热插拔（Hot Swap）是一些服务器支持的硬盘安装方式，可以在服务器不停机的情况下，拔出或插入一块硬盘，操作系统自动识别硬盘的改动。这种技术对于 24 小时不间断运行的服务器来说是非常必要的。

为了提高可靠性，服务器硬盘多采用了廉价冗余磁盘阵列（RAID）技术。RAID 技术相当于把一份数据复制到其他硬盘上，如果其中一个硬盘损坏了，可以从另一个硬盘中恢复数据。

**3. 明确硬盘的主要性能指标**

硬盘的性能指标包括品牌、容量、单碟容量、转速、数据传输率、平均寻道时间、主轴转速与缓存等，它们是衡量硬盘好坏的主要标准，而熟悉这部分知识可以使我们更深地了解硬盘。本书不对全部的性能指标一一进行介绍，只讲解几个主要的性能指标。

（1）品牌

目前，硬盘的主流品牌有希捷（Seagate）、西部数据（WD）、三星（SAMSUNG）和日立（Hitachi）等。下面介绍主要品牌硬盘的特点。

① 希捷（Seagate）。Seagate 是当前硬盘界研发的领头羊，2006 年收购了另一家硬盘公司迈拓（Maxtor），进一步巩固了其全球第一大硬盘厂商的地位。Seagate 公司是最早推出 SATA 接口标准的硬盘厂家，也是第一个推出单碟容量达 200GB 的硬盘厂家。产品外观如图 2-15 所示。

② 西部数据（WD）。西部数据（Western Digital）是历史最悠久的硬盘厂商之一，也是 IDE

接口标准的创始者之一。其产品性价比高，品质和服务都有比较充分的保障。其产品标记如图 2-16 所示。

图 2-15　希捷硬盘　　　　　　　　图 2-16　西部数据硬盘

（2）容量（Volume）

容量即硬盘的大小，其单位为兆字节（MB）、吉字节（GB）与太字节（TB）。早期的硬盘容量很低，大多以 MB 为单位，随着硬盘技术的不断发展，更大容量的硬盘也在不断推出。

购买硬盘之后，细心的用户会发现，在操作系统当中，硬盘的容量与官方标称的容量不符，都要少于标称容量，容量越大则这个差异越大。标称 500GB 的硬盘，在操作系统中显示只有 480GB。这并不是厂商或经销商以次充好欺骗消费者，而是硬盘厂商和操作系统对容量的计算方法有所不同造成的。

以 500GB 的硬盘为例。

厂商容量计算方法：500GB＝500 000MB＝500 000 000KB＝500 000 000 000bit

换算成操作系统计算方法：500 000 000 000/1024 ＝ 488 281 250kB/1024 ＝ 476 838.158MB≈480GB

（3）单碟容量（Storage per Disk）

单碟容量是硬盘重要的性能指标之一，它是指一个盘片上所存储的最大数据量。硬盘厂商在增加硬盘容量时，可以通过两种手段进行。一是增加盘片的数量，但受到硬盘整体体积和生产成本的限制，盘片数量不能无限增加，一般都在 5 片以内；另一个就是增加单碟容量，单碟容量越大，则相同容量硬盘所用的盘片就越少，系统可靠性也就越高。而且，在读取相同容量的数据时，高密度硬盘的访问速度要高于低密度硬盘，这是因为磁头的寻道动作和移动距离减少，使平均寻道时间也减少，从而加快了硬盘的读写速度。

（4）转速

转速（Rotational Speed）是指硬盘内用于驱动盘片旋转的电机主轴的旋转速度，即硬盘盘片在一分钟内所能完成的最大转数。硬盘的转速越快，硬盘寻找文件的速度也就越快，因此，硬盘的传输速率也就得到了提高。所以说，转速是决定硬盘内部传输率的关键因素之一，它在很大程度上决定了硬盘的速度。

硬盘转速以每分钟的转数来表示，单位表示为 r/min。r/min 值越大，内部传输率就越快，访问时间就越短，硬盘的整体性能也就越好。目前家用普通硬盘的转速一般为 5 400r/min 或 7 200r/min；笔记本硬盘则是以 5 400r/min 为主，虽然已经有公司发布了 7 200r/min 的笔记本硬盘，但在市场中还较为少见；而应用于一些高端领域的 SCSI 硬盘，其转速一般都为 10 000r/min，现在也出现了转速为 15 000r/min 的 SCSI 硬盘。

说明

较高的转速可缩短硬盘传输数据的时间，但转速的不断提高也带来了一些负面影响，如硬盘温度升高、电机主轴磨损加大、工作噪声增大等。如 7 200r/min 的硬盘工作时的噪声和温度与 5 400r/min 的硬盘相比要明显增大。随着硬盘技术水平的不断提高，相信这种影响会逐渐减少。

（5）数据传输率

硬盘的数据传输率（Data Transfer Rate，DTR），也称吞吐率，指磁头定位后硬盘读写数据的速度，以每秒可传输多少兆字节来衡量（MB/s 或 Mbit/s）。它并不会一成不变，而是随着工作的具体情况变化，因此厂商在标示硬盘参数时，大多采用内部数据传输率和外部数据传输率两项。

① 内部数据传输率（Internal Transfer Rate）是指磁头与缓存之间的数据传输率，即硬盘将数据从盘片上读取出来，然后存储在缓存内的速度。它可以明确表现出硬盘的读写速度，也是评价一个硬盘整体性能的决定性因素。有效地提高硬盘的内部数据传输率，才能对硬盘子系统的性能有最直接、最明显的提升。目前为了提高硬盘性能，各硬盘生产厂家都不约而同地采用努力提高硬盘的内部数据传输率的方法。除了改进信号处理技术、提高转速以外，最主要的方法就是不断地提高单碟容量以提高线性密度。

② 外部数据传输率（External Transfer Rate）也称为突发数据传输或接口传输率，指硬盘缓存和电脑系统之间的数据传输率，即电脑通过硬盘接口从缓存中将数据读出并交给相应的控制器的速率。硬盘所采用的 ATA66、ATA100、ATA133、SATAII 等接口就是以硬盘的理论最大外部数据传输率来表示的，如 SATAII 接口的外部数据最大传输率可达 300MB/s。但是这些只是理论上的传输率，实际工作中并不能达到这个数值，而更多时候取决于硬盘的内部数据传输率。

（6）平均寻道时间

平均寻道时间（Average Seek Time）是硬盘性能重要的参数之一，是指硬盘在接收到系统指令后，磁头从开始移动到移动至数据所在的磁道所花费时间的平均值，在一定程度上体现了硬盘读取数据的能力，是影响硬盘内部数据传输率的重要参数，单位为毫秒（ms）。不同品牌、不同型号的硬盘，其平均寻道时间也不一样。这个时间越低，代表硬盘性能越好，现今主流的硬盘平均寻道时间读取时<8.5ms，写入时<9.5ms。

【技能训练 2-1】——了解硬盘的序列号与编号

在硬盘的标签上都有一些号码，如 S/N、P/N、Firmware 与编号等，它们分别代表硬盘的序列号、部件号码、出厂时的固件版本。这些号码中需重点掌握的是 S/N 与编号，它们既是我们了解硬盘是否为正品，以及识别硬盘容量等性能指标的主要依据，也是进行硬盘维修时必不可少的一部分信息。

（1）序列号

序列号即硬盘标签上字母 S/N 和 S/N 后的字母和数字的组合，如图 2-17 与图 2-18 分别为东芝与日立某硬盘的序列号。

每个硬盘都有自己唯一的一个序列号，它是出厂时生产厂商为区别产品而设置的，用户可通过该序列号在硬盘厂商的售后服务处确定硬盘是否为正品，以及查询硬盘的生产日期与保修时间；而在硬盘维修时，更换电路板、操作固件、装载硬盘信息都会涉及序列号。

（2）编号

硬盘编号与序列号的表现形式一样，都是由一串字母与数字组合而成，一般情况下，在该字符前都标有字母 Model、MODEL 或 MDL，当然也有一些硬盘的编号前并没有标示该字母，而是直接显示为一串字符。图 2-19 与图 2-20 分别展示了希捷两款硬盘的编号。

图 2-17　东芝硬盘序列号

图 2-18　日立硬盘序列号

图 2-19　希捷 500GB 硬盘的编号

图 2-20　希捷 80GB 硬盘的编号

**说明**

　　从硬盘编号中我们可以获知硬盘的一些信息，如型号、容量、接口类型等，不同的硬盘编号所表示的信息不同，如图 2-19 所示中的编号"ST3500410AS"表示该硬盘是希捷公司生产的 3.5 英寸半高、单碟、总容量为 500GB 的 SATA 接口硬盘。对于运用硬盘编号来识别型号等硬盘信息的方法，将在后面的相应项目中进行详细讲解。

**【技能训练 2-2】——明确硬盘的选购要领**

　　硬盘生产厂商比较多，其种类和型号更是多种多样。选购时需要考虑硬盘的接口、容量和售后服务等因素。

　　（1）符合主板上的接口类型

　　选购硬盘前应先弄清楚主板上支持的硬盘接口类型，否则购买的硬盘可能会由于主板不支持该接口而不能使用。目前个人计算机上支持的硬盘接口类型主要有 SATA 和 SATA Ⅱ 。

　　（2）容量的选择

　　由于目前计算机的操作系统、应用软件和各种各样的影音文件的体积越来越大，因此，选购一个大容量的硬盘是必然趋势。目前市面上常见的硬盘容量从 500GB ~ 4TB 不等，用户应根据自己信息量的多少选择适合的容量。

　　（3）注重售后服务

　　硬盘用于存储用户的重要数据，一旦出现故障，将有可能造成重大损失。而良好的售后服务可以保证在硬盘出现故障时最大限度地恢复用户的数据，减小用户的损失。目前市面上硬盘的售后服务时间一般是 3 ~ 5 年。

　　（4）确定硬盘品牌和附加技术

　　确定硬盘的品牌可根据当地情况选择售后服务更好、质保时间更长的硬盘。一般情况下，大品牌的硬盘售后服务较好，质保时间也较长。

很多品牌的硬盘具有一些附加的硬盘技术，如降噪技术、数据保护技术、防震技术等。在选购时可根据需要进行选择。

**【技能训练 2-3】——辨别硬盘的真伪**

由于硬盘是技术含量很高的产品，辨别硬盘的真伪一般有以下方法。

① 硬盘外部标签上的序列号应与硬盘侧面序列号相同，如图 2-21 和图 2-22 所示。

图 2-21　硬盘外部标签　　　　　　　图 2-22　侧面序列号

② 硬盘外部标签上的型号应与系统的【设备管理器】窗口中【磁盘驱动器】选项中显示的型号相同，如图 2-21 和图 2-23 所示。

③ 通过公司官方网站上提供的防伪查询方式对硬盘的真伪进行确认。

④ 通过拨打公司的客服电话进行硬盘真伪的查询。

**【操作案例 2-1】——选购硬盘**

已知：所购计算机主要用于学习和娱乐。

（1）主板信息

已确定选购的主板为技嘉 GA-B75M-D3V（rev.1.1），其硬盘接口参数如表 2-1 所示。

图 2-23　设备管理器

表 2-1　　　　　　　　　技嘉 GA-B75M-D3V（rev.1.1）硬盘接口参数

| SATA 接口 | 5×SATA II 接口；1×SATA III 接口 |
|---|---|

（2）待选硬盘详细信息

通过查找相关资料，拟定以下 3 种硬盘供选择，待选硬盘详细信息如表 2-2 所示。

表 2-2　　　　　　　　　　　待选硬盘详细信息

| 参数 ＼ 型号 | 希捷 Barracuda 1TB 7200 转 | WD 1TB 7200 转 64MB SATA3 | 东芝 500GB 7200 转 32MB |
|---|---|---|---|
| 适用类型 | 台式机 | 台式机 | 台式机 |
| 硬盘容量 | 1000GB | 1000GB | 500GB |
| 单碟容量 | 1000GB | 1000GB | 500GB |
| 盘片数 | 1 张 | 1 张 | 1 张 |
| 接口类型 | SATA3.0 | SATA3.0 | SATA3.0 |

续表

| 型号<br>参数 | 希捷 Barracuda 1TB 7200 转 | WD 1TB 7200 转 64MB SATA3 | 东芝 500GB 7200 转 32MB |
|---|---|---|---|
| 缓存 | 64MB | 64MB | 32MB |
| 转速 | 7 200r/min | 7 200r/min | 7 200r/min |
| 磁头数 | 2 | 2 | 2 |
| 硬盘尺寸 | 3.5 英寸 | 3.5 英寸 | 3.5 英寸 |
| 市场价格 | 475 元 | 480 元 | 400 元 |

**【硬盘参数分析】**

① 首先从容量来看，虽然大小各不一样，但基本都可以满足需要，只是容量较大的硬盘价格也较高，相对来说，应该容量越大越好。

② 从盘片数来看，单片的硬盘不仅在硬盘运行的稳定性上有较大优势，而且具有比较轻薄、噪声小、发热量小等优点，三种硬盘均满足此条件。

③ 从缓存来看，对于一般的学习娱乐用户，应当是越大越好。

综合比较，希捷 Barracuda 1TB 7200 转与 WD 1TB 7200 转 64MB SATA3 各项指标相近，可以任选一款，而东芝 500GB 7200 转 32MB 无论是硬盘容量还是缓存上都明显不足。

# 二、选购光驱

随着多媒体技术的发展，软件、影视、音乐都会以光盘的形式提供，光驱在计算机中已经成为标准的配置，不过由于 U 盘的大量使用，光驱不再是计算机上唯一的读取设备。

**【知识准备】**

**1. 了解光驱的类型**

光驱可分为 CD-ROM、DVD-ROM、COMBO（康宝）和 DVD 刻录机等类型。

（1）CD-ROM

CD-ROM 是最常见的光驱类型，能读取 CD 和 VCD 格式的光盘，以及 CD-R 格式的刻录光盘，具有价格便宜、稳定性好等特点。

CD-ROM 全称为只读光盘存储器，很多软件包括 Windows 操作系统的安装盘都是以 CD-ROM 光盘作为载体的，其外观如图 2-24 所示。

（2）DVD-ROM

DVD-ROM 不仅能读取 CD-ROM 所支持的光盘格式，还能读取 DVD 格式的光盘。现在市场上 DVD-ROM 已经取代了 CD-ROM 的地位。DVD-ROM 光驱的外观如图 2-25 所示。

图 2-24　CD-ROM

图 2-25　DVD-ROM

（3）刻录机

目前市场上刻录机产品的种类比较多，一般分为 CD 刻录机、COMBO、DVD 刻录机和蓝光刻录机。

① CD 刻录机不仅是一种只读光盘驱动器，而且还能将数据刻录到 CD 刻录光盘中，具有比 CD-ROM 更强大的功能。CD 刻录机的外观如图 2-26 所示。

② COMBO 刻录机是一种特殊类型的光存储设备，它不仅能读取 CD 和 DVD 格式的光盘，还能将数据以 CD 格式刻录到光盘中。COMBO 刻录机的外观如图 2-27 所示。

图 2-26　CD 刻录机　　　　　　　　　图 2-27　COMBO 刻录机

③ DVD 刻录机不仅能读取 DVD 格式的光盘，还能将数据刻录到 DVD 或 CD 光盘中，是前两种光驱性能的综合。DVD 刻录机的外观如图 2-28 所示。

④ 蓝光刻录机是新一代的光技术刻录机，具备最新 BD 技术的海量存储能力，其数据读取速度是普通 DVD 刻录机的 3 倍以上，同时支持 BD-AV 数据的捕获、编辑、制作、记录以及重放功能。目前市场上的蓝光光盘单片容量有 25GB 和 50GB 两种，同时在光盘的保存与读取方面都比传统光驱性能优异。BD 刻录机的外观如图 2-29 所示。

图 2-28　DVD 刻录机　　　　　　　　　图 2-29　BD 刻录机

## 2. 明确光驱的性能参数

要选择合适的光驱，就要对它的参数进行一定的了解，根据需要进行选购。下面就来认识光驱的主要性能参数。

（1）数据读取与刻录速率

光驱的数据读取与刻录速率都是以倍速来表示的，且以单倍速为基准。对于 CD-ROM 光盘，单倍速为 150kB/s；对于 DVD-ROM 光盘，单倍速为 1 358kB/s。

光驱的最大读取速率为倍速与单倍速的乘积。例如，对于 52 倍速的 CD-ROM 光驱，其最大读取速率为 52×150kB/s＝7 800kB/s。目前 DVD-ROM 的最大读取速率达到了 18 倍速，最大刻录速率达到了 20 倍速。

（2）平均寻道时间

平均寻道时间是指光驱的激光头从原来的位置移动到指定的数据扇区，并把该扇区上的第 1

块数据读入高速缓存所花费的时间。

（3）缓存容量

当增大缓存容量后，光驱连续读取数据的性能会有明显提高，因此缓存容量对光驱的性能影响相当大。

（4）纠错能力

由于光盘是移动存储设备，并且盘片的表面没有任何保护，因此难免会出现划伤或沾染上杂质的情况，这些都会影响数据的读取。因此，相对于读盘速率而言，光驱的纠错能力显得更加重要。

**【技能训练 2-4】——明确光驱的选购要领**

光驱既是个人计算机中必不可少的配件，也是一款易耗的配件，因此，挑选一台合适的光驱对用户来说很重要。

（1）选择适宜的读取速率

对于不同类型的光驱，其读取与刻录的倍速也不同。一般来说是越高越好，但高速光驱也有CPU 占用率高、噪声大、振动大、耗电量大、发热量大等副作用，因此在选购光驱时不能盲目追求高速。

（2）选择适合的类型

选购光驱前应先确定其主要用途，如果只是用于安装一些常用软件，则选择 DVD-ROM 光驱就可以胜任此工作，而且价格比较便宜；如果要用于观看高清 DVD 电影或刻录一些不大的软件，则应该选择 COMBO 光驱。

（3）注重售后服务

选购光驱时要注意厂家的服务质量，售后服务较好的厂家，一般其产品都具有比较稳定的性能。建议选择售后服务有保证的大品牌产品。目前大多数厂商都提供 3 个月包换、1 年保修的售后服务。

（4）不盲目追求超强纠错能力

随着数据读取技术趋于成熟，大部分主流产品的纠错能力还是可以接受的。而一些光驱为了提高纠错能力，就提高激光头的功率，这样读盘能力确实有一定的提高，但长时间超频使用会使激光头老化，严重影响光驱的寿命。

（5）了解其他附加技术

很多厂家的光驱都附加了一些实用的技术，例如具有防刻死技术的刻录机可以减少刻录光盘时刻废光盘的现象发生，在选购时可根据情况适当考虑。

**【操作案例 2-2】——选购光驱**

已知：所购计算机主要用于办公，常有较大容量数据资料需要刻盘保存。

**【选购方案分析】**

（1）选购光驱的原则

由于有较大容量的数据资料需要刻盘保存，具有大容量刻盘能力的 DVD 刻录机或 BD 刻录机才能满足要求，但因为 BD 刻录机价格昂贵，因此，选购 DVD 刻录光驱。

（2）待选光驱详细信息

通过查找相关资料，拟定以下 3 种光驱供选择，待选光驱详细信息如表 2-3 所示。

表2-3　　　　　　　　　　　　　　待选光驱详细信息

| 型号<br>参数 | 三星 TS-H353C | 华硕 DRW-24D1ST | 先锋 DVR-220CHV |
|---|---|---|---|
| 光驱种类 | DVD-ROM | DVD 刻录机 | DVD 刻录机 |
| 安装方式 | 内置（台式机光驱） | 内置（台式机光驱） | 内置（台式机光驱） |
| 接口类型 | SATA | SATA | SATA |
| 读取速度 | DVD-R：16X<br>DVD-RW：8X<br>DVD-R DL：12X<br>DVD-RAM：12X<br>DVD+R：16X<br>DVD+RW：8X<br>DVD+R DL：12X<br>CD-ROM：48X<br>CD-RW：40X | DVD-R：16X<br>DVD-RW：8X<br>DVD-R DL：12X<br>DVD-RAM：12X<br>DVD+R：16X<br>DVD+RW：12X<br>DVD+R DL：12X<br>CD-R：48X<br>CD-RW：40X | DVD-R：16X<br>DVD-RW：13X<br>DVD-R DL：12X<br>DVD-RAM：12X<br>DVD+R：16X<br>DVD+RW：13X<br>DVD+R DL：12X<br>CD-R：40X<br>CD-RW：40X |
| 写入速度 | CD-R：48X | DVD-R：24X<br>DVD-RW：6X<br>DVD-R DL：8X<br>DVD-RAM：12X<br>DVD+R：24X<br>DVD+RW：8X<br>DVD+R DL：8X<br>CD-R：48X<br>CD-RW：32X | DVD-R：24X<br>DVD-R DL：12X<br>DVD-RAM：12X<br>DVD+R：24X<br>DVD+RW：8X<br>DVD+R DL：12X<br>CD-R：40X<br>CD-RW：32X |
| 价格 | 100 元 | 170 元 | 160 元 |

　　DVD-R 格式的数据写入后就不能再被修改；+R 与-R 在本质上没有区别，仅仅是在播放机的兼容性方面不同，用常-R 的兼容性要高于+R； DL 代表该盘为双层盘，容量与单层的加倍；+RW 表示可重写光盘，可以反复擦写；DVD-RAM 实际上是一种特殊的可重写光盘，不过不用像可重写光盘那样每次都要把整张光盘都擦除后才能进行新的刻录，可以直接向光盘上写入文件，就像平时在资源管理器中对硬盘上的文件进行操作那样，所以也俗称"光硬盘"

【光驱参数分析】

　　从读取速率来看，3 个光驱差异较小，从写入速率来看，三星 TS-H353C 只有 CD-R 一种方式，功能较为单一。另外两种写入方式较多，能实现各种格样的 DVD 和 CD 的刻录，最后结合价格因素确定选择先锋 DVR-220CHV。

# 三、选购移动存储设备

　　随着计算机技术的发展，人们需要处理的文件体积越来越大，加上用户对移动办公的要求越来越高，这就需要一种便于携带的大容量存储产品来满足这种要求。

【技能训练 2-5】——选购 U 盘

U 盘作为新一代的移动存储设备之一，实际上就是人们过去常用的软盘的替代品。它是一个 USB 接口的无需物理驱动器的微型高容量移动存储产品，可以通过 USB 接口与计算机连接，实现即插即用的功能。

（1）U 盘的特点

U 盘又称"优盘"或"闪盘"，使用 USB 接口进行连接。U 盘通过 USB 接口连到电脑的主机后，就可以使用其上存储的资料了，其外形如图 2-30 所示。

图 2-30　U 盘

（2）U 盘的存储原理

计算机把二进制数字信号转为复合二进制数字信号（加入分配、核对、堆栈等指令）读写到 U 盘芯片适配接口，通过芯片处理信号分配给 $EPROM^2$ 存储芯片的相应地址存储二进制数据，实现数据的存储。$EPROM^2$ 数据存储器，其控制原理是电压控制栅晶体管的电压高低值（高低电位），栅晶体管的结电容可长时间保存电压值，也就是为什么 U 盘在断电后还能保存数据的原因。

（3）U 盘的使用方法

现在的大部分操作系统都可以直接将 U 盘插入 USB 接口，系统会自动识别。

说明　现在市面上出现的 MP3、MP4 等产品，它们不仅可以存储数据，而且可以进行听音乐、看电影等娱乐活动，也越来越受到人们的欢迎，其外观如图 2-31 和图 2-32 所示。

图 2-31　时尚 MP3

图 2-32　时尚 MP4

**【技能训练 2-6】——选购移动硬盘**

随着科技的发展，现在涉及计算机的行业越来越多，当然，需要交换的数据文件也逐渐增多，如有时需要把 50GB、100GB 甚至更大的数据文件进行异地传输，这时仅仅依靠 U 盘就不能满足超大文件传输的需要了，于是就出现了一个新的移动存储设备——移动硬盘。

（1）移动硬盘的特点

移动硬盘适用于大容量数据的存储，强调便携性的存储产品。其具有容量大、传输速率快、使用方便以及安全性高等特性，受到广大用户的欢迎，其内部组成如图 2-33 所示。

（2）移动硬盘选购指南

购买移动硬盘时应该注意以下几个方面。

① 产品容量。移动硬盘可以提供相当大的存储容

图 2-33　移动硬盘的组成

量，是一种性价比较高的移动存储产品。目前市面上常见的有 250GB、500GB 或 1TB 等容量的移动硬盘，其中大容量的产品只是增加了硬盘的容量，不需要增加其他什么成本，所以价格并不因为容量的翻倍而成倍增加。

② 产品接口。从移动硬盘上的接口来看，目前主要有 USB、SATA 两种接口，如图 2-34 和图 2-35 所示。其中 USB 接口产品是目前的主流产品。

图 2-34　USB2.0 接口移动硬盘盒

图 2-35　SATA 接口移动硬盘盒

③ 产品外观和重量。移动硬盘通常有两种规格，为 2.5 英寸和 3.5 英寸，分别对应笔记本电脑和台式计算机的硬盘。2.5 英寸硬盘的体积和重量都较小，更便于携带，但价格要比 3.5 英寸硬盘贵，如图 2-36 所示。一般推荐选择 2.5 英寸硬盘。

④ 盒装与散装。移动硬盘由硬盘和硬盘盒组成，后者包括了相应的 USB 驱动电路和接口电路、USB 转接线以及外接电源。移动硬盘包括盒装的和散装的产品，盒装的产品是成品移动硬盘，而散装的产品中硬盘盒和硬盘是分开的，需要自行组装。下面是组装好了的一个移动硬盘，其外观如图 2-37 所示。

图 2-36　2.5 英寸移动硬盘

图 2-37　组装的 SSD 固态硬盘

# 任务二　选购常用板卡

计算机主板上可以搭载各种板卡，这些板卡都具有专门用途：例如显卡可以转换计算机中的显示信息；声卡可以转换计算机中的声音信息；通过网卡可以将计算机连入互联网。

## 一、选购显卡

显卡和显示器构成了计算机的显示系统。显卡是显示器与主机通信的控制电路和接口，是计算机显示系统的重要部件，显示器必须要在显卡的支持下才能正常工作。

【知识准备】

1. 了解显卡的类型

显卡是一块独立的电路板，安装在主板的扩展槽中，其外观如图 2-38 所示。显卡的主要作用是在程序运行时根据 CPU 提供的指令和有关数据，将程序运行过程和结果进行相应的处理，转换成显示器能够分辨的文字和图形显示信号后，通过屏幕显示出来。

（a）正面　　　　　（b）背面　　　　　（c）显示内存

图 2-38　显卡外观

（1）按总线接口分类

显卡要插在主板上才能与主板互相交换数据，必须有与之相对应的总线接口。显卡通常安装在主板的 AGP 插槽或 PCI-E 插槽上，相对应的显卡接口如图 2-39 所示。

目前大多数显卡都安装在 PCI-E 插槽上。

（a）AGP 接口　　　　　　　　　　　　　（b）PCI-E 接口

图 2-39　显卡接口

（2）按显卡是否是集成芯片分类

按显卡是否是集成芯片可将显卡分为独立显卡和集成显卡。

① 独立显卡。最早的显卡专门为图形加速设计，因此独立显卡的发展历史最长、种类最多。由于独立显卡拥有独立的封装芯片，其上的集成电路可以提供更多功能，性能要比集成显卡有优势。但独立显卡相比集成显卡在主板设计上要复杂一些，价格也更高。

② 集成显卡。集成显卡是指主板芯片组中集成了显示芯片，这样的主板不需要独立显卡就可以实现普通的显示功能，以满足一般的家庭娱乐和商业应用，节省用户购买显卡的开支。

　　　　　集成显卡一般集成在主板的北桥芯片中。集成显卡不带有显存，使用系统的一部分内存作为显存。当使用集成显卡运行需要大量占用显存的程序时会明显降低系统的性能。集成显卡的性能也比独立显卡要差。

2. 了解显卡的结构

显卡主要由显示芯片、显示内存、VGA 接口、TV-OUT 接口和 DVI 接口等组成，如图 2-40 所示。

图 2-40　卸掉风扇的显卡

（1）显示芯片（GPU）

显示芯片（GPU）类似于主板的 CPU，为整个显卡提供控制功能。目前，GPU 主要由主要由 nVidia（英伟达，见图 2-41）和 AMD（AMD 显卡即 ATI 显卡，见图 2-42）两家厂商生产。

说明

显示芯片是显卡的核心，决定了显卡的档次和大部分性能，也是 2D 显卡和 3D 显卡区分的依据。2D 显示芯片在处理 3D 图像和特效时主要依赖 CPU 的处理能力，称为"软加速"。将三维图像和特效处理功能集中在显示芯片内（即"硬件加速"）就构成了 3D 显示芯片，其 3D 图形处理能力大幅度提高。

图 2-41　nVidia 显示芯片

图 2-42　ATI 显示芯片

（2）显示内存

显示内存简称为显存，其主要功能就是暂时储存显示芯片要处理的数据和处理结果。现在最新的显卡则采用了性能更为出色的 GDDR4 或 GDDR5 显存。

说明

显卡达到的分辨率越高，在屏幕上显示的像素点就越多，要求显存的容量就越大，如果显存的品质和性能不过关，在保存数据时可能丢失数据，在传输指令流时也可能丢失指令，这种数据和指令丢失的直接后果是导致显示的时候出现"马赛克"现象，显示不清晰。

（3）VGA 显示接口

VGA 显示器使用一种 15 针接口，用于连接 CRT 或 LCD 显示器，VGA 接口传输红、绿、蓝色值信号（RGB）以及水平同步（H-Sync）和垂直同步（V-Sync）信号。

（4）DVI 显示接口

DVI 是一个 24 针接口，专为 LCD 显示器这样的数字显示设备设计。DVI 接口分为 DVI-A、DVI-D 和 DVI-I。DVI-A 就是 VGA 接口标准，DVI-D 实现了真正的数字信号传输；而 DVI-I 则兼容上述两个接口。

（5）TV-Out 接口

TV-Out 是指显卡具备输出信号到电视的相关接口。目前普通家用的显示器尺寸不会超过 24寸，显示画面相比于电视的尺寸来说小了很多，尤其在观看电影、打游戏时，更大的屏幕能给人带来更强烈的视觉享受。

目前的显卡上大多带有 HDMI 接口（高清晰多媒体接口），如图 2-43 所示，能高品质地传输未经压缩的高清视频和多声道音频数据，同时无需在信号传送前进行数/模或者模/数转换，可以保证最高质量的影音信号传送。

图 2-43　带有 HDMI 接口的显卡

（6）显卡风扇

显卡运算速度快，发热量大，为了散热，常在显示芯片和显示内存上用导热性能较好的硅胶粘上一个散热风扇，如图 2-44 所示。显卡上有一个 2 芯或 3 芯的插座为其供电。

图 2-44　装有风扇的显卡

**3.　熟悉显卡的性能参数**

衡量显卡性能的参数主要有以下几个方面。

（1）显存容量

显存是显卡上用来存储图形图像的内存。显存越大，系统的存储速度越快。目前主流的显卡显存容量可达 1 024M。

（2）最大分辨率

分辨率是指显卡在显示器上所能描绘的像素数目，分为水平行点数和垂直行点数。如果分辨率为 1 024 像素×768 像素，即表示水平方向由 1 024 个点组成，垂直方向由 768 个点组成。目前主流显卡的最高分辨率可达 2 560×1 600。

最高分辨率是指显卡能在显示器上描绘的点数的最大数量，通常以"横向点数×纵向点数"表示，例如 2 048×1 536，这是图形工作者最注重的性能。分辨率越大，所能显示的图像的像素点越多，就能显示更多的细节，当然也就越清晰。

（3）核心频率

显卡的核心频率是指显示芯片的工作频率，其在一定程度上可以反映出显示芯片的性能。在同样级别的芯片中，核心频率高的则性能更强，但显卡的性能是由核心频率、显存以及像素填充率等多种因素决定的，核心频率高并不代表此显卡性能强劲。目前主流显卡的最高分辨率可达4 800MHz 以上。

（4）显存位宽

显存位宽是显存在一个时钟周期内所能传送数据的位数，位数越大，则瞬间所能传输的数据量越大，这是显存的重要参数之一。我们习惯上所说的64bit 显卡、128bit 显卡和256bit 显卡就是指其相应的显存位宽。显存位宽越高，性能越好，价格也就越高，因此256bit 的显存更多地应用于高端显卡，而主流显卡基本都采用128bit 显存。

**【技能训练2-7】——明确显卡的选购要领**

显卡按照性能由强到弱，依次是：旗舰级（卡皇）、性能级（高端）、主流级（中端）、入门级（低端）和集成显卡。

选购显卡时，应注意以下要点。

（1）熟悉显卡的主流品牌

目前显卡市场上显卡主流品牌有技嘉（GIGABYTE）、华硕（ASUS）、七彩虹（Colorful）、艾尔莎（ELSA）、昂达（Onda）、小影霸（HASEE）等。

品牌的选择很重要。拥有优秀的工厂、注重研发、注重品质的品牌是值得优先选择的，但他们的产品通常会更贵。很多二线厂商也拥有不错的产品，而且价格会低不少，质保也不错。

① 一线名牌：索泰（柏能旗下 N 卡品牌）；华硕；微星；技嘉；蓝宝石（柏能旗下 A 卡品牌）；迪兰恒进；映众。这些产品做工好，像华硕，技嘉等这些一线能有 3 年保。但是价格也较昂贵。

② 二线品牌：七彩虹；镭风（七彩虹旗下 A 卡品牌）；铭瑄；影驰；盈通；双敏；昂达；翔升；这些产品以价格低占据了大部分的显卡市场。根据上年销售统计。七彩虹，影驰，铭瑄这 3 大品牌分别占领了市场的前三名销售量。

（2）明确显卡的用途

不同的用户对显卡的需求不一样，用户需要根据自己的经济实力和需求情况来选择合适的显卡。下面将根据用户对显卡需求的不同，推荐合适的显卡类型。

目前的显卡主要有 nVIDIA 的 GeForce 系列和 AMD 的 Radeon 系列。

① 办公应用类。这类用户不需要显卡具有强劲的图像处理能力，只需要显卡能处理简单的文本和图像即可。这样一般的显卡都能胜任。如果你的计算机只用于办公、炒股、看电影或上网，选择集成显卡就可以，经济实惠不浪费。

② 普通用户类。这类用户平时娱乐多为上网、看电影以及玩一些小游戏，对显卡的性能有一定的要求，如果不愿意在显卡上面多投入资金，那么可以购买中等档次的显卡，这类显卡的价格比较便宜，且完全可以满足需求。

③ 游戏玩家类。这类用户对显卡的要求较高，需要显卡具有较强的 3D 处理能力和游戏性能，可以考虑选择一些性能强劲的显卡。

如果你喜欢玩各种网游，选择一款入门级显卡就能应付，想体验更好的效果升级到一张主流显卡就足够了。如果你钟爱每年的单机游戏大作，而且经济宽裕，可以选择性能级显卡，也可以选择一款主流级产品，只是游戏体验和享受要降低些。

④ 图形设计类。这类用户对显卡的要求非常高，特别是 3D 动画制作人员，一般应选择性能顶级的显卡，选择时可以听取专业人士的建议。

（3）辨别显卡的做工

在选购显卡时需要看清显卡所使用的 PCB 板层数（最好在 4 层以上）以及其所采用的元件等。

（4）注意显存的位宽

很多用户购买显卡时只注意显卡的价格和所用的显示芯片，却忽视了对显卡性能起决定影响的显存。显存的位宽可以通过观察显存的封装方式来计算，一般来说，BGA 封装和 QFP 封装的显存颗粒是 32bit/颗，而 TSOP 封装的显存颗粒是 16bit/颗。

（5）选择 A 卡还是 N 卡

确定好要买的显卡等级，接下来，到底买 A 卡还是 N 卡呢？其实，除非你有特殊喜好、偏爱和习惯，否则不需要特别在意这个问题。你只要关注性价比、能耗比、噪声等方面的问题就好了。以下几个错误或者过时的观点要提醒读者注意。

① N 卡颜色差，画质差：显卡低通电路差到一定程度时，使用 VGA 模拟信号才会使画面质量的明显下降，使用数字信号可避免这个问题。

② A 卡驱动差：自从 ATI 被 AMD 收购后，驱动进步很明显，现今已较比好用。

③ N 卡不适合做图：对于常见的 PS 等软件，无所谓谁更出色。对于专业 3D 绘图软件，反而 nVIDIA 的专业卡更胜一筹。

**【技能训练 2-8】——辨别显卡的真伪**

① 电话或网站查询。如果显卡厂商提供了防伪电话或防伪网站，那么只需要按照说明拨打电话或上网查询即可。

② 查看显卡外观。优质显卡电路板光洁，芯片字迹清晰，金手指明亮如镜，焊点均匀，电路板边缘无毛刺。

③ 查看配件。优质显卡说明书详尽，印刷清晰，驱动程序安装方便；劣质显卡说明书简易，往往就几页纸，驱动版本混乱，常常是几个不同型号的显卡驱动混装在一起，而且没有说明，安装非常不方便，甚至无法正确安装。

# 二、选购网卡

当一个环境中拥有多台计算机时，为了方便不同计算机上的资料共享和传输，需要组建局域网。在组建局域网时，网卡是最常用的部件，为主机与网络间数据的交换提供通路。网卡的外形如图 2-45 所示。

**【知识准备】**

网卡可以根据性能、需求的不同进行分类，下面介绍 3 种常见的分类方法。

（1）按总线接口类型分类

按总线接口类型的不同，可将网卡分为 PCI 总线网卡、PCI-X 总线网卡、PCMCIA 总线网卡以及 USB 总线网卡。PCI 总线网卡是目前台式机的主流网卡。

图 2-45　网卡

（2）按网络接口类型分类

按网络接口类型的不同，可将网卡分为 RJ-45 接口网卡、BNC 接口网卡、AUI 接口网卡、FDDI 接口网卡以及 ATM 接口网卡。其接口形状如图 2-46 所示。目前台式机的主流网络接口 RJ-45 接口网卡，即采用双绞线和水晶头进行连接。

图 2-46　RJ-45 接口、BNC 接口、AUI 接口、FDDI 接口

（3）按带宽分类

目前主流的网卡主要有以下几种。

① 10Mbit/s 以太网卡：老的 EISA 网卡或者带 BNC 口与 RJ-45 口的网卡。

② 100Mbit/s 以太网卡：传输速率固定为 100Mbit/s 的网卡。

③ 10/100Mbit/s 自适应网卡：自适应是指网卡可以与远端网络设备（集线器或交换机）自动协商，确定当前的可用速率是 10Mbit/s 还是 100Mbit/s。

④ 1 000Mbit/s 千兆以太网卡：多用于服务器与交换机之间的连接，以提高整体系统的响应速率。

（4）按网卡应用领域分类

如果根据网卡所应用的计算机类型的不同，可以将网卡分为应用于工作站的网卡和应用于服务器的网卡。

（5）按照有无连接线

按照有无连接线分为有线网卡和无线网卡，有线网卡使用双绞线接入网卡接口进行通信。无线网卡（见图 2-47）是无线局域网中通过无线连接网络的无线终端设备。如果场所附近有无线路由器或者无线网络信号覆盖，即可通过无线网卡接入网络。

图 2-47　无线网卡

【技能训练 2-9】——网卡的选购

网卡的选购要注意以下几点。

（1）网卡速度

网卡的首要性能参数就是它的速度，也就是它所能提供的带宽，单位是 Mbit/s（兆位每秒），通常网卡速度越高越好。

（2）是否支持全双工

半双工是指两台计算机之间不能同时向对方发送信息，只有当其中一台计算机传送完信息之后，另一台计算机才能传送信息，而全双工则可以双方同时进行信息数据的传送。在购买时当然要选择全双工的网卡。

（3）对多操作系统的支持

网卡驱动程序应该适用于 Windows XP、Windows 7、苹果、UNIX 以及 Linux 等多种操作系统。

# 三、选购声卡

声卡（Sound Card）是多媒体个人计算机 MPC（Multimedia Personal Computer）系统中不可缺少的一部分，其外形如图 2-48 所示。

图 2-48　声卡

【知识准备】

声卡发展至今，主要分为板卡式、集成式和外置式 3 种类型。3 种类型的声卡各有优缺点，以适用不同用户的需求。

（1）板卡式

板卡式产品是目前市场上的主流产品，涵盖低、中、高各档次，售价从几十元至上千元不等。早期的板卡式产品多为 ISA 接口，由于此接口总线带宽较低、功能单一、占用系统资源过多，目前已被淘汰。现在的板卡式产品多为 PCI 接口（即 PCI 声卡），拥有更好的性能及兼容性，支持即插即用，安装使用都很方便，如图 2-48 所示。

（2）集成式

集成式声卡（见图 2-49）集成在主板上，不占用 PCI 接口、成本低廉、兼容性更好，能够满足普通用户的绝大多数音频需求。集成声卡的技术也在不断进步，PCI 声卡具有的多声道、低 CPU 占有率等优势也相继出现在集成声卡上。

（3）外置式

外置式声卡是创新公司独家推出的一个新兴事物，如图 2-50 所示。通过 USB 接口与计算机连接，具有使用方便、便于移动等优势。但这类产品主要应用于特殊环境，如连接笔记本电脑，以实现更好的音质等。

图 2-49　集成式声卡

图 2-50　外置式声卡

在 3 种类型的声卡中，集成式声卡价格低廉，技术日趋成熟，占据了较大的市场份额。随着技术进步，这类产品在中低端市场还拥有非常大的前景；PCI 声卡将继续成为中高端声卡领域的中坚力量，毕竟独立板卡在设计布线等方面具有优势，更适于音质的发挥；而外置式声卡的优势与成本对于家用计算机来说并不明显，仍是一个填补空缺的边缘产品。

【技能训练 2-10】——声卡的选购

声卡的选购要注意以下几点。

（1）按需要购买

在选购声卡时，不要盲目追求高档的产品。如果对音效没有特别的要求，可以不必购买高档的产品。对音效要求十分严格的音乐爱好者，可以购买高档产品，高档产品的声音效果出色，并且适合于 VCD、DVD 回放以及 MIDI、CD、MP3 等音频文件的播放。

（2）注重产品的做工

观察焊点是否圆润光滑无毛刺，输入/输出接口是否镀金等。

（3）注重产品的兼容性

声卡与其他配件发生冲突的现象较为常见，所以一定要在选购之前了解自己机器的配置及其是否存在已公布的兼容问题，如有问题，应在商品包换期内尽快找商家寻求更换。

# 任务三　选购基本输入/输出设备

输入设备是用于向计算机输入数据和信息的设备，是计算机与用户与计算机通信的桥梁，鼠标和键盘是最基本的输入设备。输出设备能把各种计算结果数据或信息以数字、字符、图像、声音等形式表示出来，显示器是最基本的输出设备。

## 一、选购显示器

显示器是计算机必备的输出设备，人们用计算机工作时，面对着的就是显示器，显示器的好坏将直接影响到用户的健康。显示器产品主要有阴极射线管显示器（CRT）和液晶显示器（LCD）两种，如图 2-51 所示。目前，CRT 显示器已被淘汰。

（a）CRT 显示器　　　　　　　　（b）LCD 显示器

图 2-51　显示器

【知识准备】

### 1. 明确 LCD 显示器的优势

LCD 显示器（Liquid Crystal Display）是一种是采用了液晶控制透光度技术来实现色彩的显示器。与 CRT 显示器相比，LCD 显示器具有以下优势。

① 辐射很小，更符合环保健康的理念。

② 画面不闪烁，即使长时间观看 LCD 显示器屏幕也不会对眼睛造成很大的伤害。

③ 体积小、能耗低。一般一台 15 寸 LCD 显示器的耗电量也就相当于 17 寸纯平 CRT 显示器的 1/3。

### 2. 明确 LCD 显示器的性能参数

LCD 显示器主要有以下性能参数。

（1）可视角度

由于液晶显示器的光线是透过液晶以接近垂直的角度向前射出的，因此，我们从其他角度观察屏幕的时候，并不会像看 CRT 显示器那样可以看得很清楚，而会看到明显的色彩失真。这就是可视角度大小所造成的。

可视角度用于衡量 LCD 显示器的可视范围的大小，包括水平可视角度和垂直可视角度。人的视线与 LCD 显示屏的垂线成一定角度时，人眼就会感觉到屏幕上画质不清晰，颜色变暗。可视角度越大越好。目前优质的 LCD 显示器的水平可视角度可达到 160° 以上。

（2）响应时间

响应时间是指 LCD 显示器对输入信号做出响应需要的时间。早期的 LCD 显示器响应时间比较长，当切换画面时屏幕有明显的模糊感，或当拖动鼠标时感觉有拖痕，这些都是响应时间过长引起的。目前 LCD 显示器响应时间多为 8ms、6ms 和 4ms，最快有达到 1ms 的。

响应时间越小，则显示运动画面时就越不容易产生影像拖尾的现象。用户在选购液晶显示器时应选择响应时间小于 40ms 的显示器，这样在玩 3D 游戏和作图时，才会有赏心悦目的画面。在选购时，可以通过玩 3D 游戏或播放快节奏的影片来检验。

（3）分辨率

液晶显示器的分辨率一般是不能随便调整的，是由制造商所设置和规定的，只有工作在标称的分辨率模式下，液晶显示器才能达到最佳的显示效果，因此用户选购时，一定要根据自己的需求来挑选具有相应分辨率的液晶显示器。目前，用户购买 1024×768 分辨率的就可以满足大部分用途的显示要求。

（4）点距

液晶显示器的点距是指组成液晶显示屏的每个像素点的大小，目前的标准点距一般在 0.31mm 和 0.27mm 之间，对应的分辨率一般为 800×600 和 1 024×768。对于液晶显示器而言，点距越小，画质越细腻，但是无论点距大小，都不会出现画面的闪烁问题。

（5）亮度

液晶是一种介于液体和晶体之间的物质，本身并不能发光，背光的亮度决定了其亮度。一般来说，液晶显示器的亮度越高，显示的色彩就越鲜艳，显示效果也就越好。液晶显示器中表示亮度的单位为 $cd/m^2$（流明），普通液晶显示器的亮度为 $250cd/m^2$。如果亮度过低，显示出来的颜色会偏暗，看久了就会觉得非常疲劳。

亮度是反映显示器屏幕发光程度的重要指标，亮度越高，抗干扰能力就越强。LCD 与传统的 CRT 显示器不同，CRT 显示器是通过提高阴极管发射电子束的能力以及提高荧光粉的发光能力来获得的，因此 CRT 显示器的亮度越高辐射就越大，而 LCD 的亮度是通过荧光管的背光来获得的，所以对人体不存在负面影响。品质较佳的 LCD 显示器画面亮度均匀，柔和不刺目，无明显的暗区。

（6）对比度

对比度是指在规定的照明条件和观察条件下，显示器亮区与暗区的亮度之比。对比度越大，图像也就越清晰。对比度与每个液晶像素单元后面的 TFT 晶体管的控制能力有关。在这里要说明的是，对比度必须与亮度配合才能产生最好的显示效果。

对比度是亮度的比值，也就是在暗室中，白色画面下的亮度除以黑色画面下的亮度。因此白色越亮、黑色越暗，对比度就越高，显示的画面就越清晰亮丽，色彩的层次感就越强。一般液晶显示器的对比度为 300:1，一些较好的可达到 400:1，而传统的 CRT 显示器可达到 500:1。如果对比度小于 250:1，我们在看屏幕时就会产生模糊感。

（7）最大显示色彩数

最大显示色彩数就是屏幕上最多显示多少种颜色的总数。绝大多数 LCD 显示器的真彩色只有 26 万色左右，与真正的 32bit 真彩色还有很大的差距。在色彩表现上，LCD 显示器仍然不如 CRT 显示器，这就是 LCD 显示器不适合用来做设计或看高清电影的原因。

【技能训练 2-11】——显示器主要参数的选择

购买液晶显示器时，重点要注意以下主要参数的选择。

（1）屏幕尺寸

我们在购买液晶显示器的时候，最先考虑的就是尺寸大小。对于液晶显示器来说，其面板的大小就是可视面积的大小。同样参数规格的显示器，LCD 要比 CRT 的可视面积更大一些，一般 15 英寸 LCD 相当于 17 英寸 CRT，而 19 英寸 LCD 相当于 21 英寸 CRT。

由于每个人的用眼习惯不同，以及用户使用目的不同，这也决定了选购的显示器屏幕尺寸大小也不尽相同。如果平时主要用于文字处理、上网、办公、学习等，15 英寸的液晶显示器应该比较合适。如果平时有不少游戏、影音娱乐、图形处理等用途，17 英寸液晶显示器的表现就更为突出一些。如果平时想用电脑来感受 DVD 大片，19 英寸液晶显示器可满足这一需求。

（2）响应时间

目前，液晶显示器的最大卖点就是不断提升的响应时间，响应时间决定了显示器每秒所能显示的画面帧数，通常当画面显示速度超过每秒 25 帧时，人眼将快速变换的画面视为连续画面。在播放 DVD 影片，玩 CS 等游戏时，要达到最佳的显示效果，需要画面显示速度在每秒 60 帧以上，响应时间为 16ms 以上才能满足要求，也就是说，响应时间越小，快速变化的画面所显示的效果越完美。

目前市场上主流液晶显示器的响应时间是 8ms，性价比也相当高，高达每秒 125 帧的显示速度，可与 CRT 显示器相媲美。对于没有过高要求的消费者来数说，12ms、16ms 产品也是很好的选择，日常学习、上网、影音娱乐、游戏等方面的要求也完全可以满足。但面对即将淘汰的 25ms 产品来说，消费者就不应该考虑了。如果要看电影或者玩游戏，建议选用响应时间在 8ms 以内的 LCD 显示器。

需要注意的是，响应时间分为 $T_r$（上升时间）和 $T_f$（下降时间）两个部分，从黑变白为上升，从白到黑则称为下降，响应时间是这两个数值之和。但是有些厂商仅仅标注了这两个数值中的一个，以误导消费者，因此，大家在选购时一定要了解清楚。

（3）亮度和对比度

对于经常用电脑玩游戏或做图形处理的消费者来说，应该选择对比度较高的液晶显示器。对 DVD 大片情有独钟的用户，高亮度/高对比度的液晶显示器是最合适的选择。当然也并不是亮度、对比度越高就越好，长时间观看高亮度的液晶屏，眼睛同样很容易疲劳，高亮度的液晶显示器还会造成灯管的过度损耗，影响使用寿命。

（4）可视角度

在选择液晶显示器时，应尽量选择可视角度大的产品。目前，液晶显示器可是角度可达 140°以上，这可以满足普通用户的需求。无论可视角度数值是多少，是否方便自己的使用才是根本，最好根据自己的日常使用习惯进行选择。

在非垂直角度观看液晶显示器时，会出现显示不清晰、色彩失真、亮度变暗等现象。选购时可以站在不同的角度观察，根据画面的变化来判断显示器的可视角度。一般来说，个人使用的显示器不需要太大的可视角度，一般达到 120°即可。

（5）最大显示色彩数

液晶显示器的色彩数一直都让人关注，目前很多厂商都提出了 16.2M 及 16.7M 这两个标准，这两个标准能够直观地反应出液晶显示器的色彩显示能力。

如果对液晶显示器色彩要求比较严格的话，具备 16.7M 的产品才是最佳的选择。学会如何分辨一台真正的 16.7M 色彩液晶显示器也变得十分必要。虽然对于普通消费者来说，并没有能力购买一台专业仪器来测试，不过我们可以通过液晶显示器的性能参数来进行鉴别。

如果液晶显示器的水平/垂直可视角度达到 170°/170°或者更高，那么就基本可以断定这是一台 16.7M 色彩的液晶显示器。另外通过对比度和响应时间也可以分辨。当一台液晶显示器的对比度≥700:1，响应时间≤16ms 时，我们就可以判断它是一台 16.7M 色彩的液晶显示器。

【技能训练 2-12】——显示器的选购

### 1. 检查坏点

除了响应时间、可视角度外，很多商家还提出"无坏点"、"无亮点"的承诺。什么是无坏点和无亮点呢？其实液晶面板上不可修复的物理像素点就是坏点，而坏点又分为亮点和暗点两种。亮点指屏幕显示黑色时仍然发光的像素点，暗点则指不显示颜色的像素点。

坏点和亮点的存在会影响到画面的显示效果，所以以坏点越少就越好。同时也要注意"无坏点"和"无亮点"是不一样的，有些商家会以此来蒙蔽消费者，更有甚者，有些厂商还用特殊技术将坏点进行处理，消费者用肉眼很难察觉。不过，用户可以借助 Nokia Monitor Test 等软件进行测试。除了"暗点"和"亮点"外，还有始终显示单一颜色的"色点"。消费者在挑选时最好将液晶显示器调整到全黑或者全白来进行鉴别。

在选购液晶显示器时，一定要注意检查坏点。坏点会导致显示器无法正确显示颜色，选购时应该选择坏点少的显示器。具体做法是把屏幕调成全白，仔细观察有无黑色、红色或绿色的小点，目前行业内规定每台显示器的坏点数不应大于 6 个。尽量不要选择超过 3 个坏点且在屏幕中央的产品。

### 2. 明确接口类型

目前液晶显示器有两种接口，分别为 VGA 和 DVI。其中 VGA 接口则是经过两次转换的模拟传输信号，而 DVI 接口则是全数字无损失的传输信号。当 VGA 接口的液晶显示器在长时间使用后，会出现效果模糊的状况，需要重新校对才能恢复正常效果。但 DVI 接口的液晶显示器绝对不会出现类似的状况，在长时间使用后，显示效果依然优秀。

在价格相当的情况下，消费者应多考虑 DVI 接口的液晶显示器。同时目前采用 DVI/VGA 双接口的液晶显示器比较多，大家可以更自由地选择。

### 3．了解认证标准

与 CRT 显示器一样，液晶显示器也同样具备了认证标准。在 3C 认证已经成为电脑产品必须具备的"身份证"后，是否通过 TCO 认证对于显示器来说尤为重要。如果想购买一台更加健康环保的液晶显示器，通过了最新的 TCO'03 认证的产品则是最好的选择。为了有效避免显示器边框所产生的视觉差，只有白色和银色的液晶显示器才能通过 TCO'03 认证。而 TCO'99 认证应该是购买液晶显示器的最低标准。

TCO'95 标准是按照综合性的环保以及人体工程学设计而制定的，主要包括以下标准的功能：基于 TCO'92、ISO，环境保护 MPRII、人体工程学（ISO 9241）和安全性（IEC 950）、低电磁辐射和低磁场辐射（FMC、EMI）、电源监控（NUTEK）、使用可循环利用的材料以及在外壳中含有溴化和氯化火焰迟缓剂等，标准很严格。

目前 TCO'99 的标准已经推出，它比 TCO'95 更加严格。用户在挑选显示器的时候，一定要注意看看所挑的显示器是否符合 TCO 的标准，因为 TCO 标准也成为业界公认的电磁辐射标准。如果在挑选过程中，对所挑选的显示器的 TCO 标准有所怀疑的话，可以在 TCO 的官方网站上进行查询，上面列举了已经通过此标准的显示器的品牌型号等信息。

### 4．品牌为先

显示器品牌商家一般是行业技术的领导与创新者。三星、明基、美格，AOC，优派等商家，在显示器的开发方面，一直处于行业的领先地位。其产品质量也比较可靠。

### 5．服务至上

商家良好的服务系统可以减少购买显示器后不必要的麻烦与不便。在服务方面，各个商家特别是品牌商家通过承诺各种服务以解决消费者的后顾之忧。大部分品牌商家均提供 1 个月免费包换，3 年免费保修这样的服务。

显示器的质保时间是由厂商自行制定的，一般有 1～3 年的全免费质保服务。因此消费者要了解详细的质保期限，毕竟显示器在电脑配件中属于特别重要的电子产品，一旦出现问题，会对自己的使用造成极大影响。目前已经有越来越多的厂商开始了 3 年全免费质保承诺，这无疑给使用带来更大的保障，因此消费者应尽量选择质保期长的产品。

## 二、选购鼠标

鼠标和键盘是计算机最重要的外围输入设备，也是用户使用计算机的主要工具。键盘和鼠标质量的好坏会影响操作者的健康，所以应引起高度重视。

鼠标最早应用于苹果计算机中，随着 Windows 操作系统的流行，鼠标变成了必需品。

【知识准备】

鼠标的分类方法很多，通常按照键数、接口类型和内部构造进行分类。

（1）按键数分类

根据按键数可分为三键鼠标和新型的多键鼠标，如图 2-52 所示。三键鼠标是 IBM 公司在两键鼠标的基础上进一步定义而成的，使用中键在某些特殊程序中往往能起到事倍功半的作用。现在市面上主流的都是三键鼠标。

图 2-52　三键鼠标和多键鼠标

**（2）按接口类型分类**

鼠标按接口类型可分为 PS/2 鼠标和 USB 鼠标两种。PS/2 鼠标通过一个 6 针微型接口与计算机相连，与键盘的接口相似，使用时要注意区分；USB 鼠标通过 USB 接口与计算机相连，应用得最为广泛。各种鼠标接口的鼠标如图 2-53 所示。

　如果要将 USB 鼠标插入 PS/2 鼠标接口中，或将 PS/2 鼠标插入 UCB 接口中，可以使用相应的接口转接器，如图 2-54 所示。
说明

图 2-53　串行鼠标、PS/2 鼠标、USB 鼠标

图 2-54　鼠标接口转换器

**（3）按内部构造分类**

按内部构造可以将鼠标分光电式、光学式和无线鼠标等类型。

① 光电鼠标。光电鼠标外形如图 2-55 所示。工作时检测鼠标器的位移，并将位移信号转换为电脉冲信号，利用光电鼠标内部的一块专用图像分析芯片（DSP，即数字微处理器）对移动轨迹上摄取的一系列图像进行分析处理来实现光标的定位。

② 激光鼠标。激光鼠标其实也是光电鼠标，只不过是用激光代替了普通的 LED 光。与普通光电鼠标相比，激光鼠标对桌面的适应力更强，无论在浅色的桌面还是表面粗糙的桌面，甚至在瓷砖、衣服、手掌和玻璃上都能很好地工作。此外，激光鼠标的分辨率、灵敏度和精确度也远高于普通光电鼠标。激光鼠标的外观如图 2-56 所示。

图 2-55　光电鼠标

图 2-56　激光鼠标

③ 无线鼠标。无线鼠标是指无线缆直接连接到主机的鼠标，省去了线缆的束缚，并可以在较远距离内操作，如图 2-57 所示。无线鼠标一般采用 27M、2.4G、蓝牙技术实现与主机的无线通信。但是无线鼠标需要通过电池来供电，并且接收装置要占用一个 USB 接口。

图 2-57  无线鼠标及其内部结构

  游戏鼠标为了应对游戏的需要，在鼠标上加入了很多按键的鼠标。一般除了左右键和滚轮外，在鼠标的左右两侧也分别设有多个功能键，其功能都可以由用户定义。游戏鼠标比普通鼠标设计更合理，使用更舒适，价格也更贵。游戏鼠标外观如图 2-58 所示。

图 2-58  游戏鼠标

**【技能训练 2-13】——鼠标的选购**

鼠标是用户与计算机重要的交互手段之一，因此，选购一款价廉物美的鼠标是必要的。

（1）鼠标的手感

鼠标的手感包括握在手中的舒适程度、移动方便与否、鼠标表面材质舒适与否，以及长时间使用是否会造成手或手臂疲劳或不适。

（2）分辨率

分辨率是指鼠标内的解码装置所能辨认的每英寸长度单位内的点数，分辨率越高鼠标光标在显示器的屏幕上移动定位较准。用户一般应选择分辨率在 250～350 像素之间的鼠标。

（3）灵敏度

鼠标的灵敏度是影响鼠标性能的一个非常重要的因素，用户在选择时要特别注意鼠标的移动是否灵活自如、行程小、用力均匀等，以及能否在各个方向都做匀速运动，按键是否灵敏且回弹快。

（4）抗震性

鼠标的抗震性主要取决于鼠标外壳的材料和内部元件的质量。用户在购买时要选择外壳材料结实、内部元件质量好的鼠标。

## 三、选购键盘

键盘是最常用的也是最主要的输入设备之一。通过键盘，用户可以将英文字母、数字、标点符号等输入到计算机中，从而向计算机发出命令、输入数据等。

【知识准备】

键盘的分类方式多种多样，通常按照键盘接口和结构特点进行分类。

（1）按照接口类型分类

连接键盘的 PS/2 接口颜色为紫色，这种接口已经普及了很多年，市场上多数键盘都采用这种接口，如图 2-59 所示。

USB 接口是一种即插即用的接口类型，并且支持热插拔，现在市场上有部分键盘采用 USB 接口，如图 2-60 所示。

（2）按照结构特点分类

由于人们对键盘的需求越来越多，各种各样的键盘也应运而生，如具有夜光显示的键盘、无线键盘以及兼顾多媒体功能的键盘。

① 图 2-61 所示的夜光显示键盘表面的字符上有荧光或夜光层，能在黑暗环境中使用。

图 2-59　PS/2 接口　　　　图 2-60　USB 接口　　　　图 2-61　夜光显示键盘

② 图 2-62 所示的多媒体键盘上增加特殊的功能按钮，可用于调节音量、启动 IE 浏览器、打开电子邮箱和运行播放软件等操作。

③ 图 2-63 所示的无线键盘同无线鼠标一样省去了线缆，能在 5m 左右范围内进行操作。

图 2-62　多媒体键盘　　　　　　　　图 2-63　无线键盘

【技能训练 2-14】——键盘的选购。

由于用户要经常通过键盘进行大量的数据输入，所以一定要挑选一个击键手感和质量较佳的键盘。

（1）外观要协调

一款好的键盘能使用户从视觉上感觉很舒适，而且整个键盘按键布局合理，按键上的符号很清晰，面板颜色也很清爽。

（2）按键的弹性要好

由于要经常用手敲击键盘，所以手感的舒适非常重要，具体就是指键盘的每个键的弹性要好，因此在选购前应该多敲击键盘，以确定其手感的好坏。

（3）键盘的做工要好

键盘的做工是选购中主要考察的方面，要注意观察键盘的质感，边缘有无毛刺、异常突起、粗糙不平，颜色是否均匀，键盘按钮是否整齐，是否有松动；键帽印刷是否清晰，好的键盘采用激光蚀刻键帽文字，这样的键盘文字清晰且不容易褪色。

（4）注意键盘的背面

观察键盘的背面是否标有生产厂商的名字，以及质量检验合格标签等。用户应根据主板接口的类型来购买配套的键盘。

（5）选购套装产品

键鼠套装的风格统一，颜色搭配科学，价格也比较便宜，深受用户的喜爱。但没有分开购买选择的空间大，搭配的随意性也小，其外观如图 2-64 所示。

（a）有线套装　　　　　　　　　　　　　（b）无线套装

图 2-64　键鼠套装

# 任务四　选购机箱和电源

在购买计算机时，电源的价格仅占很小的比例，却关系着整台机器的运行质量和寿命。而机箱则为各种板卡提供支架，几乎所有重要的配件都安装在机箱中。一个好的机箱不仅可以承受外界的损害，而且可以防止电磁干扰，从而保护用户的身体健康。

## 一、选购机箱

机箱作为电脑配件中的一部分，用来放置和固定各电脑配件。

【知识准备】

1. 机箱的功能

机箱的功能主要体现在以下几个方面。

① 固定和保护计算机配件，将零散的计算机配件组装成一个有机的整体。

② 具有防尘和散热的功能。

③ 具有屏蔽计算机内部元器件产生的电磁波辐射，防止对室内其他电器设备的干扰，并保护用户身体健康的功能。

**2. 机箱的种类**

机箱主要根据以下两个原则进行分类。

（1）从外形上分

从外形上讲，机箱有立式和卧式之分，如图 2-65 所示。早期的计算机都为卧式，现在的机箱大多为立式，这主要是因为立式机箱比卧式机箱有着更好的扩展能力和散热性。

卧式机箱　　　　　　　　　　　　　　立式机箱

图 2-65　卧式和立式机箱

（2）从结构上分

从结构上分，机箱又能分为 AT 和 ATX 两大类。早期的机箱大都是 AT 机箱，AT 式机箱配 AT 电源和 AT 主板，现在已经淘汰。ATX 机箱是随着 ATX 结构主板出现的。ATX 结构主板后面集成的 I/O 口，除键盘接口外，还有串行口和并行口，这就要求机箱后挡板有各种 I/O 口的插孔。

说明

AT 结构主板上仅有一个键盘接口，自然机箱后挡板上只有键盘插孔，这是 AT 和 ATX 机箱最主要的区别。有一些机箱就可以互换机箱后挡板，实现 AT 与 ATX 的转换。ATX 机箱匹配 ATX 结构主板和 ATX 结构电源。

**【技能训练 2-15】机箱的选购**

选购机箱时需要注意以下几个方面的问题。

① 机箱是否符合 EMI-B 标准，即防电磁辐射干扰能力是否达标。

② 机箱是否符合电磁传导干扰标准，因为电磁的干扰不但会对电子设备造成不良影响，也会给人体健康带来危害。

③ 机箱是否有足够的扩展空间，其中包括硬板位和光驱位，同时要观察硬盘与光驱的安装接口是什么方式的。

④ 机箱做工是否精细，各接触面板之间的固定方式是什么，常见有传统的螺栓固定、活扣固定和滑槽固定等。

⑤ 是否在每个接触面板都采用了包边工艺，与主板相连的底板是否有防变形冲压工艺。

⑥ 机箱是否具备良好的散热性，即机箱内空气是否对流。

⑦ 购买机箱时最好选择知名品牌，虽然价格较一般品牌要高些，但是产品质量能得到保证。

# 二、选购电源

电源提供计算机中所有部件所需要的电能。电源功率的大小、电流和电压是否稳定将直接影响计算机的工作性能和使用寿命。

**【知识准备】**

电源跟机箱一样，也分 AT 电源（见图 2-66）和 ATX 电源（见图 2-67）两类，早期的机箱都使用 AT 电源。随着 AT 机箱的淘汰，AT 电源也被淘汰。ATX 电源是目前与 ATX 主板相匹配的电源。

图 2-66　AT 电源　　　　　　　　图 2-67　ATX 电源

**【技能训练 2-16】——电源的选购**

如今计算机的配件越来越多，并且配件的功耗也越来越大，如 CPU、显卡、光驱等都是耗电大户。另外，主板上还插着各种各样的扩展卡，如电视卡、网卡、声卡、USB 扩展卡等，这么多的设备如果没有一个优质电源提供保障，是难以正常运行的。

选购电源时需要注意以下几个方面的问题。

① 要注意电源的做工和用料。好的电源拿在手里感觉厚重有分量，散热片要够大且比较厚，而且好的散热片一般用铝或铜为材料。其次再看电源线是否够粗，粗的电源线输出电流损耗小，输出电流的质量可以得到保证。

② 要注意电源是否通过了安全认证。电源的安全认证包括 3C、UL、CSA、CE 等，而国内比较著名的是 CCEE（中国电工认证）。

③ 要注意电源所带的电源接口。根据主板的需求选择 20 针或 24 针电源，同时还要注意电源提供了多少设备电源头。一般常见为一个主供电源头（20 或 24 针接口）、一个 4 芯 CPU 电源头、一个光驱电源头、一个 SATA 电源头和传统的 4 芯电源头（IDE 硬盘电源）。

④ 普通用户不一定要追求高功率的电源。

# 任务五　主流配置方案分析

计算机的各种配件通常都拥有低端、中端和高端等多种不同档次的型号和产品，加上产品的品牌较多，在确定配置方案时也有多种组合方式，下面将拟定 3 套分别属于 3 个不同层次的配置方案，并作简要分析。

**【操作案例 2-3】——普通办公配置方案分析**

一般来说，普通办公用机对性能要求不高，所以 CPU 可选用低端产品，显卡可使用主板集成，内存够用即可，通常外设较少，电源功率要求不高，由此拟定如表 2-4 所示的配置方案。

表 2-4　　　　　　　　　　　　　普通办公用机配置方案

| 配件类别 | 产品名称 | 主要参数 | 目前参考报价 |
|---|---|---|---|
| CPU | Intel Intel 奔腾 G640（盒） | 双核处理器，主频 2 800MHz，二级缓存 2×256KB，接口类型 LGA 1155，集成核心显卡 | 350 元 |

续表

| 配件类别 | 产品名称 | 主要参数 | 目前参考报价 |
|---|---|---|---|
| 主板 | 微星 B75MA-P45 | LGA 1155 插槽，支持双通道 DDR3 2200（超频）/2000（超频）/1800（超频）/1 600/1 333/1 066MHz 内存，采用 Intel B75 芯片组，集成声卡网卡 | 558 元 |
| 内存 | 金士顿 4GB DDR3 1600 | 类型 DDR3，容量 4 096MB，工作频率 1 600MHz | 190 元 |
| 硬盘 | 希捷 Barracuda 500GB 7200 转 16MB SATA3 | SATA3.0 接口，单碟容量 500GB，盘片数 1 张，缓存 16MB，转速 7 200r/min | 330 元 |
| 显卡 | 主板集成 | 无 | 0 元 |
| 显示器 | AOC e950S | LED 液晶显示器，19 英寸 16:10 宽屏，最佳分辨率 1 440×900，亮度 250 cd/m$^2$，对比度 2000:1，D-sub（VGA）接口 | 680 元 |
| 光驱 | 三星 TS-H353C | DVD-ROM，缓存容量 198 KB | 90 元 |
| 机箱 | 先马奇迹 3 | 机箱结构 ATX | 109 元 |
| 电源 | 鑫谷雷诺者 RP450 | 350W，全面兼容 Intel 及 AMD 全系列 CPU | 239 元 |
| 鼠标和键盘 | 网际快车 K-400（精巧版） | 有线光电，PS/2 接口 | 75 元 |

价格总计： 2 621 元

备注：此价格来源于"中关村在线"2013 年 04 月报价

该配置方案价格适宜，性能对于日常办公绰绰有余，硬盘容量也较大，可满足大量文件表格的存储要求，采用宽屏液晶显示器和 DVD-ROM 也可满足一般的娱乐视听享受。

【操作案例 2-4】——家庭娱乐配置方案分析

家庭娱乐用机一般对性能要求比较高，而且在图形图像方面也希望有较高的画质和效果，因此 CPU 可选择 AMD 的中端产品，使用中端独立显卡，内存使用双通道，而机箱和显示器也可选择外观时尚漂亮的产品，由此拟定如表 2-5 所示的配置方案。

表 2-5 家庭娱乐用机配置方案

| 配件类别 | 产品名称 | 主要参数 | 目前参考报价 |
|---|---|---|---|
| CPU | AMD A10-5800K（盒） | 主频 3 800MHz，四核四线程，二级缓存 4MB，接口类型 Socket FM2,32nm 制作工艺，集成 HD 7660D 图形显示核心 | 835 元 |
| 主板 | 昂达 A85U 魔固版 | AMD A10/A8/A6/A4 插槽，采用 AMD A75 芯片组，最大内存容量 16GB，集成声卡网卡 | 599 元 |
| 内存 | 金士顿 4GB DDR3 1600 | 类型 DDR3，容量 4 096MB，工作频率 1 600MHz | 190 元 |
| 硬盘 | 希捷 Barracuda 1TB 7200 转 64MB 单碟 | SATA3.0 接口，单碟容量 1 000GB，盘片数 1 张，缓存 64MB，转速 7 200r/min | 425 元 |
| 显卡 | 七彩虹 630 雷暴鲨 D5 10 | 图形芯片 NVIDIA GT600，显存频率 3 400MHz，显存 1 024MB，位宽 128bit，总线接口 PCI Express 2.0 16X，HDMI 接口/DVI 接口/VGA 接口 | 599 元 |
| 显示器 | 三星 S19A330BW | LED 液晶显示器，19 英寸 16：10 宽屏，最佳分辨率 1440×900,亮度 250 cd/m$^2$，动态对比度 1000000：1，接口类型 D-Sub（VGA），DVI-D，宽普兼容 | 829 元 |

续表

| 配件类别 | 产品名称 | 主要参数 | 目前参考报价 |
|---|---|---|---|
| 光驱 | 先锋 DVR-220CHV | DVD 刻录机，最大刻录速度 40 倍速，最大读取速度 40 倍速 | 135 元 |
| 机箱和电源 | 金河田狂战士 6806 机箱+游戏悍将红星 R500M 电源 | 机箱结构 ATX 板型，MATX 板型，电源额定功率 500W，最大功率 600W | 468 元 |
| 鼠标和键盘 | 罗技 MK200 键鼠套装 | 有线光电，USB 接口 | 85 元 |

价格总计：　4 165 元

备注：此价格来源于"中关村在线"2013 年 04 月报价

该配置方案性能显著，足以应对大多数大型游戏和高级视听享受。其中，CPU 较高的主频和总线频率，且还有一定的超频空间；显卡和显示器都采用 DVI 接口，使图像数据失真少，画质更好，并且三星 S19A330BW 显示器具有漂亮时尚的外观和宽普兼容功能，不管是从外观上还是功能上都给人以舒适的感受；1 000GB 的硬盘足以存放较多的多媒体文件；采用 DVD 刻录机，允许用户方便地从光驱安装大型游戏，或将一些经典的游戏和电影刻盘保存；机箱外观稳重而不失华丽，电源额定功率达到 500W，即使对 CPU 进行超频也绰绰有余。

【操作案例 2-5】——图形图像处理配置方案分析

图形图像处理用机一般对性能要求很高，尤其是对于需要进行大型三维渲染的场合，不仅数据计算量大，对画质的要求也较高，因此可选择 Intel 酷睿 i7 高端 CPU 和高端显卡。在内存方面也应配置较大容量的内存以存储计算过程中的大量数据，同样也应尽量选择较大容量的硬盘。为了获得较好的画质和较大的可视面积，显示器也应选择画面效果较好且屏幕较大的产品。由于使用高端CPU、高端显卡以及大容量的内存和硬盘，所以对机箱的散热要求和电源的功率要求也较高。由此拟定如表 2-6 所示的配置方案。

表 2-6　　　　　　　　　　图形图像处理用机配置方案

| 配件类别 | 产品名称 | 主要参数 | 目前参考报价 |
|---|---|---|---|
| CPU | Intel 酷睿 i7 3770K（盒） | 主频 3 500MHz 最大睿频 3 800MHz，四核八线程，三级缓存 8MB，接口类型 LGA 1155，28nm，Intel HD Graphic 4000 显卡芯片 | 2 135 元 |
| 主板 | 华硕 P8Z77-I DELUXE | LGA 1155 插槽，Intel Z77 芯片组，支持双通道支持双通道 DDR3 2400（超频）/2200（超频）/2133（超频）/2000（超频）/1866（超频）/1800（超频）/1600/1333MHz 内存，最大支持 16GB，显卡插槽 PCI-E 3.0 标准，集成声卡网卡 | 1 499 元 |
| 内存 | 金士顿 8GB DDR3 1600 | 类型 DDR3，容量 8 192MB，工作频率 1 600MHz | 360 元 |
| 硬盘 | 希捷 Barracuda 2TB 7200 转 64MB SATA3 | SATA3.0 接口，单碟容量 667GB，盘片数 3 张，缓存 64MB，平均寻道时间：读取：<8.5ms 写入：<9.5ms | 560 元 |
| 显卡 | 微星 N660 Hawk | 图形芯片 GeForce GTX 660，显存频率 6 008MHz，显存 2 048MB，192bit 位宽，总线接口 PCI Express 3.0 16X，960 个流处理器，HDMI 接口/双 DVI 接口/DisplayPort 接口 | 1 599 元 |

| 配件类别 | 产品名称 | 主要参数 | 目前参考报价 |
|---|---|---|---|
| 显示器 | 戴尔 U2312HM | LED 液晶显示器，IPS 面板类型，23 英寸 16：9 宽屏，最佳分辨率 1 920×1 080，亮度 300 cd/m²，动态对比度 2000000：1，接口类型 DVI-D/HDMI（支持 HDCP 协议），宽普兼容 | 1 510 元 |
| 光驱 | 华硕 DRW-24D1ST | DVD 刻录机，缓存容量 2MB，最大刻录速度 48 倍速，最大读取速度 48 倍速，SATA 接口 | 169 元 |
| 机箱和电源 | NZXT Phantom 410 机箱+长城双卡王 BTX-600SE | 机箱结构 ATX 板型，MATX 板型，MINI-ITX 板型，前后侧顶四散热风扇，电源额定功率 500W，最大功率 650W | 699+530 元 |
| 鼠标和键盘 | 雷柏 8900P 无线激光键鼠套装 | 无线激光，精心的舒适感设计 | 290 元 |

价格总计： 9 351 元

备注：此价格来源于"中关村在线"2013 年 04 月报价

此配置方案足以满足大多数图形图像处理的要求，并且留有可升级的空间，如主板支持双显卡并支持最大 16GB 以上的内存，可根据需要增加显卡和内存；主板上有多个 SATAII 接口，机箱具有多个 3.5 英寸仓位和多个 5.25 英寸仓位，在外存扩展方面也有较大空间；使用戴尔最新的 LED 液晶显示器，在色彩还原度上足以满足专业要求；采用舒适的无线激光鼠标和键盘，可使工作变得更加轻松。

# 小　结

本项目首先介绍存储设备的类型、性能参数以及选购技巧，读者除了要了解相关的选购技巧外，还应多熟悉每个存储设备的性能参数。各种板卡虽然功能不同，但都是搭载在主板上的重要配件，有一定的共同属性。显示器、键盘和鼠标是重要的人机交互设备，选购时也要引起重视。至于机箱和电源，虽然其重要性不及其他配件，但是对维护计算机整体性能的良好有着重要意义。

# 习　题

1. 计算机的存储器有哪些种类？
2. 内存的主要性能指标是什么？
3. 如何鉴别一根内存条的真伪？
4. 如何正确选用硬盘？
5. 选购 LCD 显示器应注意哪些问题？
6. 鼠标按照工作原理的不同可以分为哪几类？
7. 声卡的选购应该注意哪些方面？
8. 显卡的选购应该注意哪些方面？

# 项目三
# 组装计算机

在项目一中对计算机各类硬件的结构、特点、用途和选购做了全面的介绍。本项目将介绍如何组装计算机，从实际操作中学习组装计算机的原理和相关知识。

**学习目标**

了解装机前的准备工作。

掌握计算机配件的组装过程。

# 任务一　装机前的准备

首先根据用户需求，制订装机方案，购买装机所需要的配件，主要有 CPU、主板、内存、显卡、硬盘、光驱、机箱、电源、键盘、鼠标、显示器、各种数据线、电源线等。

【知识准备】

**1．准备材料和环境**

① 电源插座：由于计算机系统中需要向显示器、主机、音箱等设备供电，所以要有一个多功能的电源插座，以方便测试机器时使用。

② 器皿：计算机在安装和拆卸的过程中有许多螺钉及一些小零件需要随时取用，所以要有一个小器皿用来盛装，以防丢失。

③ 工作台：工作台可以是一张宽大且高度合适的桌子，并要放置在比较干净的环境中。

**2．准备工具**

在计算机组装前，要准备一些工具，如螺丝刀、尖嘴钳、镊子、防静电的手套、毛刷、万用表等，如图 3-1 和图 3-2 所示。

① 螺丝刀：应尽量选用带磁性的螺丝刀，这样可以降低安装的难度。

② 尖嘴钳：主要用来拧开一些比较紧的螺丝。比如在机箱内固定主板时，就可能用到尖嘴钳。

③ 镊子：在插拔主板或硬盘上的跳线时需要用到镊子。

图 3-1　装机准备工具

图 3-2　万用表

④ 防静电手套：由于手上携带的静电很容易击穿晶体管，所以在操作时需要带上防静电手套。

⑤ 毛刷：主要用来清理主机板和接口板卡上装有元器件的小缝隙处，以避免碰损元器件。

### 3. 清点并认识各部件

在装机之前，应当仔细辨认所购买的产品，其品牌、规格和计划购买的是否一致，说明书、防伪标志是否齐全，各种连线是否配套等，装机后再测试检验。如发现异常情况，应当及时找商家退换。

### 4. 注意事项

在组装计算机时，要遵守操作规程，并注意以下事项。

① 防止静电。由于气候干燥、衣物相互摩擦等原因，很容易产生静电，而这些静电可能损坏设备，从而带来严重的后果。因此，最好在装机前用手触摸地板或洗手以释放掉身上携带的静电。

② 防止液体进入。在装机时要严禁液体进入计算机内部的板卡上，因为这些液体会造成短路使元器件损坏。

③ 测试前，建议只装必要的设备，如主板、处理器、散热片与风扇、硬盘、光驱以及显卡。其他配件如声卡、网卡等，待确认必要设备没问题后再装。

④ 未安装使用的元器件需放在防静电包装袋内。

⑤ 注意保护元器件和板卡，避免损坏。

⑥ 装机时不要先连接电源线；通电后不要触摸机箱内的部件。

# 任务二　组装计算机配件

组装计算机时最好事先制订一个组装流程，使自己明确每步的工作，从而提高组装的效率。组装一台计算机的流程不是唯一的，图 3-3 所示为常见的装机流程。

图 3-3　装机流程图

# 一、安装 CPU 和 CPU 风扇

CPU 在计算机系统中占有最重要的地位，而在组装计算机时，它通常也是第一个进行安装的配件。CPU 风扇是 CPU 的散热系统，也需要在安装好 CPU 后一并安装。

**【实训准备】**

准备配件及材料：主板、CPU、CPU 风扇。

**【操作案例 3-1】——安装 CPU 和 CPU 风扇**

**1. 安装 CPU**

① 首先在桌面上放置一块主板保护垫（在购买主板时会配送），这样做是为了保护主板上的元器件不受损害，如图 3-4 所示。

② 然后将主板放置到主板保护垫上，如图 3-5 所示。

图 3-4　主板保护垫　　　　　　　　图 3-5　放置主板

③ 拉起主板上 CPU 插槽旁的拉杆，使其成 90°角，如图 3-6 所示。

④ 将 CPU 安装到主板的 CPU 插槽上，安装时注意观察 CPU 与 CPU 插槽底座上的针脚接口是否相对应，如图 3-7 所示。

图 3-6　拉起拉杆　　　　　　　　图 3-7　针脚相对

⑤ 稍用力压 CPU 的两侧，使 CPU 安装到位，如图 3-8 所示。

图 3-8　固定 CPU 位置

⑥ 放下底座旁的拉杆，如图 3-9 所示，直到听到"咔"的一声轻响表示已经卡紧，最终效果如图 3-10 所示。

图 3-9　放下拉杆

图 3-10　CPU 安装完成

⑦ 在 CPU 背面涂上导热硅脂，不需要太多，涂上一层即可。它主要的作用是填充 CPU 和散热器之间的空隙并传导热量，使 CPU 的热量尽快散去，这样才能使 CPU 更加稳定地工作。

说明　如果选购的是盒装 CPU，则会附带一个原装的 CPU 散热器，该散热器的底部已经涂了一层导热硅脂，这时就没有必要再在 CPU 上涂一层了。

#### 2. 安装 CPU 风扇

① 将 CPU 散热风扇对准主板相应的位置，如图 3-11 所示。

② 把扣具的一端扣在 CPU 插槽的凸起位置，如图 3-12 所示。然后固定另一端扣具，如图 3-13 所示。注意，此时切不可用力过大，否则会损坏 CPU。

图 3-11　放置风扇

图 3-12　放下扣具

③ 将 CPU 风扇电源线插入主板相应接口，如图 3-14 所示。

图 3-13　固定扣具

图 3-14　连接风扇电源线

# 二、安装内存条

【实训准备】

准备配件及材料：主板、两根内存条。

【操作案例 3-2】——安装内存条

① 将需要安装内存的内存插槽两侧的塑胶夹脚（通常也称为"保险栓"）往外侧扳动，使内存条能够插入，如图 3-15 所示。

② 拿起内存条，将内存条引脚上的缺口对准内存插槽内的凸起部分，如图 3-16 所示。

图 3-15 扳动塑胶夹脚          图 3-16 对准缺口

③ 稍微用力垂直向下压，将内存条插到内存插槽并压紧，直到内存插槽两端的保险栓自动卡住内存条两侧的缺口，如图 3-17 所示。

④ 安装第二根内存条，操作同上。最终效果如图 3-18 所示。

图 3-17 插好的内存条          图 3-18 双内存条安装完成

说明

安装第二根内存条时要选择与第一根内存条所插入的插槽相同颜色的插槽。本例中只有两个内存插槽，因此不必选择，但是读者在安装自己的计算机时，一定要分清楚。如果是安装两根内存条，一定要选择相同颜色的插槽，如全部选择黄色插槽或全部选择红色插槽，如图 3-19 所示。

图 3-19 双通道内存插槽

至此，内存安装完成。

## 三、安装电源

【实训准备】

准备配件及材料：机箱、机箱电源以及螺钉。

【操作案例 3-3】——安装电源

① 将电源置入机箱内，如图 3-20 所示。

② 依次使用 4 个螺钉将电源固定在机箱的后面板上，注意第一次不要拧得太紧，如图 3-21 所示。

图 3-20　将电源置入机箱

图 3-21　安装电源螺钉

③ 把螺钉全部安上后再将 4 个螺钉依次拧紧，如图 3-22 所示。

图 3-22　拧紧螺钉

# 四、安装主板

**【实训准备】**

准备配件及材料：主板、机箱以及各种工具和螺钉。

**【操作案例 3-4】——安装主板**

① 安装机箱内的主板卡钉底座，并将其拧紧，如图 3-23 所示。

② 依次检查各个卡钉位是否正确，如图 3-24 所示。

③ 注意主板上的螺钉孔，如图 3-25 所示。

图 3-23　安装主板卡钉底座

图 3-24　卡钉底座

图 3-25　主板上的螺钉孔

④ 将主板放入机箱内，注意螺钉孔一定要对齐到卡钉位处，如图 3-26 所示。

⑤ 将主板固定在机箱内，采用对角固定的方式安装螺钉，不要一次将螺钉拧紧，而应该在主板固定到位后依次拧紧各个螺钉，如图 3-27 所示。

图 3-26　将主板放入机箱

图 3-27　拧紧各个螺钉

# 五、安装硬盘

【实训准备】

准备配件及材料：机箱、硬盘、数据线以及螺钉。

【操作案例 3-5】——安装硬盘

① 安装硬盘自带的滑槽，如图 3-28 所示。安装完成后的结果如图 3-29 所示。

图 3-28　安装滑槽

图 3-29　安装完滑槽后的硬盘

② 将硬盘安装到机箱内，如图 3-30 所示。

③ 连接硬盘和主板间的数据线，一端接硬盘的数据端口，连接硬盘的数据线的接口如图 3-31 所示。连接完成后的结果如图 3-32 所示。

④ 将数据线的另一端连接到主板上，连接完成后的结果如图 3-33 所示。

图 3-30　将硬盘安装到机箱内部

图 3-31　连接硬盘上的数据端口

图 3-32　硬盘数据端口连接完成

图 3-33　将硬盘数据线连接到主板上

## 六、安装光驱

图 3-34　拆除外置挡板

**【实训准备】**

准备配件及材料：机箱、光驱、数据线以及螺钉。

**【操作案例 3-6】——安装光驱**

① 拆除机箱正面的光驱外置挡板，如图 3-34 所示。

② 将光驱安装到机箱内，如图 3-35 所示。

③ 固定光驱，注意操作时前后的塑料扣具都要扣稳，如图 3-36 所示。

图 3-35　将光驱安装到机箱内

按下扣具

图 3-36　固定光驱位置

④ 连接光驱和主板间的数据线，一端接光驱的数据端口，连接光驱的数据线端口如图 3-37 所示。连接完成后的结果如图 3-38 所示。

图 3-37　连接光驱的数据线端口

图 3-38　连接光驱完成

⑤ 将数据线的另一端连接到主板上，连接到主板的数据线接口如图 3-39 所示。连接完成后的结果如图 3-40 所示。

图 3-39　连接到主板上的光驱数据线端口

图 3-40　连接主板完成

## 七、安装显卡

**【实训准备】**

准备配件及材料：机箱、显卡以及螺钉。

【操作案例3-7】——安装显卡

① 将显卡安装到显卡插槽中，并将其接口与机箱后置挡板上的接口对齐，如图3-41所示。

② 稍稍用力将显卡插入至插槽中，如图3-42所示。

图3-41　对齐显卡接口

图3-42　插入显卡

③ 扳动塑料扣具，将显卡进行初步固定，如图3-43所示。

④ 最后用螺钉对显卡进行固定，结果如图3-44所示。

扳动塑料扣具

图3-43　初步固定显卡

用螺钉固定显卡

图3-44　用螺钉固定显卡

# 八、安插连接线

【实训准备】

理顺各连接线。

【操作案例3-8】——安插连接线

① 安装前置面板线。依次将硬盘灯（H.D.D LED）、电源灯（POWER LED）、复位开关（RESET SW）、电源开关（POWER SW）以及蜂鸣器（SPEAKER）前置面板连线插到主板相应接口中，它们各自的外观如图3-45所示，插入后的效果如图3-46所示。

图3-45　前置面板线

图3-46　连接前置面板线

说明

在连接前置面板线时，用户应对照主板说明书进行连线安插，以免出错。

② 主板电源线如图3-47所示，其安插完成后的结果如图3-48所示。

图 3-47　主板电源线

图 3-48　主板电源线安插完成

③ 安插 CPU 电源线，如图 3-49 所示。

图 3-49　安插 CPU 电源线

④ 硬盘电源线的接口如图 3-50 所示。硬盘电源线安插完成后的结果如图 3-51 所示。

图 3-50　硬盘电源线接口

图 3-51　硬盘电源线安插完成

⑤ 光驱电源线的接口如图 3-52 所示。光驱电源线安插完成后的结果如图 3-53 所示。

图 3-52　光驱电源线接口

图 3-53　光驱电源线安插完成

# 九、连接外围设备

【实训准备】

准备好需要连接的外围设备：一个 PS/2 接口的键盘、一个 USB 接口的鼠标和一台液晶显示器，如图 3-54 所示。

【操作案例 3-9】——连接外围设备

① 插接显示器与主机的数据线，插好之后拧紧插头两旁的螺栓，如图 3-55 所示。

图 3-54 需要连接的外设

图 3-55 连接显示器与主机的数据线

② 插接键盘的 PS/2 接口到主机后置面板上的紫色 PS/2 接口上，如图 3-56 所示。

③ 插接鼠标的 USB 接口到主机后置面板上的 USB 接口上，如图 3-57 所示。

图 3-56 插接键盘的 PS/2 接口

图 3-57 插接鼠标的 USB 接口

说明

目前很多鼠标和键盘使用的都是 USB 接口，只需将它们插入机箱后面的 USB 接口即可使用。如果是 PS/2 接口，则键盘对应的接口颜色是紫色，而鼠标对应的接口颜色是绿色。

# 十、检查测试

【实训准备】

当计算机组装完成后，要针对如下几个方面进行认真检查。

① 检查 CPU 风扇、电源是否安装好。

② 检查在安装的过程中，是否有螺钉或者其他金属杂物遗落在主板上。这一点一定要仔细检查，否则很容易导致主板被烧毁。

③ 检查内存条的安装是否到位。

④ 检查所有的电源线、数据线和信号线是否已连接好。

【操作案例 3-10】——检查测试

① 对组装完成的计算机进行检查。

② 接通电源，启动计算机，观察电源灯是否正常点亮，如果能点亮，并听到"嘟"的一声，且显示器屏幕上显示自检信息，这表示计算机的硬件工作正常；如果不能点亮，就要根据报警的声音检查内存、显卡或其他设备的安装是否正确；如果完全没有反应，则需检查电源线是否接好，前置面板线是否插接正确。

③ 如果测试均没有问题，则说明计算机的硬件安装完成，将计算机关机并关闭电源，盖上前后机箱盖并用螺钉固定，然后将机箱的 4 个塑料扣具固定。

要使计算机最终运行起来，还需要安装操作系统和驱动程序，这些内容将在后面的项目中作详细介绍。

# 小　　结

本项目主要以一台计算机的组装过程为主线，详细介绍了计算机组装的主要步骤及各种计算机配件的安装方法，特别是 CPU、CPU 风扇、主板、硬盘、光驱等设备的安装方法。读者应该特别注意分清硬盘、光驱之间数据线和电源线不同之处，这是一个在实践中经常遇到也十分容易出错的地方。

# 习　　题

1. 选取几种不同品牌、不同芯片组的主板，比较不同主板支持的 CPU 类型、跳线和各种接口的不同之处。

2. 将一台计算机的各个配件全部拆开，然后重新组装复原。

3. 有条件的情况下动手组装一台计算机。

# 项目四
# 设置 BIOS

用户在使用计算机的过程中，都会接触到 BIOS（Basic Input Output System，基本输入输出系统），它是被固化到计算机主板上的 ROM 芯片中的一组程序，掉电后不会丢失数据。它为计算机提供最底层的、最直接的硬件设置和控制，在计算机系统中起着非常重要的作用。掌握 BIOS 的基本设置，有助于用户更好地维护系统的稳定性并提升系统性能。

**学习目标**

了解 BIOS 的基础知识。

掌握 BIOS 的常用设置方法。

掌握 BIOS 的高级设置方法。

# 任务一　了解 BIOS 设置及进入方法

【知识准备】

在了解 BIOS 设置的进入方法之前，需要先了解 BIOS 的基本知识，进行必要的知识准备。

## 1. 认识 BIOS 的主要功能

若计算机系统没有 BIOS，那么所有的硬件设备都不能正常运行，BIOS 的管理功能在很大程度上决定了主板性能的优越性。BIOS 的管理功能主要包括以下 4 个方面。

① BIOS 系统设置程序。BIOS ROM 芯片中装有系统设置程序，主要用于设置 CMOS RAM 中的各项参数，并保存 CPU、软盘和硬盘驱动器等部件的基本信息，可在开机时按键盘上的某个键进入其设置状态。

② BIOS 中断服务程序。BIOS 中断服务程序实质上是计算机系统中软件与硬件之间的一个可编程接口，主要用于在程序软件与计算机硬件之间实现衔接。

③ POST 上电自检。计算机接通电源后，系统首先由 POST 程序对计算机内部的各个设备进行检查，通常完整的 POST 自检包括对 CPU、基本内存、扩展内存、主板、BIOS ROM、CMOS RAM、并口、串口、显卡、软盘和硬盘子系统、键盘等进行测试。

④ BIOS 系统自启程序。系统完成 POST 自检后，BIOS ROM 就首先按照系统 CMOS 设置中保存的启动顺序有效地启动设备，读入操作系统引导记录，然后将系统控制权交给引导记录，并由引导记录来完成系统的启动。

## 2. 认识 BIOS 的分类

目前市场上 BIOS 的种类比较多，其中主流 BIOS 类型主要有两种，即 Phoenix-Award BIOS

和 AMI BIOS。

① Phoenix-Award BIOS。Phoenix-Award BIOS 是由 Phoenix 公司推出的 BIOS 产品，是目前市场上占有率最高的产品，该 BIOS 功能较为齐全，可支持许多新的硬件。

② AMI BIOS。AMI BIOS 是由 AMI 公司出品的 BIOS 产品，在早期计算机中占有很大的比重，后来由于绿色节能计算机的普及，而 AMI 公司又错过了这一机会，迟迟没能推出新的 BIOS 程序，使其市场占有率逐渐变少，不过现在仍有部分计算机采用该 BIOS 产品。

### 3. 掌握 BIOS 与 CMOS 的关系

互补金属氧化物半导体（CMOS）是指主板上一块可读写的 RAM 芯片，用来保存当前系统的硬件配置和用户对某些参数的设定。系统加电引导时，要读取 CMOS 信息，用来初始化机器各个部件的状态，它靠系统电源或后备电池来供电，关闭电源信息不会丢失。

CMOS RAM 是系统参数存放的地方，而 BIOS 中系统设置程序是完成参数设置的手段。因此，准确的说法应该是通过 BIOS 设置程序对 CMOS 参数进行设置，而平常所说的 CMOS 设置和 BIOS 设置是其简化说法。本实训中所讲的 BIOS 设置，都是指通过 BIOS 设置程序对 CMOS 参数进行设置。

### 4. BIOS 中英对照表

BIOS 有很多的设置功能，设置之前可以参照如表 4-1 所示的中英文对照表对 BIOS 参数进行设置。

表 4-1　　　　　　　　　　　BIOS 参数设置中英文对照表

| BIOS 参数 | 意　义 |
|---|---|
| Time/System Time | 时间/系统时间 |
| Date/System Date | 日期/系统日期 |
| Level 2 Cache | 二级缓存 |
| System Memory | 系统内存 |
| Primary Hard Drive | 主硬盘 |
| BIOS Version | BIOS 版本 |
| Boot Order/Boot Sequence | 启动顺序（系统搜索操作系统文件的顺序） |
| Diskette Drive | 软盘驱动器 |
| Internal HDD | 内置硬盘驱动器 |
| Floppy Device | 软驱设备 |
| Hard-Disk Drive | 硬盘驱动器 |
| USB Storage Device | USB 存储设备 |
| CD/DVD/CD-RW Drive | 光驱 |
| CD-ROM Device | 光驱 |
| Cardbus NIC | Cardbus 总线网卡 |
| Onboard NIC | 板载网卡 |
| Boot POST | 进行开机自检时（POST）硬件检查的水平：设置为"Minimal"（默认设置），则开机自检仅在 BIOS 升级，内存模块更改或前一次开机自检未完成的情况下才进行检查。设置为"Thorough"，则开机自检时执行全套硬件检查 |

续表

| BIOS 参数 | 意 义 |
| --- | --- |
| Config Warnings | 警告设置:该选项用来设置在系统使用较低电压的电源适配器或其他不支持的配置时是否报警,设置为"Disabled",则禁用报警,设置为"Enabled",则启用报警 |
| Serial Port | 串口:该选项可以通过重新分配端口地址或禁用端口来避免设备资源冲突 |
| Infrared Data Port | 红外数据端口:使用该设置可以通过重新分配端口地址或禁用端口来避免设备资源冲突 |
| Num Lock | 数码锁定:设置在系统启动时数码灯(NumLock LED)是否点亮。设为"Disable"则数码灯保持灭,设为"Enable"则在系统启动时点亮数码灯。<br>键盘数码锁(Keyboard NumLock):该选项用来设置在系统启动时是否提示键盘相关的错误信息 |
| Enable Keypad | 启用小键盘:当其值设置为"By NunLock"时,在 NumLock 灯亮时数字小键盘为启用状态;当其值设置为"Only By Key"时,数字小键盘为禁用状态 |
| Primary Password | 主密码 |
| Admin Password | 管理密码 |
| Hard-disk Drive Password(s) | 硬盘驱动器密码 |
| Password Status | 密码状态:该选项用来在 Setup 密码启用时锁定系统密码。可以将该选项设置为"Locked"并启用 Setup 密码以防止系统密码被更改。该选项还可以用来防止在系统启动时密码被用户禁用 |
| System Password | 系统密码 |
| Setup Password | Setup 密码 |
| Drive Configuration | 驱动器设置 |
| Diskette Drive A | 磁盘驱动器 A:如果系统中装有软驱,使用该选项可启用或禁用软盘驱动器 |
| Primary Master Drive | 第一主驱动器 |
| Primary Slave Drive | 第一从驱动器 |
| Secondary Master Drive | 第二主驱动器 |
| Secondary Slave Drive | 第二从驱动器 |
| System BIOS Boot Devices | 系统 BIOS 启动顺序 |
| USB Device | USB 设备 |
| Memory Information | 内存信息 |
| Hard-Disk Drive Sequence | 硬盘驱动器顺序 |
| Installed System Memory | 系统内存:显示系统中所装内存的大小及型号 |
| System Memory Speed | 内存速率:显示所装内存的速率 |
| CPU Information | CPU 信息 |
| CPU Speed | CPU 速率:显示启动后中央处理器的运行速率 |
| Bus Speed | 总线速率:显示处理器总线速率 |
| Processor 0 ID | 处理器 ID:显示处理器所属种类及模型号 |

续表

| BIOS 参数 | 意　　　　义 |
|---|---|
| Cache Size | 缓存值：显示处理器的二级缓存值 |
| Integrated Devices (LegacySelect Options) | 集成设备 |
| USB Controller | USB 控制器：使用该选项可启用或禁用板载 USB 控制器 |
| Serial Port 1 | 串口 1：使用该选项可控制内置串口的操作。设置为"AUTO"时，如果通过串口扩展卡在同一个端口地址上使用了两个设备，内置串口自动重新分配可用端口地址。串口先使用 COM1，再使用 COM2，如果两个地址都已经分配给某个端口，该端口将被禁用 |
| Parallel Port | 并口：该域中可配置内置并口 |

### 5. 常见品牌的 BIOS 进入方法

BIOS 设置程序是储存在 BIOS 芯片中的，只有在开机时才可以进行设置，而根据 BIOS 的不同，其进入的方法也有所不同。一些常见品牌的 BIOS 进入方法如表 4-2 所示。

表 4-2　　　　　　　　　　　常见品牌的 BIOS 进入方法

| 品　　牌 | 进入方法 | 品　　牌 | 进入方法 |
|---|---|---|---|
| Phoenix-Award BIOS | 按 Del 键 | DELL BIOS | 按 Ctrl+Alt+Enter 组合键 |
| AMI BIOS | 按 Del 键 | Phoenix BIOS | 按 F2 键 |
| MR BIOS | 按 Esc 键 | IBM 品牌机 | 按 F1 键 |
| Compaq BIOS | 按 F10 键 | — | |

【操作案例 4-1】——进入 BIOS

① 打开显示器的电源开关。

② 打开主机电源开关，启动计算机。

③ BIOS 开始进行 POST 自检，出现如图 4-1 所示的画面。从中可以看出 BIOS（Phoenix-Award）、CPU（AMD Athlon64 X2）、IDE 接口、SATA 接口等信息。

④ 不停地按 Del 键。

⑤ 进入 CMOS 设置主菜单，如图 4-2 所示，中英文对照如表 4-3 所示。

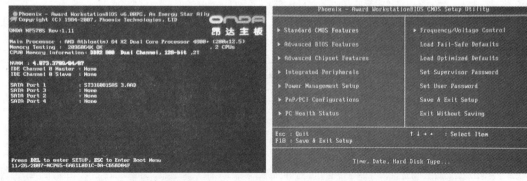

图 4-1　启动自检画面　　　　　　　　　　　图 4-2　CMOS 设置主菜单

表 4-3　　　　　　　　Phoenix-Award CMOS 设置主菜单中英文对照表

| CMOS 设置菜单 | 意　义 | CMOS 设置菜单 | 意　义 |
|---|---|---|---|
| Standard CMOS Features | 标准 CMOS 设置 | Frequency/Voltage Control | 外频/电压控制 |
| Advanced BIOS Features | 高级 BIOS 设置 | Load Fail-Safe Defaults | 加载默认设置 |
| Advanced Chipset Features | 高级芯片组设置 | Load Optimized Defaults | 加载最优默认设置 |
| Integrated Peripherals | 集成功能项 | Set Supervisor Password | 设置超级用户密码 |
| Power Management Setup | 电源管理设置 | Set User Password | 设置普通用户密码 |
| PnP/PCI Configurations | PnP/PCI 配置 | Save & Exit Setup | 保存并退出 |
| PC Health Status | 计算机健康状况 | Exit Without Saving | 退出不保存 |

# 任务二　掌握 BIOS 的常用设置方法

计算机用户平时常用到的设置主要是指禁止软驱显示设置、系统启动顺序设置、CPU 保护温度设置、BIOS 超级用户密码设置和恢复默认设置，下面将介绍具体的设置方法。

## 一、设置禁止软驱显示

现在的计算机都不再使用软驱，但在【我的电脑】窗口中仍然会显示软盘图标，如图 4-3 所示。如果用户在打开盘符时不小心点到软盘图标，计算机会等待较长时间才能弹出没有安装软驱的提示，而期间计算机接近死机状态，为了给用户减少不必要的麻烦，可以通过 BIOS 设置来禁止软驱的显示。

【实训内容】

掌握通过 BIOS 设置来禁止软驱显示的操作方法。

【实训准备】

一台装有 Phoenix-Award BIOS 的计算机。

【操作案例 4-2】——设置禁止软驱显示

① 重启计算机，按 Del 键进入 CMOS 设置主菜单，用方向键移动光标到【Standard CMOS Features】选项，如图 4-4 所示。

图 4-3　软盘图标

图 4-4　CMOS 设置主菜单

② 按 Enter 键，进入标准 CMOS 设置界面，用方向键移动光标到【Drive A】选项，如图 4-5 所示。

③ 按 Enter 键，弹出【Drive A】对话框，用方向键选择【None】选项，如图 4-6 所示。

图 4-5　选择【Drive A】选项

图 4-6　选择【None】选项

④ 按 Enter 键确认选择，效果如图 4-7 所示。

⑤ 按 Esc 键，回到 CMOS 设置主菜单，用方向键移动光标到【Save & Exit Setup】选项，如图 4-8 所示。

图 4-7　设置后的效果

图 4-8　选择【Save & Exit Setup】选项

⑥ 按 Enter 键，弹出如图 4-9 所示的提示框，输入"Y"，按 Enter 键确认，从而保存设置并退出 BIOS 设置，再打开【我的电脑】窗口就看不见软盘图标了。

# 二、设置系统从光驱启动

在计算机启动的时候，需要为计算机指定从哪个设备启动。常见的启动方式有从硬盘启动和光驱启动两种，在某些特殊的情况下需要指定软盘启动。在需要安装操作系统的时候，就要指定为从光驱启动。

【实训内容】

掌握通过 BIOS 设置将系统设置为光驱启动的操作方法。

【实训准备】

一台装有 Phoenix-Award BIOS 的计算机。

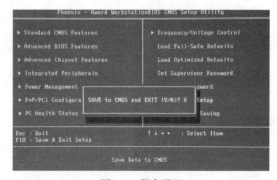
图 4-9　保存设置

**【操作案例 4-3】——设置系统从光驱启动**

　　① 进入 CMOS 设置主菜单,用方向键移动光标到【Advanced BIOS Features】选项,如图 4-10 所示。

　　② 按 Enter 键,进入高级 BIOS 设置界面,如图 4-11 所示。

图 4-10　选择【Advanced BIOS Features】选项　　　　图 4-11　高级 BIOS 设置界面

　　③ 用方向键移动光标到【First Boot Device】(首选启动设备)选项,如图 4-12 所示。

　　④ 按 Enter 键,弹出【First Boot Device】对话框,用方向键选择【CDROM】选项,如图 4-13 所示。

图 4-12　选择【First Boot Device】选项　　　　图 4-13　选择【CDROM】选项

　　⑤ 按 Enter 键确定选择,回到设置界面,效果如图 4-14 所示。

　　⑥ 按 F10 键保存设置并退出。

图 4-14　设置为光驱启动

## 三、设置 CPU 保护温度

CPU 在运行过程中会产生热量，从而使 CPU 的温度升高，而温度过高会影响 CPU 的正常运作，甚至烧坏 CPU。为了防止 CPU 温度过高，可以通过 BIOS 设置一个 CPU 保护温度，当 CPU 达到或超过这个温度时，计算机就会自动关闭，从而保护 CPU 不至于被烧坏。

【实训内容】

掌握在 BIOS 中设置 CPU 保护温度的操作方法。

【实训准备】

一台装有 Phoenix-Award BIOS 的计算机。

【操作案例 4-4】——设置 CPU 保护温度

① 进入 CMOS 设置主菜单，用方向键移动光标到【PC Health Status】选项，如图 4-15 所示。

② 按 Enter 键，进入如图 4-16 所示的计算机健康状况设置界面，在该界面中可以查看系统温度和 CPU 温度。

图 4-15　选择【PC Health Status】选项

③ 用方向键移动光标到【Shutdown Temperature】选项，然后按 Enter 键，弹出【Shutdown Temperature】对话框，如图 4-17 所示。

图 4-16　计算机健康状况设置界面

图 4-17　温度选择

④ 选择【75℃/167℉】选项，然后按 Enter 键确定。当 CPU 温度达到或超过 75℃时，计算机就会自动关闭。

⑤ 按 F10 键保存设置并退出。

## 四、设置 BIOS 密码

适当设置 BIOS 密码可以为计算机带来一定程度的保护。设置密码的目的，一是防止别人擅自更改 BIOS 设置；二是防止别人进入自己的计算机。针对这两种情况，可以分别设置进入 BIOS 的密码和开机密码。

【实训内容】

了解 BIOS 中的两种密码设置的区别，掌握设置 BIOS 密码的操作方法。

**【实训准备】**

BIOS 中有两种密码设置，它们的功能和区别如下所述。

- 普通用户密码。输入用户密码后能进入系统并查看 BIOS，但不能修改 BIOS 设置。
- 超级用户密码。输入超级用户密码后能进入系统，还能修改 BIOS 设置。

**【操作案例 4-5】——设置 BIOS 密码**

（1）设置超级用户密码

① 进入 CMOS 设置主菜单，使用方向键移动光标到【Set Supervisor Password】选项，如图 4-18 所示。

② 按 Enter 键，在弹出的对话框中输入密码，如图 4-19 所示。输入的密码可以使用除空格键以外的任意 ASCII 字符，密码最长为 8 个字符，并且要区分大小写。

图 4-18　选择【Set Supervisor Password】选项　　　图 4-19　设置超级用户密码

③ 按 Enter 键，弹出确认密码对话框，再次输入密码，如图 4-20 所示。

④ 按 Enter 键确认。然后按 F10 键保存退出，这样在进入 BIOS 的过程中就会提示用户输入密码，如图 4-21 所示。

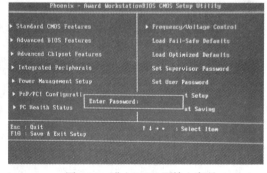

图 4-20　确认密码　　　　　　　　　　　图 4-21　进入 BIOS 要输入密码

（2）设置开机密码

① 进入 CMOS 设置主菜单，按方向键移动光标到【Advanced BIOS Features】选项，然后按 Enter 键，进入高级 BIOS 设置界面。

② 用方向键移动光标到【Security Option】选项，然后设置该项的值为"System"，如图 4-22 所示。这样，在开机的过程中就会提示用户输入开机密码，即上面步骤设置的密码，如图 4-23 所示。

图 4-22  设置【Security Option】选项的值

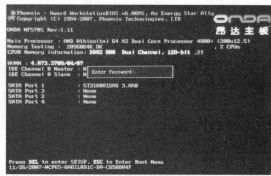

图 4-23  开机输入密码

③ 按 F10 键保存设置并退出。

说明

　　输入密码进入 BIOS 后，选择【Set Supervisor Password】选项后按 Enter 键，弹出【Enter Password】提示框，如果需要修改密码，就输入新的密码，然后按 Enter 键，会弹出【Confirm Password】提示框，要求再输入一次新密码。如果想要取消密码，就直接按 Enter 键，系统会显示【Invalid Password Press Any Key to Continue】提示框。

# 五、恢复最优默认设置

　　当 BIOS 设置不正确，从而导致计算机无法正常工作时，可以将 BIOS 恢复到默认设置。BIOS 恢复默认设置分为恢复最原始的默认设置和恢复最优化的默认设置。

　　【实训内容】

　　掌握将 BIOS 恢复为最优默认设置的操作方法。

　　【实训准备】

　　一台装有 Phoenix-Award BIOS 的计算机。

　　【操作案例 4-6】——恢复最优默认设置

　　① 进入 CMOS 设置主菜单，用方向键移动光标到【Load Optimized Defaults】选项，如图 4-24 所示。

　　② 按 Enter 键，弹出如图 4-25 所示的提示框。

图 4-24  选择【Load Optimized Defaults】选项

图 4-25  恢复 BIOS 默认设置

　　③ 在键盘上按 Y 键，然后按 Enter 键确定。

　　④ 按 F10 键保存设置并退出。

# 任务三 掌握 BIOS 的高级设置方法

BIOS 为计算机提供最底层的、最直接的硬件设置和控制，通过 BIOS 设置还可以提高计算机相应硬件的性能，从而提高计算机的整体性能。下面将介绍常用的 BIOS 高级设置方法。

## 一、设置键盘灵敏度

部分用户为了工作、娱乐或个人习惯需要较高的键盘灵敏度，如果在控制面板将其中的"重复延迟"（即按住一个键后，出现第 1 个字符到出现第 2 个字符间的时间）和"重复率"两项设置到最高还不能满足用户的要求，那么就需要通过 BIOS 设置进一步提高"重复延迟"。

【实训内容】

掌握通过 BIOS 设置提高键盘灵敏度的操作方法。

【实训准备】

一台装有 Phoenix-Award BIOS 的计算机。

【操作案例 4-7】——设置键盘灵敏度

① 进入 CMOS 设置主菜单，用方向键移动光标到【Advanced BIOS Features】选项，如图 4-26 所示。

② 按 Enter 键，进入高级 BIOS 设置界面，用方向键移动光标到【Typematic Rate Setting】（击键速率设置）选项，设置其值为"Enabled"，如图 4-27 所示。

图 4-26 选择【Advanced BIOS Features】选项

图 4-27 将击键速率设置为"Enabled"

③ 用方向键移动光标到【Typematic Rate（Chars/Sec）】（击键率设置）选项，设置其值为"30"，如图 4-28 所示。

④ 用方向键移动光标到【Typematic Delay（Msec）】（击键延时设置）选项，设置其值为"250"，如图 4-29 所示。

⑤ 按 F10 键保存设置并退出。

## 二、设置 CPU 超频

CPU 超频，是指人为地将 CPU 的工作频率提高，即提高 CPU 的主频，使它在高于其额定频率的状态下稳定工作。

【实训内容】

掌握通过 BIOS 设置来提高 CPU 的外频，从而达到超频目的的操作方法。

图 4-28　将击键率设置的值设置为"30"

图 4-29　将击键延时的值设置为"250"

【实训准备】

CPU 的主频是外频和倍频的乘积。例如，一块 CPU 的外频为 100MHz，倍频为 8.5，可以计算得到它的主频＝外频×倍频＝100MHz×8.5＝850MHz。所以要提高 CPU 的主频可以通过改变 CPU 的倍频或者外频来实现。

【操作案例 4-8】——设置 CPU 超频

① 进入 CMOS 设置主菜单，用方向键移动光标到【Frequency/Voltage Control】选项，如图 4-30 所示。

② 按 Enter 键，进入系统频率和电压控制的设置界面，如图 4-31 所示。

图 4-30　选择【Frequency/Voltage Control】选项

图 4-31　系统频率和电压控制的设置界面

③ 使用方向键移动光标到【CPU Frequency】选项，然后按 Enter 键，弹出 CPU 外频设置对话框，如图 4-32 所示。从中可知外频的最小值为 200MHz，最大值为 450MHz。

图 4-32　CPU 外频设置对话框

④ 在对话框中输入"220"，然后按 Enter 键确认。

⑤ 按 F10 键保存设置并退出。

　　　　外频不是越大越好，它与计算机其他硬件的承受力有关，要根据计算机的整体性能设置。设置完成后，重新启动计算机试运行，如计算机运行不稳定，则应恢复到原来的设置。

# 小　　结

本项目介绍了计算机常用 BIOS 设置的操作方法，包括设置禁止软驱显示、设置系统从光盘启动、设置 CPU 保护温度、设置 BIOS 密码、恢复默认设置、设置键盘灵敏度、设置 CPU 超频等内容，通过对这些设置的学习，读者应对 BIOS 的常用功能有一个全面的认识。

# 习　　题

1. 进入一台计算机的 BIOS 设置界面。

2. 通过【Standard CMOS Features】选项中的【Halt On】（中断）选项，设置系统自检暂停参数为"All，But Keyboard"。

3. 设置系统引导顺序为从光驱启动。

4. 设置计算机的 CPU 保护温度。

5. 设置一个普通用户密码。

# 项目五
# 构建软件系统

搭建计算机硬件平台后，计算机的正常运行还需要软件系统的支持。在计算机中通常需要安装 Windows 7 操作系统、硬件驱动程序以及常用应用软件。本项目将介绍在计算机硬件平台上搭建软件系统的方法和技巧，同时还将介绍网络克隆技术的用途与技巧。

**学习目标**

掌握操作系统的安装方法。

掌握网络克隆技术的用法。

掌握常用应用程序的安装方法。

掌握驱动程序的安装方法。

# 任务一　安装 Windows 7 操作系统

基本的 BIOS 设置完成之后，下面就可以开始安装操作系统了。计算机要正常工作，就必须安装操作系统。操作系统（Operating System，OS）是一个管理计算机硬件与软件资源的程序，同时也是计算机系统的内核与基石。

## 一、安装前的准备

在安装之前，除了对 BIOS 进行设置外，用户还应该对硬盘的分区以及分区格式的相关知识进行学习，并了解安装操作系统的一般步骤。

**【知识准备】**

### 1．常用操作系统简介

目前，大多数家庭及普通办公用的计算机中安装的操作系统主要有 Windows 家族的 Windows XP、Windows 7 操作系统以及 Linux 操作系统和 UNIX 操作系统。其中 Linux 操作系统开放源代码，性能更稳定；UNIX 操作系统是一个强大的多用户、多任务操作系统，它们的操作界面如图 5-1 和图 5-2 所示。

### 2．硬盘分区的基础知识

一块新的硬盘可以用一张白纸来形容，里面什么都没有。为了能够更好地使用它，需要先在"白纸"上划分出若干个小块，这个操作称为硬盘分区。

硬盘的分区主要有主分区、扩展分区和逻辑分区。

图 5-1　Linux 操作界面

图 5-2　UNIX 操作界面

（1）主分区

要在硬盘上安装操作系统，则该硬盘必须有一个主分区，主分区中包含操作系统启动所必需的文件和数据。

（2）扩展分区

扩展分区是除主分区以外的分区，但它不能直接使用，必须再将它划分为若干个逻辑分区才行。

（3）逻辑分区

逻辑分区也就是平常在操作系统中所看到的 D、E、F 等盘。这 3 种分区之间的关系示意图如图 5-3 所示。

图 5-3　3 种分区之间的关系示意图

### 3．分区格式简介

分区格式是指文件命名、存储和组织的总体结构，通常又称为"文件系统格式"或"磁盘格式"。Windows 操作系统目前支持的分区格式主要有 FAT32 和 NTFS，Linux 则采用了 Ext、Swap 分区格式。

（1）FAT32 分区格式

FAT32 曾经是使用最为广泛的分区格式，它采用 32bit 文件分配表，磁盘的空间管理能力大大增强，最大支持容量为 8GB 的硬盘。Windows 2000 和 Windows XP 等操作系统都支持这一磁盘分区格式，Linux Redhat 部分版本也对 FAT32 提供有限支持。

但这种分区格式由于文件分配表的扩大，运行速度比采用 FAT16 分区格式的磁盘要慢，特别是在 DOS 7.0 下性能差距更明显。同时，由于早期 DOS 不支持这种分区格式，所以早期的 DOS 系统无法访问使用 FAT32 格式分区的磁盘。

（2）NTFS 分区格式

NTFS 是 Microsoft 为 Windows NT 操作系统设计的一种全新的分区格式，它的优点是安全性和稳定性极其出色，在使用中不易产生文件碎片。Windows 2000、Windows XP 和 Windows 7 等操作系统支持这一磁盘分区格式，是目前应用最广泛的分区格式。

### 4．操作系统安装的主要步骤

操作系统的类型虽然很多，但主要安装步骤都具有相同之处，常见的安装步骤如图 5-4 所示。

图 5-4　操作系统的安装步骤

## 二、使用光盘安装 Windows 7 系统

下面介绍在一个 60GB 硬盘上面安装 32 位 Windows 7 旗舰版操作系统。其中 20GB 用于系统盘，40GB 用于文件盘。

【操作案例 5-1】——使用光盘安装 Windows 7 系统

① 按照【操作案例 4-3】介绍的方法，设置光盘为第一启动项，重启电脑。

② 将 Windows 7 安装光盘放入光驱，引导系统将引导 Windows 7 进入安装界面，等待一段时间，直到出现安装 Windows 7 安装窗口，在【要安装的语言】下拉列表框选择【中文（简体）】语言，单击 下一步(N) 按钮，如图 5-5 所示。

图 5-5　Windows 7 安装界面

③ 出现安装窗口，单击 现在安装(I) 按钮，如图 5-6 所示。

④ 出现安装程序启动窗口，如图 5-7 所示。

图 5-6　Windows 7 安装界面　　　　　图 5-7　安装程序启动界面

⑤ 等待一段时间后，出现安装许可窗口，首先单击选中 我接受许可条款(A) 复选框，然后单击 下一步(N) 按钮，如图 5-8 所示。

⑥ 出现安装类型选择窗口，单击【自定义（高级）】选项，如图 5-9 所示。

图 5-8　Windows 7 许可界面

图 5-9　安装类型选择界面

⑦ 出现分区窗口，单击 驱动器选项(高级)(A) 选项，如图 5-10 所示。

⑧ 在安装窗口单击 ＊新建(E) 选项，创建一个新的分区，如图 5-11 所示。

图 5-10　对硬盘分区

图 5-11　新建分区

⑨ 在出现的文本框输入 20480，然后单击 应用(P) 按钮，如图 5-12 所示。

⑩ 弹出额外空间分配警告窗口，单击 确定 按钮完成分区，如图 5-13 所示。

图 5-12　输入分区大小

图 5-13　系统创建额外分区

说明 文本框输入的是要分区的系统盘的大小，此处输入 20480 表示 20480MB 也就是 20GB，用户可以根据自己计算机硬盘大小调整系统盘的大小。

⑪ 出现分区结束窗口，一共 3 个分区，单击【磁盘 0 分区 2】选项，选择 19.9GB 的主分区，再单击 ◉格式化⒠ 选项，如图 5-14 所示。

⑫ 弹出格式化警告对话框，单击 确定 按钮，几秒钟后格式化完毕，单击 下一步⒩ 按钮，如图 5-15 所示。

图 5-14 选择主分区

图 5-15 对硬盘的格式化

说明 这里只需要先划分出用于安装操作系统的主分区即可，将扩展分区划分为逻辑分区的操作可以待操作系统安装完成后，使用 Windows 7 下的磁盘管理器功能来实现，更加方便快捷。

⑬ 出现 Windows 自动安装窗口，等待 Windows 7 复制文件及安装。安装过程中不要取出安装光盘，否则安装失败，如图 5-16 所示。

⑭ 安装更新后，计算机将会重启，此时可以取出光盘，如图 5-17 所示。

图 5-16 Windows 自动安装

图 5-17 复制展开文件

⑮ 计算机重新启动后将看到漂亮的 Windows 7 启动界面，并进行注册表设置，如图 5-18 所示。

⑯ 注册表设置好以后，进入安装界面继续安装，如图 5-19 所示。

图 5-18 Windows 7 开机设置

图 5-19 Windows 7 安装界面

⑰ 在安装过程中，计算机将重启多次，直到出现如图 5-20 的窗口，在【键入用户名】文本框输入用户名，在【键入计算机名称】文本框输入计算机名，再单击 下一步(N) 按钮。

⑱ 出现账户设置密码窗口，在【键入密码】文本框输入密码，并在【再次键入密码】文本框再次输入密码，在【键入密码提示】文本框填写密码提示，单击 下一步(N) 按钮，如图 5-21 所示。

图 5-20 键入计算机名和用户名

图 5-21 设置账户密码

说明

在此处可以不设置密码，而直接单击 下一步(N) 按钮，可以在以后的控制面板用户账户管理中设置密码。

⑲ 出现产品密钥窗口，在产品密钥文本框输入 Windows 7 旗舰版密钥，单击选中【当我联机时自动激活 Windows】复选框，单击 下一步(N) 按钮，如图 5-22 所示。

⑳ 出现更新设置窗口，选中【使用推荐设置】选项，Windows 7 将自动为我们安装更新，如图 5-23 所示。

说明

在此处可以不输入产品密钥，而直接单击 下一步(N) 按钮，这样将会安装试用版本，可以在安装好后再输入密钥激活。

图 5-22　键入产品密钥　　　　　　　　图 5-23　选择安全级别

㉑ 出现时间设置窗口，在【时区】下拉列表选择（UTC+08:00）北京选项，【日期】栏设置日期，【时间】文本框输入时间。单击 下一步(N) 按钮，如图 5-24 所示。

㉒ 出现网络设置窗口，根据使用的地方选择所需网络，这里选择【家庭网络】选项，如图 5-25 所示。

图 5-24　设置系统时间　　　　　　　　图 5-25　选择网络位置

㉓ 出现欢迎界面，完成 Windows 7 基本设置，如图 5-26 所示。

㉔ 几十秒后，出现 Windows 7 桌面，完成 Windows 7 安装，如图 5-27 所示。

图 5-26　Windows 7 欢迎界面　　　　　　图 5-27　Windows 7 桌面

## 三、使用 U 盘安装 Windows 7 系统

使用 U 盘安装 Windows 7 主要适用于没有光驱的情况，安装前必须准备好以下器件。

- 一个格式化后的大于 3GB 的 U 盘。
- 支持 USB 启动方式的计算机一台（计算机 A）。
- 一个已安装 Windows 操作系统的计算机一台（计算机 B）。
- UltraISO 软件。
- Windows 7 镜像文件。

① 在制作启动 U 盘前，一定要将 U 盘数据备份，因为我们安装时需将 U 盘格式化，会清除 U 盘原始的所有数据。

② UltraISO 软件（EXE）和 Windows 7 安装镜像（ISO）可以在相关网站下载。

本次实例在计算机 A 上面通过 U 盘安装 Windows 7 操纵系统，首先要在计算机 B 上制作启动 U 盘。

### 【操作案例 5-2】——使用 U 盘安装 Windows 7 系统

① 将软件 UltraISO 安装在计算机 B 上，双击桌面 UltraISO 图标，如图 5-28 所示。

② 弹出 UltraISO 窗口，在菜单栏单击【文件】选项，在弹出的快捷菜单中单击【打开】选项，如图 5-29 所示。

图 5-28　UltraISO 图标

图 5-29　UltraISO 窗口

如果计算机 B 使用 Windows 7 或更高系统，此处需单击右键 UltraISO 图标，在弹出的快捷菜单单击【以管理员身份运行】选项。否则在后面步骤会弹出错误提示。

③ 弹出打开文件窗口，找到准备好的 Windows 7 镜像文件，然后双击该文件，如图 5-30 所示。

④ UltraISO 软件将出现有关 Windows 7 的一些系统安装文件信息，如图 5-31 所示。

⑤ 在菜单栏单击【启动光盘】选项，在弹出的快捷菜单中单击【写入硬盘映像】选项，如图

5-32 所示。

<table>
<tr><td>图 5-30 打开 ISO 文件</td><td>图 5-31 打开 Windows 安装镜像</td></tr>
</table>

图 5-32 写入硬盘映像

⑥ 弹出【写入硬盘映像】对话框，在【写入方式】下拉菜单单击【USB-HDD】选项，如图 5-33 所示。

⑦ 在写入硬盘映像中单击 写入 按钮，如图 5-34 所示。

图 5-33 选择写入方式

图 5-34 选择写入方式

⑧ 弹出一个提示窗口，检查【驱动器】是否为 U 盘，确认后，单击 是(Y) 按钮，如图 5-35 所示。

⑨ 软件将自动开始制作启动 U 盘，写入硬盘映像窗口下方显示制作进度，如图 5-36 所示。

图 5-35　提示窗口　　　　　　　　　　　　　　　图 5-36　正在制作启动盘

此处一定要核对好是否要写入的驱动器是否为自己的 U 盘，因为写入前会将我们指定的驱动器格式化，误操作可能会格式化我们其他驱动盘的数据。

（K：4GB）表示驱动器号为 K，容量为 4GB。

⑩ 一段时间后，如果【消息】框提示刻录成功，说明启动 U 盘制作成功，如图 5-37 所示。

⑪ 将 U 盘从计算机 B 取出，插入计算机 A 的 USB 插孔，启动计算机 A 首先设置 USB 为第一启动，重启计算机 A 后计算机将通过 U 盘启动，如图 5-38 所示。

图 5-37　启动盘刻录成功　　　　　　　　　　　　图 5-38　成功从 U 盘引导

如果看不到图 5-38 所示界面，而上面【消息】文本框提示【刻录成功！】，可以检查一下 U 盘是否插入或者开机引导是否设置正确。

⑫ 通过 U 盘成功引导后，会出现和光盘一样的安装界面，后面的操作和光盘安装方式一样，如图 5-39 所示。

## 四、使用 Windows 7 磁盘管理器新建分区

使用 Windows 7 的磁盘管理器功能可以帮助用户新建更多的分区。

【操作案例5-3】——使用 Windows 7 磁盘管理器新建分区

① 在桌面上右键单击"计算机"图标，在弹出的快捷菜单中选择【管理】命令，打开【计算机管理】窗口，然后选择左边的【磁盘管理】选项，打开磁盘管理界面，如图 5-40 所示。

图 5-39　Windows 7 加载文件　　　　　　　图 5-40　磁盘管理界面

② 右键单击窗口中的 C 盘，在弹出的快捷菜单中选择【压缩卷】命令，弹出【压缩 C:】对话框，如图 5-41 所示。

③ 单击 压缩(S) 按钮，系统将自动压缩 C 盘，并将 C 盘中未分配的空间划分出，如图 5-42 所示。

图 5-41　【压缩 C:】对话框　　　　　　　图 5-42　划出未分配的空间

④ 右键单击压缩出来的空间，如图 5-43 所示，在弹出的快捷菜单中选择【新建简单卷】命令，弹出【新建简单卷向导】对话框，如图 5-44 所示。

⑤ 单击 下一步(N) > 按钮，进入【指定卷大小】向导页，在【简单卷大小】文本框中输入新建磁盘分区的大小，如图 5-45 所示。

⑥ 单击 下一步(N) > 按钮，进入【分配驱动器号和路径】向导页，为磁盘分区分配驱动器号，如图 5-46 所示。

图 5-43　右键单击未分配的空间

图 5-44　【新建简单卷向导】对话框

图 5-45　设置卷大小

图 5-46　分配驱动器号

⑦ 单击 下一步(N)> 按钮，进入【格式化分区】向导页，用户可选择是否格式化这个卷，最终设置效果如图 5-47 所示。

⑧ 单击 下一步(N)> 按钮，完成新建简单卷向导，如图 5-48 所示。

图 5-47　格式化设置

图 5-48　完成向导

⑨ 单击 完成 按钮，计算机将新建磁盘分区并将其格式化，如图 5-49 所示。

图 5-49　格式化分区

⑩ 格式化完成后，便创建了新的分区，如图 5-50 所示。

图 5-50　新建的分区

# 任务二　掌握网络克隆技术

　　如何快速实现多台相同计算机的系统安装呢？最好的方法就是使用网络克隆，网络克隆技术以方便、高效广泛应用于在多台计算机上安装系统。在进行网络克隆前，需要掌握网络克隆技术的相关原理。

## 一、什么是网络克隆

【知识准备】

　　网络克隆是一种短时间内在大批量计算机上安装操作系统的一种先进的方法。网络克隆也可以在局域网实现一对一或一对多的硬盘克隆操作。

### 1. 网络克隆的优点与适用范围

网络克隆主要适用于大规模安装操作系统，网络克隆有如下优势。

① 安装方便。不需要驻台拆箱，安装光驱或者硬盘等操作。

② 速度快。由于网络克隆直接通过网络在服务器复杂操作系统文件，可以大大节约安装时间，一对一或一对多不影响克隆速度。

③ 操作简单。随着网络克隆技术分发展，现代网络克隆操作更加方便。

### 2. 网络克隆的原理

网络克隆的主要原理是通过网络的数据传输借助于网络版的 GHOST 将一台计算机上的 GHO 文件同时恢复到多台计算机。

### 3. 网络克隆的方式

网络克隆的主要方式较多。

（1）从启动方式分以下几种

① 在客户机上面使用存放引导文件，这种方法灵活性不太好，这种方法主要是应用于不支持网络启动的情况。

② 使用支持 PXE 的网卡来从服务器上面下载引导文件，然后装入客户机中。这种方法是目前最快捷的方法。

（2）从克隆内容分以下几种

① 整盘克隆：将一个 GHO 镜像文件恢复到一个磁盘，会破坏原有硬盘所有数据。其中，单分区镜像文件会导致客户机最终只有一个分区，并且是把整个硬盘容量划分为一个。而多分区镜像文件相当于对客户机的硬盘进行重新分区操作，但默认会平均分配每个分区容量。

② 分区克隆：这是常用的方式，利用单分区镜像文件对客户机的计算机进行系统的恢复。只破坏原有硬盘一个分区的数据，其他数据不会丢失。这种方法使用的前提是客户机的计算机必须要有分区，并且第一个分区被设置为活动分区。

# 二、熟悉网络克隆相关技术

【知识准备】

网络克隆涉及了多个方面的知识，需掌握这些知识才能对网络克隆有更加深刻的理解，下面介绍与网络克隆有关的一些基础知识。

### 1. PXE 启动

PXE 是 preboot execute environment 的缩写，工作于 Client/Server 的网络模式，支持工作站通过网络从远端服务器下载映像，并由此支持来自网络的操作系统的启动过程，在启动过程中，终端要求服务器分配 IP 地址，再用 TFTP（trivial file transfer protocol）或 MTFTP（multicast trivial file transfer protocol）协议下载一个启动软件包到本机内存中并执行，由这个启动软件包完成终端基本软件设置，从而引导预先安装在服务器中的终端操作系统。

当计算机引导时，BIOS 把 PXE Client 调入内存中执行，然后由 PXE Client 将放置在远端的文件通过网络下载到本地运行。

### 2. DHCP 服务器

PXE 启动需要动态分配 IP 地址，那么在这个局域网中就需要一台 DHCP 服务器动态分配 IP 地址以及 ftp 文件传输。

DHCP 是 Dynamic Host Configuration Protocol（动态主机设置协议）的缩写，是一个局域网的

网络协议，其主要用途有两个。

① 给内部网络或网络服务供应商自动分配 IP 地址。

② 给用户或者内部网络管理员作为对所有计算机作中央管理的手段。

网络克隆中需要一个 DHCP 服务器，为客户机动态分配 IP 地址（动态分配，当 DHCP 客户端，第一次从 DHCP 服务器端租用到 IP 地址之后，并非永久地使用该地址，只要租约到期，客户端就得释放这个 IP 地址，以给其他工作站使用）。

如果一个局域网有多个 DHCP 服务器，且处于同一个网段，那么这个网段将使用最先进入该网段的服务器提供的参数。因此，在网络克隆中，要保证该网段只有一个 DHCP 服务器，否则可能会导致不能正常通过 PXE 启动。

### 3. 镜像文件

镜像文件涵盖内容很广，网络克隆使用提及到的映像文件一般指 GHO 格式的镜像文件。

Gho 是 Ghost（Ghost 是赛门铁克公司推出的一个用于系统、数据备份与恢复的工具。）工具软件的镜像文件存放扩展名，Gho 文件中是使用 Ghost 软件备份的硬盘分区或整个硬盘的所有文件信息。*.gho 文件可以使用 GHOSTEXP 来浏览、修改或提取文件。

Ghost 能够提供对系统的完整备份和恢复，支持的磁盘文件系统格式包括 FAT、FAT32、NTFS、ext2、ext3、linux swap 等，还能够对不支持的分区进行扇区对扇区的完全备份。

## 三、明确网络克隆的步骤

【知识准备】

网络克隆根据要求不同，其操作方式可能不一样，但是其主体步骤都很相似，下面介绍网络克隆的大体步骤。

### 1. 配置服务器

配置服务器是必须的，一般都是搭建 DHCP 服务器和 Symantec GhostCast 服务器，可以使用传统方式分别搭建，也可以使用很多集成软件进行一次性配置，不管使用哪种方式，其原理都是一样的。

### 2. 制作镜像文件

制作镜像文件可以分为两种方式，一种是制作整盘的镜像，这种方法制作出的镜像文件适用于整盘克隆方式；另一种是制作分区镜像，一般都是制作系统分区，这种方式适用于分区克隆。

制作镜像文件有多种方法，可以使用 MAXDOS 环境制作，也可以通过 WinPE 制作，还可以通过网络克隆方式，客户端将镜像文件上传到服务器。

### 3. 客户端进行恢复或创建镜像

如果要通过网络创建镜像并上传到服务器，就使用创建镜像方法；如果要进行网络克隆，则使用恢复镜像方式。选择方式都在服务器设置好以后，客户机确认即可。

网络克隆在客户机和服务器之间的访问步骤可以如图 5-51 所示。

## 四、克隆前的准备工作

【知识准备】

使用 ghost 方式实现网络克隆需要用到软件工具如表 5-1 所示。

图 5-51　网络克隆访问步骤

表 5-1　　　　　　　　　　　　　克隆主要使用软件相关信息

| 软件工具 | 图　标 | 大　小 |
|---|---|---|
| Symantec Ghost | | 约为 10MB |
| Tftpd32 | | 约为 84KB |
| MAXDOS | | PXE 约为 8KB<br>Sys 系统文件约为 5MB |

### 1. Symantec Ghost

Symantec Ghost 企业版功能十分强大，不仅可以对系统备份、还原等，还包含网络版的所有功能。在网络克隆中，主要用到 Symantec Ghost 企业版的系统备份与网络版的网络克隆两个重要功能。图 5-52 所示为备份功能；图 5-53 所示为网络版功能。

图 5-52　Symantec Ghost 界面

图 5-53　Symantec Ghost 网络版界面

如何获得 Symantec Ghost 企业版呢？用户可以通过 Symantec 官方网站下载或者通过相关门户网站下载。

　　在网络克隆中，使用 Symantec Ghost 的目的是为了创建一个系统镜像，这个系统就是所有克隆的计算机使用的系统。具体创建方法在后面介绍。使用 Symantec Ghost 网络版的目的是将创建好的镜像进行网络克隆。

### 2．Tftpd32

Tftpd32 是一个集成 DHCP、TFTP、SNTP 和 Syslog 多种服务的袖珍网络服务器包，同时提供 TFTP 客户端应用，支持 tsize，blocksize 和 timeout 等，如图 5-54 所示。在网络克隆中，主要使用其中 DHCP 服务功能。当然，用户也可以使用其他软件代替 Tftpd32。

当打开被克隆的计算机后，主板 BIOS 选择网络引导，服务器就会分配 IP 地址，并通过 FTP 协议进行文件传输，从而被克隆的计算机可以从服务器下载相应的引导程序。

### 3．MAXDOS

MAXDOS 是一个 DOS 工具，运行在被克隆的计算机上面。MAXDOS 内置多种网卡驱动，并且拥有带图形的操作界面，集成了网络克隆等各种工具，内置很多常用软件，可以很方便地实现网络克隆。

图 5-54　Tftpd32 窗口

如何在客户机运行 MAXDOS 呢，主要有两种方式。

① 通过 U 盘或者光盘进行引导，将 MAXDOS 放入 U 盘或光盘中，这样每台客户机都必须通过这种方式启动，操作起来比较麻烦。

② 通过网络引导，从服务器端下载 MAXDOS 并运行，这种方式更加方便，但是使用这种方式需主板支持网卡引导。

### 4．局域网连接

被克隆的各个客户机必须连接到同一个局域网内才能进行。如果用户使用路由器连接，那么需关闭路由器的 DHCP 服务功能，否则将不能正常引导；也可以通过交换机将客户端和服务器连接起来，通过服务器的 DHCP 服务器进行 IP 地址分配。

## 五、实现网络克隆

下面通过一个案例介绍如何实现网络克隆。

网络克隆前的基本环境如下。

- 40 台完全相同的机器。
- 全部安装相同的 Windows 7 系统。
- 每个系统安装指定的一些软件。
- 每台机器分区方式也需一样。
- 有 1 台作为服务器， 40 台作为客户机。
- 使用网络克隆方式进行安装。

首先用户需要在客户机中一台安装 Windows 7 操作系统并按照要求进行分区，并且在该台计算机安装所要求的软件，安装拓扑图如图 5-55 所示。

说明　　该计算机上面安装的系统、软件和分区方式将会被克隆到后面的客户机上，因此，用户需检查各个软件、分区、驱动等是否完整，是否符合要求。克隆后各个计算机系统将会和母系统一样，修改起来比较麻烦。

图 5-55　网络克隆结构图

【操作案例 5-4】——准备服务器

准备服务器之前，用户需要准备 tftpd32、Symantec GhostCast 服务器版、MAXDOS（包括 MAXDOS.pxe、MAXDOS.sys 两个文件）这 3 个软件。

① 将 tftpd32、MAXDOS.pxe、MAXDOS.sys 放在同一个目录下面，双击打开 tftpd32（如果是 Windows 7，需要单击右键→以管理员方式运行）软件，如图 5-56 所示。

 此时很可能会弹出网络防火墙的提示窗口，单击【允许访问】选项，否则客户端将不能访问服务器。

② 配置服务器地址，客户端和服务器因属于相同的网络，此处设置网络为 192.168.216.0，掩码为 255.255.255.0。通过单击下拉框选择服务器地址，此处选择 192.168.216.1（如果服务器只处于一个网络中，那么此处只有这一个选项），然后在下面选项卡单击【DHCP 服务器选项】如图 5-57 所示。

图 5-56　运行 Tftpd32 软件

图 5-57　配置服务器地址

③ 弹出 DHCP 服务器参数设置，在起始 IP 地址栏里面输入 192.168.216.2，地址池大小在本案例中填写 100，启动文件填写 MAXDOS.pxe（即准备好的 MAXDOS 文件，必须放在和 tftpd32 相同的目录下），子网掩码填写 255.255.255.0，然后单击保存设置，如图 5-58 所示。

④ 此时 DHCP 服务器已经配置完毕，用户可以通过打开客户机计算机通过网络引导，如果能进入 MAXDOS 系统，说明 DHCP 服务器配置正确。

⑤ 双击打开 Symantec GhostCast 服务器（安装 Symantec 企业版后可以在开始菜单中找到，如图是 Windows 7 系统，需要通过单击右键→以管理员方式运行），如图 5-59 所示。

图 5-58　配置 DHCP 服务器参数　　　　图 5-59　打开 Symantec GhostCast 服务器

**【操作案例 5-5】——制作全盘映像文件**

新购买的计算机一般都没有进行任何分区等操作，这里主要是实现全盘的克隆，客户机的系统分区和母系统一样，如果用户只需要克隆系统分区，可以参考后面将介绍的分区克隆。

① 打开 Symantec GhostCast 服务器后，在会话名称内填写 MAX（此处一定要填写 MAX，因为在后面客户机是通过 MAX 会话名称来访问服务器的），在右边的单选框按钮中选中【创建映像】，如图 5-60 所示。

② 在映像文件右键单击【浏览】按钮，选择创建映像保存在服务器的位置，这里选择到桌面，并为新建的映像文件命名一个名称，这里取名为 image.GHO，然后单击 保存 按钮，如图 5-61 所示。

图 5-60　配置 Symantec GhostCast 服务器　　　　图 5-61　选择镜像存储位置

③ 配置完成后，其他选项都默认设置，配置后效果图如图 5-62 所示，然后单击 接受客户端(A) 按钮。

④ 此时服务器端已经配置好，下一步开始操作客户机，打开安装好 Windows 及相关软件的计算机，开机不要进入 Windows，而是进入 BIOS，选择 PXE 启动，如图 5-63 所示。

⑤ 一段时间后，IP 地址分配成功，可以看到服务器端下面 IP 与 MAC 地址内容，如图 5-64

所示，再过一段时间，服务器将传送 MAXDOS 系统到客户机，在客户端将看到 MAXDOS 启动画面，如图 5-65 所示。

图 5-62　配置 Symantec GhostCast 服务器

图 5-63　客户机使用 PXE 启动

图 5-64　服务器端界面

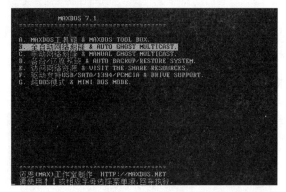

图 5-65　客户端界面

⑥ 使用上下键选择，按 Enter 键确认，在 MAXDOS7.1 界面选择【全自动网络克隆】选项，如图 5-66 所示。一段时间后，弹出窗口，选择【全自动网刻】选项，出现网络克隆界面，Symantec 将自动连接到服务器中的名为 MAX 的任务，自动获取相关的克隆信息，如图 5-67 所示。

图 5-66　MaxDOS 操作界面

图 5-67　连接 Symantec 服务器

说明

如果用户可以成功进入上述画面，那么说明用户在上面配置 DHCP 服务器成功，相反，如果不能成功进行 MAXDOS，说明用户服务器没有配置成功，或者网络连接有误，用户需详细检查网络连接或者服务器配置。

⑦ 一段时间后，连接建立成功，在客户端将看到备份系统的提示，单击 **Yes** 按钮制作镜像，如图 5-68 所示。

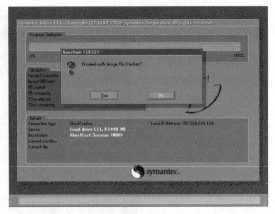

图 5-68　备份全盘镜像提示

⑧ 系统将自动进行镜像制作，客户机将显示镜像制作进度百分比，如图 5-69 所示。相应的服务器端也将显示镜像制作的进度百分比，如图 5-70 所示。

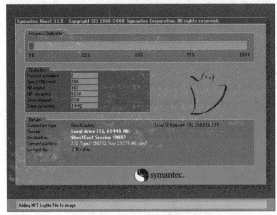

图 5-69　客户端界面　　　　　　　　　　　　图 5-70　服务器端界面

⑨ 制作全盘镜像速度较慢，用户需要等待十几到几十分钟不等。镜像制作完成后，客户机将恢复到 MAXDOS 操作界面，如图 5-71 所示，服务器端提示如图 5-72 所示，并可以在服务器端查看已经克隆好的镜像文件。

图 5-71　客户端界面

图 5-72　服务器界面

【操作案例 5-6】——客户机实现网络克隆

以下操作将在每台客户机进行。

① 打开客户机，进入 BIOS，选择 PXE 启动，客户机将等待服务器分配 IP 地址。

② 一段时间后，IP 地址分配成功，可以看到服务器端下面 IP 与 MAC 地址内容，如图 5-73 所示，再过一段时间，服务器将传送 MAXDOS 系统到客户机，在客户端将看到 MAXDOS 启动画面，如图 5-74 所示。

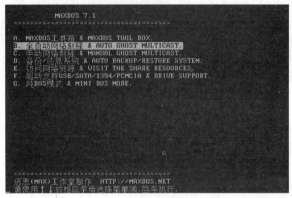

图 5-73　服务器端界面　　　　　　　　　　　　　图 5-74　客户端界面

③ 下面操作客户机，使用上下键选择，按 Enter 键确认，在 MAXDOS7.1 界面选择【全自动网络克隆】选项，如图 5-75 所示。一段时间后，弹出窗口，选择【全自动网刻】选项，出现网络克隆界面，Symantec 将自动连接到服务器中的名为 MAX 的任务，自动获取相关的克隆信息，如图 5-76 所示。

图 5-75　客户端界面　　　　　　　　　　　　　图 5-76　服务器端界面

④ 如果连接建立成功，在客户机上面会显示克隆信息，单击 Yes 按钮，如图 5-77 所示。然后将会弹出覆盖硬盘的警告窗口，单击 Yes 按钮进行覆盖，如图 5-78 所示。

⑤ 此时客户机端将等待服务器发送镜像文件，如图 5-79 所示。在服务器端看到客户机进行了连接，并请求发送镜像文件，单击 发送(S) 按钮进行发送，如图 5-80 所示。

⑥ 发送完成后，系统将自动进行克隆，在客户机上面可以看到克隆进度百分比情况，如图 5-81 所示。相应地，在服务器端也可以看到克隆的进度百分比，如图 5-82 所示。

图 5-77　核对克隆信息

图 5-78　覆盖硬盘提示窗口

图 5-79　等待服务器发送镜像

图 5-80　发送镜像

图 5-81　客户端界面

图 5-82　服务器界面

⑦ 克隆结束后，客户端提示克隆完毕，单击 [Reset Computer] 按钮重新启动计算机，如图 5-83 所示。相应地，服务器端有传送完成的提示，如图 5-84 所示。

⑧ 重启计算机后，系统将自动进入 Windows 系统。克隆完成。

项目五 构建软件系统

图 5-83　客户端界面　　　　　　　　图 5-84　服务器界面

# 六、了解网络克隆的其他方式

【知识准备】

上面介绍的是比较常用的方法，但是用户在实际操作过程中不能满足上面的条件，或者需求不一样，从而克隆的方法可能会不一样，但是克隆的步骤都大同小异，只是在制作映像、服务器设置、客户端设置可能会有一定的变化。下面介绍几种常见的网络克隆需求。

## 1. 客户机不支持网络启动时的网络克隆

如果主板不支持网络启动，那么用户将不能使用 PXE 启动方式进入 MAXDOS，这时用户只能通过其他方式启动电脑并进入 MAXDOS，其方法主要有两种。

（1）客户机带有光驱

由于客户机带有光驱，那么可以使用 MAXDOS 光盘进行启动，具体方法可以参考前面介绍BIOS 启动设置，只是现在启动盘是 MAXDOS，MAXDOS 光盘可以自己刻录或者去商店购买，这里就不详细赘述。

（2）客户机不带光驱

如果客户机即不支持 PXE 启动也不带有光驱，那么用户只能通过 U 盘进行启动，使用 U 盘启动需要制作 U 盘启动镜像，其制作方法可以参考前面使用 U 盘安装 Windows 7。只是镜像文件换成 MAXDOS，MAXDOS 镜像文件可以在相关门户网站进行下载。

## 2. 分区克隆

如果客户机全部都已经分区，现在只需要进行系统分区克隆，如果用上面方法进行克隆将会出错，那么需要在配置服务器中配置 Symantec GhostCast 服务器这一步重新设置一下，具体设置方法如下。

【操作案例 5-7】——制作分区镜像文件

① 打开计算机，通过前面介绍的方法安装 Windows 7 操作系统，并在上面安装指定的软件，该系统作为母系统。

　　该计算机上面安装的系统、软件和分区方式将会被克隆到后面客户机上，因此用户需检查各个软件、分区、驱动等是否完整，是否符合要求。克隆后各个计算机系统将会和母系统一样，修改起来就比较麻烦。

② 在服务器上面安装 Symantec Ghost 软件，安装后运行 Symantec Ghost 软件，如图 5-85 所示。

123

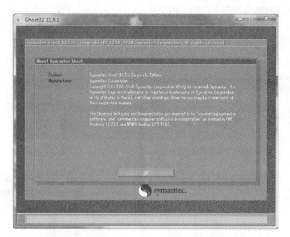

图 5-85　Symantec Ghost 窗口

说明　安装 Symantec Ghost 后，用户可以看到 Symantec Ghost 软件以及 Symantec GhostCast 服务器软件，在这里 Symantec Ghost 主要是进行系统备份，而 Symantec GhostCast 服务器在后面使用进行网络克隆。

用户可以通过开始菜单中 Symantec Ghost 文件夹下找到这两个软件。

③ 单击 ▓▓▓▓ 按钮，出现 Ghost 窗口，依次选择 Local→Partition→To Image 选项，如图 5-86 所示。

④ 单击 To Image 选项，弹出镜像存储位置对话框，选择 OS Volumes 选项，如图 5-87 所示。

图 5-86　选择克隆方式

图 5-87　选择要克隆的磁盘

说明　这里有多个选项，每一个选项表示与本机连接的存储设备，表示要制作存储的镜像，第一个表示本机硬盘，第二个表示 U 盘，第三个表示当前操作系统内的位置，因为要使用该机作为服务器，因此选择第三个选项。用户也可以插入外设将系统镜像保存到其他地方。

⑤ 选择要克隆的分区位置，这里选择系统 C，然后单击 ▓▓▓▓ 按钮，如图 5-88 所示。

⑥ 通过单击按钮选择镜像存放的位置，这里选择除系统分区外的其他分区 D（或 F），如图 5-89 所示。

图 5-88　选择要克隆的分区

图 5-89　选择克隆镜像存储位置

⑦ 选择镜像存放的位置后，命名镜像名称为 image，然后单击 save 按钮，如图 5-90 所示。

⑧ 出现是否压缩文件提示窗口，单击【No】表示不压缩，【Fast】表示快速压缩，【High】表示高质量压缩，这里选择 Fast 选项，如图 5-91 所示。

图 5-90　命名镜像

图 5-91　选择压缩方式

⑨ 出现是否创建镜像文件提示窗口，单击 Yes 按钮创建文件，如图 5-92 所示。

图 5-92　是否创建文件提示

⑩ 出现不能锁定卷提示窗口，这是由于现在创建整个磁盘镜像时，当前正在使用该磁盘而造成的，单击 Force Lock 按钮强制锁定正在使用的文件，如图 5-93 所示。

⑪ 完成设定后，Ghost 将自动制作系统镜像，并将系统镜像保存在 D 盘下，如图 5-94 所示。

图 5-93　锁定卷提示

图 5-94　正在制作镜像

⑫ 一段时间后，镜像制作完毕，通过打开 D 盘找到该镜像 image.GHO。

　　　　制作分区镜像的方法有多重，这里应用的是在运行的操作系统进行制作，这样制作出来的镜像将会携带 symantec 的安装信息。

分区映像制作完毕，下面在服务器端进行操作。

**【操作案例 5-8】——服务器端操作**

① 双击打开 Symantec GhostCast 服务器（安装 Symantec 企业版后可以在开始菜单中找到，Windows 7 用户需单击鼠标右键→以管理员方式运行），如图 5-95 所示。

② 在会话名称中填写 MAX（此处一定要填写 MAX，因为在后面客户机通过 MAX 会话名称来访问服务器），在右侧单击【恢复映像】单选按钮。在映像文件栏右键单击浏览选项，找到上面制作好的映像文件 image.GHO（如果用户是通过其他方式制作的映像，那么可以复制到服务器上面某个目录即可），如图 5-96 所示。

图 5-95　Symantec Ghost 窗口

图 5-96　设置 Symantec GhostCast 服务器

③ 接下来在【磁盘】和【分区】单选框按钮中选择【分区】单选按钮。然后单击右边的 更多选项(O) >> 按钮，展开更多选项的设置，如图 5-97 所示。

④ 在分区下拉框选择第一个分区（即系统分区），磁盘号填写 1，分区号填写 2（这里磁盘号与分区号是根据用户克隆时选择的相对应），将会看到在命令行自动生成相应的命令。配置后效果如图 5-98 所示。

图 5-97　选择分区选项

图 5-98　设置分区选项

⑤ 设置完成后，单击 接受客户端(A) 按钮等待客户端连接，如图 5-99 所示。

⑥ 成功连接后，进行分区克隆，如图 5-100 所示。

图 5-99　配置后参数

图 5-100　进行分区克隆

等待一段时间后，克隆完成，后面出现的画面和上面介绍的一样。用户重启计算机后将会看到指定分区被成功克隆。

### 3. 使用集成软件克隆

由于上面制作镜像、搭建服务器、客户机访问等都比较麻烦，尤其是在搭建服务器环节比较繁琐，因此，现在有很多集成 Tftpd32、Symantec 服务器版、MAXDOS 于一身的克隆软件，这种软件搭建原理和上面介绍的类似，只是将其集成化一个操作界面，用户在使用时更加方便。集成软件种类多、操作方便，缺点是操作不灵活，这里就不详细描述了。

# 任务三　安装和管理应用程序

一台计算机上如果没有安装应用程序，其主要功能将大大受限。应用程序能拓展计算机的应用领域，增强计算机的功能。

# 一、安装应用程序

## 【知识准备】

在 Windows 操作系统平台上能够安装种类丰富的应用程序，每个应用程序的安装过程虽然不尽相同，但是通常需要经历以下几个重要环节。

- 双击软件的安装文件，安装文件的名称一般为 setup.exe 或 install.exe。
- 选择是否接受有关的协议。一般情况下，用户都应选择同意协议。
- 输入用户信息，包括用户名和所在单位名称等。
- 输入软件的安装密钥。
- 确定软件的安装目录。
- 确定软件的安装方式和安装规模。
- 安装程序复制文件。
- 确定是否进行软件注册。

 安装应用程序并不是将程序简单地复制到硬盘上即可，而是要把程序"绑定"到 Windows 中，安装过程中需要设置必要的参数，Windows 还要将相关信息记录下来。

下面以在计算机上安装 QQ 软件为例说明应用程序的安装过程。

## 【操作案例 5-9】——安装 QQ 软件

① 从腾讯官方网站下载 QQ 程序，应用程序包如图 5-101 所示。

② 双击该程序包，启动安装程序，系统弹出【用户账户控制】对话框，单击 是(Y) 按钮继续安装，如图 5-102 所示。

图 5-101　下载的文件

图 5-102　【用户账户控制】对话框

 本例的安装包比较简单，只包含一个文件。对于某些工具软件和大型程序来说，安装软件中会包含许多文件，其中的安装程序名通常为 Setup.exe 或 Install.exe，双击该文件即可进行安装操作了。

③ 安装程序开始检测安装环境，如图 5-103 所示。

④ 在【安装向导】对话框，选中【我已阅读并同意软件许可协议和青少年上网安全指引】复选框，然后单击 下一步(N) 按钮，如图 5-104 所示。

图 5-103 检测安装环境　　　　　图 5-104 【安装向导】对话框

⑤ 在打开的窗口中选取安装的选项以及创建快捷图标的位置，然后单击 下一步(N) 按钮，如图 5-105 所示。

　现在很多软件在安装时都会安装一些附加软件，如图 5-105 所示，这些选项默认状态下都处于选中状态，如果用户不需要安装这些软件，可以手动将其取消。

⑥ 在弹出的窗口中设置程序的安装路径（即安装在磁盘上的具体位置）和个人文件夹的保存位置，然后单击 安装(I) 按钮，如图 5-106 所示。

　默认情况下，系统通常将应用程序安装在 "C:\Program Files" 目录下。但是为了不增大系统盘的开销，建议将程序安装在其他分区中，这时只需要将 "C:" 改为 "D:" 或 "F:" 即可。并且还建议最好将所有应用程序集中安装在同一分区中，以方便管理。

图 5-105 选取安装的软件　　　　　图 5-106 设置安装路径和个人文件夹

⑦ 安装程序开始安装软件，并显示安装进度，如图 5-107 所示。

⑧ 安装完成后，选择是否开机时运行 QQ 程序或立即运行程序选项等，最后单击 完成(F) 按钮完成安装过程，如图 5-108 所示。

图 5-107　显示安装进度　　　　　　　　　　　　图 5-108　安装完成

# 二、掌握软件安装技巧

## 【知识准备】

在软件的安装过程中都会为用户提供许多提示信息，以帮助用户快速、顺利地安装软件。许多用户在安装过程中往往会忽略这些提示信息，而给计算机和软件的正常使用带来问题。

### 1. 安装路径的选择

安装路径的选择可分为保持默认安装路径和新建安装路径两种。

（1）默认安装路径

一般的应用软件在安装过程中都会将软件的安装路径默认为"C:\Program Files\ ***"，如果直接单击 下一步 按钮继续安装软件。这样的安装方式可能会出现以下的问题。

① 随着大量软件的安装，C 盘的空间将会越来越小，同时由于大量软件在 C 盘安装和卸载，将导致 Windows 的启动和运行速度越来越慢。

② 重装系统之后，用户之前安装的软件都将被删除，很多软件都需要重新安装，非常不便。

③ 重装系统之后，依照用户习惯进行的设置都将被删除，这使许多对各个常用软件都进行了自定义设置的用户前功尽弃。

（2）新建安装路径

用户可以自定义安装路径，这样可以避免默认安装带来的问题，同时又可以加强对应用软件的管理。在软件的安装过程中，用户可将输入法、杀毒软件安装在 C 盘。一般的应用软件安装在 C 盘以外的目录下面，如 D 盘。

把软件安装到其他盘后，如果重装系统，许多软件尤其是绿色软件都还能够正常使用。即使需要重新安装该软件，只要选择与以前相同的安装路径，用户做过的设置将重新生效，这点对于使用 Photoshop、Dreamweaver、遨游浏览器等软件的用户非常有用。

### 2. 安装类型的选择

一般来说，当用户安装一个大型软件的时候，会有典型安装、完全安装、最小安装以及自定义安装这几种安装类型供用户选择。

（1）典型安装

这是一般软件的推荐安装类型，选择这种安装类型后，安装程序将自动为用户安装最常用的选项。它是为初级用户提供的最简单的安装方式，用户只需保持安装向导中的默认设置，逐步完成安装即可。用这种方式安装的软件可以实现各种最基本、最常见的功能。

（2）完全安装

选择这种安装类型之后，安装程序会把软件的所有组件都安装到用户的计算机上，能完全涵盖软件的所有功能，但它需要的磁盘空间最多。如果选择了完全安装，那么就能够一步到位，省去日后使用某些功能组件的时候需另行安装的麻烦。

（3）最小安装

在用户磁盘空间比较紧张时，可使用这种安装类型。最小安装只安装运行此软件必须的部分，用户在以后的使用过程中如果需要某些特定的功能，则需要重新安装或升级软件。

（4）自定义安装

选择这种安装类型之后，安装程序将会向用户提供一个安装列表，用户可以根据自己的需要来选择需要安装的项目。这样既可以避免安装不需要的组件，节省磁盘空间，又能够实现用户需要的功能。

3. 附带软件的选择

大多数应用软件在安装过程中都会附带一些其他软件的安装。这里面包括了很多恶意程序和流氓软件，一旦装上后很难彻底卸载。所以用户在安装过程中一定要注意附带软件的选择，如果不确定软件的性质，建议不要安装这些插件。

4. 软件安装的注意事项

软件的安装需要注意以下事项。

（1）是否已经安装过该软件

用户在安装应用软件的时候，要注意以前是否安装过该软件，如果安装过，建议将该软件以前的版本卸载干净后再安装，以防安装出错。如果想同时安装同一个软件的不同版本，在安装时要注意安装路径的选择，不要在安装过程中覆盖了已安装的版本。

（2）是否会发生软件冲突

所谓软件冲突是指两个或多个软件在同时运行时程序可能出现的冲突，导致其中一个软件或两个软件都不能正常工作，特别是一些杀毒软件，如果重复安装，很容易导致软件冲突，使计算机系统崩溃。

用户在安装软件前要检查计算机内是否已经安装了同类型的软件；认真阅读软件许可协议说明书，它会明确指出会与哪些软件发生软件冲突；注意在软件安装过程中出现的提示信息或警告信息。如发现软件冲突，建议安装其他的版本或删除与其发生冲突的软件。

（3）是否是绿色版软件

由于软件技术的飞速发展和人们对软件的要求越来越高，绿色软件应运而生。绿色软件不需要安装，双击启动图标就可运行，可以避免安装某些恶意捆绑的软件。绿色软件具有体积小、功能强、安全性比较高、对操作系统无污染以及占用内存小等优点。

# 三、管理应用程序

通过 Windows 7 的【程序和功能】窗口可以查看系统中已经安装的所有应用程序，还可也对选定的程序进行修复和卸载等操作。

【操作案例 5-10】——管理应用程序

① 在【开始】菜单中选取【控制面板】选项打开【控制面板】窗口，使用【类别】查看方式，如图 5-109 所示。

② 如图 5-110 所示，单击【程序】选项打开【程序】窗口，然后单击【程序和功能】选项，

如图 5-111 所示。

③ 在打开的【程序和功能】窗口中可以查看当前已经安装的所有应用程序，如图 5-112 所示。

图 5-109 【控制面板】窗口

图 5-110 启动【程序】命令

图 5-111 启动【程序和功能】命令

图 5-112 【程序管理】窗口

④ 如图 5-113 所示，选中应用程序（如 QQ 游戏）后，单击 卸载/更改 按钮，随后打开卸载程序窗口，如图 5-114 所示（对于不同的程序，弹出的窗口可能不同），单击 卸载(U) 按钮开始卸载程序。

图 5-113 启动【卸载】命令

图 5-114 卸载程序

⑤ 卸载完成后弹出如图 5-115 所示对话框，单击 完成(F) 按钮完成程序卸载，返回程序窗口可以看到程序列表中已经没有"QQ 游戏"程序了，如图 5-116 所示（与图 5-113 对比）。

图 5-115　卸载完成

图 5-116　卸载程序后的【程序和功能】窗口

当某个应用程序不再使用时，应该将其从系统中卸载（移除），这样可以节省磁盘空间，节省系统资源。卸载程序不是简单地把安装在硬盘上的文件删除，还要删除系统注册表中的注册信息以及【开始】菜单或任务栏中的快捷方式或图标等。

# 任务四　安装硬件设备驱动程序

Windows 7 能帮用户完成大多数设备驱动程序的安装，因此，用户应将重点放在关注如何使用和管理硬件设备上。

## 一、安装外部设备驱动程序

【知识准备】

在计算机上连接的打印机、扫描仪等通常被称为外部设备。要将外部设备正确连接到计算机上，除了硬件上的线路连接外，还要安装驱动程序。

### 1. 认识驱动程序

驱动程序是一种特殊程序，相当于硬件的接口，操作系统通过这个接口访问硬件设备。有了驱动程序，外围设备才能跟操作系统之间正常交流和沟通，同时也能最大程度发挥硬件的功能。相对于其他应用程序，驱动程序运行在系统的最底层，将用户发给计算机的指令传给硬件设备，最终实现用户希望的操作。

在启动应用程序后，Windows 将通过主板驱动程序来协调 CPU、芯片组、硬盘和内存协同工作；通过声卡驱动程序来控制声卡输出音量大小；通过显卡驱动程序来控制屏幕分辨率和刷新频率；通过外设驱动程序接收来自鼠标和键盘的输入信息。

### 2. Windows 7 对驱动程序的管理

与 Windows 其他早期版本相比，Windows 7 在驱动程序的管理上有了非常大的改进，这不仅增加了系统运行的稳定性，还简化了用户的操作。

在 Windows 7 中，驱动程序在用户模式下加载，如果用户手动安装设备驱动程序，一般不需要重新启动系统即可正常使用设备。

完成 Windows 7 安装后，只要用户安装好网卡驱动程序，利用系统的 Windows Update 检查更新，可以通过微软的服务器下载并安装新近发布设备的驱动程序。

下面介绍在 Windows 7 中安装和设置打印机的方法。

**【操作案例 5-11】——安装和设置打印机**

① 将打印机的 USB 接口插入计算机的 USB 接口中，并接通电源。

② 在【开始】菜单中单击【设备和打印机】选项打开【设备和打印机】窗口。

③ 单击工具栏上的 添加打印机 按钮，如图 5-117 所示。

④ 在弹出的【添加打印机】对话框中单击【添加本地打印机】选项，如图 5-118 所示。

图 5-117　添加打印机　　　　　　　　　　　　图 5-118　添加本地打印机

⑤ 在弹出的【添加本地打印机】对话框中选取打印机端口，如图 5-119 所示，目前大多数打印机都是 USB 接口，然后单击 下一步(N) 按钮。

⑥ 从打开的【安装打印机驱动程序】列表中选取正确的打印机厂商和打印机型号（例如 Cannon LBP3010），然后单击 下一步(N) 按钮，如图 5-120 所示。

图 5-119　选取接口　　　　　　　　　　　　图 5-120　选取打印机品牌和型号

说明

如果列表中没有当前安装的打印机信息，则单击 [从磁盘安装(H)...] 按钮，再选取打印机驱动程序所在的路径。不过 Windows 7 收集了大部分打印机的驱动程序，能满足大多数打印机的安装要求。

⑦ 在图 5-121 中输入打印机名称，然后单击 [下一步(N)] 按钮。

⑧ 系统开始安装驱动程序，如图 5-122 所示。

图 5-121 设置打印机名称　　　　　　　图 5-122 安装打印机

⑨ 选择是否将这台打印机设置为默认打印机，单击 [打印测试页(P)] 按钮打印测试页，测试打印机是否能正常工作，如图 5-123 所示。最后单击 [完成(F)] 按钮完成打印机的安装。

⑩ 再次在【开始】菜单中单击【设备和打印机】选项打开【设备和打印机】窗口，可以看到刚刚安装完成的打印机，如图 5-124 所示。

图 5-123 设置默认打印机和打印测试页　　　图 5-124 完成打印机安装

## 二、手动安装驱动程序

虽然 Windows 7 能智能安装大部分硬件设备的驱动程序。但是对于一些特殊设备以及高端设备，Windows Update 检查更新并不一定能正确安装。这时就需要用户手动安装。

下面以蓝牙设备通用驱动程序的安装为例说明手动安装驱动程序的方法和步骤。

【操作案例 5-12】——安装蓝牙设备通用驱动程序

① 以"蓝牙通用驱动程序"为关键字，搜索并下载安装软件。

② 双击驱动程序安装文件"setup.exe"，启动程序安装，如图 5-125 所示。

③ 在【用户账户控制】对话框中单击 是(Y) 按钮，如图 5-126 所示。

图 5-125　启动安装程序　　　　　　　　　图 5-126　【用户账户控制】对话框

④ 系统开始启动安装程序，如图 5-127 所示。

⑤ 在弹出的安装向导对话框中单击 下一步(N) 按钮，如图 5-128 所示。

图 5-127　启动安装程序　　　　　　　　　图 5-128　安装向导 1

⑥ 在弹出的对话框中选中【我接受该许可协议中的条款】，如图 5-129 所示。

⑦ 在弹出的对话框中单击 更改(C)... 按钮，如图 5-130 所示。

图 5-129　安装向导 2　　　　　　　　　　图 5-130　安装向导 3

⑧ 在弹出的对话框中设置安装路径（通常只需要修改磁盘分区即可，例如将 C：改为 F：），然后单击 [确定] 按钮，如图 5-131 所示。

⑨ 在弹出的安装向导对话框中单击 [下一步(N) >] 按钮，如图 5-132 所示。

图 5-131 安装向导 4

图 5-132 安装向导 5

⑩ 在弹出的对话框中单击 [安装(I)] 按钮开始安装，如图 5-133 所示。

⑪ 系统开始安装启动程序，并显示安装进度，如图 5-134 所示。

图 5-133 安装向导 6

图 5-134 安装向导 7

⑫ 系统多次弹出【Windows 安全】对话框，单击【始终安装此驱动程序软件】选项，如图 5-135 所示。

⑬ 安装完成后，在图 5-136 中单击 [完成(F)] 按钮。

图 5-135 【Windows 安全】对话框

图 5-136 完成安装

# 小　结

　　本项目主要介绍安装 Windows 7 操作系统的过程、安装硬件驱动程序的方法、常用应用软件的安装以及软件安装的常见问题及注意事项。通过本项目的学习，读者应该认识到在软件的安装过程中，同一类型软件的安装方法具有相似性，掌握其中一种软件的安装方法，其他同类型软件的安装也就迎刃而解了。本项目还介绍了网络克隆的概念，网络克隆的相关原理。并通过两个实例对网络克隆进行介绍。学习完本项目后，读者应该掌握网络克隆的原理以及安装方法，并且能够在不同环境下选择不同的安装方法。

# 习　题

1．硬盘中主分区、扩展分区和逻辑分区三者之间的关系是什么？
2．简述安装应用软件的常规方法。
3．软件安装时的常见问题和注意事项有哪些方面？
4．给自己的计算机安装 Windows 7 操作系统。
5．给自己的计算机安装 Office 2010。
6．简要说明网络克隆的目的和用途。
7．网络克隆需要哪些软硬件环境？
8．动手实践操作完成网吧或机房中计算机的网络克隆操作。

# 项目六
# 选购常用外围设备

计算机作为一种多功能的电子设备，其外围设备产品相当丰富，不管是在多媒体视听应用方面，还是在图形图像的输入/输出方面，都可以为不同的用户提供多种选择。本项目将介绍常用计算机外围设备的基本知识及其选购技巧。

**学习目标**

了解计算机外围设备的基础知识。

掌握音箱、打印机等常用外围设备的主要性能指标。

掌握音箱、打印机等常用外围设备的选购原则。

## 任务一　熟悉计算机外围设备基础知识

外围设备是计算机和外部世界联系与沟通的桥梁，是计算机系统不可缺少的组成部分。对于计算机用户来说，直接接触最多的便是外围设备。

### 1. 明确外围设备的分类

计算机外围设备的种类很多，一般按照对数据的处理功能进行分类，主要包括输入/输出设备、外存储器设备、多媒体设备以及网络通信设备等，如图 6-1 所示。

**【知识准备】**

（1）输入设备

输入设备是人和计算机之间最重要的接口，其主要功能是把原始数据和处理这些数据的程序、命令通过输入接口输入到计算机中。因此，凡是能把程序、数据和命令送入计算机进行处理的设备都是输入设备。

由于需要输入到计算机的信息多种多样，如字符、图形、图像、语音、光线、电流、电压等，而且各种形式的输入信息都需要转换为二进制编码，才能为计算机所利用，因此，不同输入设备在工作原理、工作速度上相差很大，这是需要特别注意的。

输入设备包括字符输入设备（如键盘、条形码阅读器、磁卡机）、图形输入设备（如鼠标、图形数字化仪、操纵杆）、图像输入设备（如扫描仪、传真机、摄像机）以及模拟量输入设备（如模—数转换器、话筒；模—数转换器也称作 A/D 转换器）等。

图 6-1　计算机外围设备的分类

（2）输出设备

输出设备同样是十分重要的人机接口，它的功能是用来输出人们所需要的计算机的处理结果。输出的形式可以是数字、字母、表格、图形和图像等。最常用的输出设备是各种类型的显示器、打印机和绘图仪，以及 X-Y 记录仪、数—模（D/A）转换器、缩微胶卷胶片输出设备等。

（3）外存储器设备

在计算机系统中除了计算机主机中的内存储器（包括主存和高速缓冲存储器）外，还应有外存储器，简称"外存"。外存储器用来存储大量的暂时不参加运算或处理的数据和程序，因而允许较慢的处理速度。在需要时，它可以成批地与内存交换信息。它是主存储器的后备和补充，因此称它为"辅助存储器"。

 外存的特点是存储容量大、可靠性高、价格低，在脱机情况下可以永久地保存信息，进行重复使用。

外存按存储介质可分为磁表面存储器和光存储器。现在人们使用的磁表面存储器主要是磁盘和磁带。微机上使用的主要是硬磁盘存储器和软磁盘存储器。光盘存储器作为一种新型的信息存储设备已经在微机上普及。目前，可移动磁盘也开始在微机系统中使用，为用户提供了很大的方便。

（4）多媒体设备

现代社会是信息爆炸的时代，文字、图形、图像、语音等各种信息大量产生，人类要利用各种各样的信息，要求计算机能够处理各种不同形式的信息，多媒体设备就应运而生。多媒体设备的功能是使计算机能够直接接收、存储、处理各种形式的多媒体信息。

现在市面上出售的微型计算机（PC）几乎都是多媒体计算机。多媒体计算机必须配置的基本多媒体设备除已列在外存储器中的 CD-ROM 或 DVD-ROM 外，还应有调制解调器（Modem）、声卡和视频卡。其他多媒体设备包括数码相机、数码摄像机和 MIDI 乐器等。

多媒体技术是一门迅速发展的新兴技术，新的多媒体设备在不断产生，各种多媒体技术标准正在逐步建立。各种已有的多媒体设备的性能和技术指标也在不断地改进和提高，本书仅对现有的主要多媒体产品进行介绍。

（5）网络与通信设备

21 世纪人类进入了信息社会。从 20 世纪 90 年代中期开始，世界各国都开始努力进行信息化基础设施的建设。Internet 迅速普及，政府上网、企业上网、学校上网……，网络和通信技术获得了前所未有的大发展。为了实现数据通信和资源共享，需要有专门的设备把计算机连接起来，实现这种功能的设备就是网络与通信设备。

目前的网络通信设备包括调制解调器、网卡以及中继器、集线器、网桥、路由器、网关等。

**2．了解计算机外围设备的连接方式**

计算机系统所配置的外围设备种类繁多，它们不仅在工作速度上与 CPU 相差很大，而且在数据表示形式上与计算机主机内部的形式也不一样。

**【知识准备】**

（1）外围设备与中央处理器之间的信息传输

外围设备与中央处理器之间传输的信息种类有地址信息、数据信息、状态信息和控制信息。

数据传输的控制方式有同步和异步两种。同步传输是指各外围设备都在统一的节拍下进行数据传输，异步传输则根据回答信号决定传输周期。如果传输时间短于一个节拍，同步传输是一种浪费；而异步传输能充分地利用 I/O 通道上的工作时间。

传输的方式有程序查询传输、程序中断传输、直接存储器传输和 I/O 处理机传输。在小型机和微型机中，多采用程序查询传输、程序中断传输和直接存储器访问方式；而在大型机、中型机和高档小型机中一般采用 I/O 处理机传输方式。

无论采用哪一种控制方式和传输方式，都需要相应的控制逻辑电路和信息通道来实现。外围设备与计算机连接的一般模式如图 6-2 所示。

图 6-2　外围设备与计算机连接的一般模式

（2）外围设备与 PC 连接的接口

主机与外围设备之间是通过接口来交换信息的，每一台外围设备都有各自的接口。接口也称适配器（adapter）、设备控制卡（device control card）或输入/输出控制器。

图 6-3 所示为主机与外围设备连接的一般原理图。从图中可以看出，主机（包括 CPU、内存

的 RAM 和 ROM）是通过总线与外设接口相连接的。通过这个原理图可以分析接口的基本功能和工作过程。

图 6-3　主机与外围设备连接的一般原理图

（3）外设接口的基本功能

尽管不同外设接口的组成及任务各不相同，但它们要实现的基本功能大致相同。一般说来，任何外设的接口都必须具有下列基本功能。

① 实现数据缓冲。因为主机传输数据的速率要远远快于外设，两者之间的速率不匹配。为了尽量减少这种速率之间的不匹配，在外设的接口中，一般都设置若干个数据缓冲寄存器，在主机与外设交换数据时，先将数据暂存在该缓冲寄存器中，然后输出到外围设备或输入到主机中。

② 记录外设的工作状态。主机是根据外设的工作状态来管理外设的，因此，在设备的接口中必须有记录该设备工作状态的状态寄存器。外设的状态一般设为"空闲"、"忙"、"就绪" 3 种之一。

③ 能够接收主机发来的各种控制信号，以实现对该设备的控制操作。为此，在设备中应设置设备控制寄存器，用以存储主机发送来的控制信号。

④ 能够判断主机是否选中本接口及本接口所连接的外围设备。一台计算机所连接的外围设备可能很多，例如键盘、鼠标、显示器、打印机、音箱等。每台设备有各自的设备号，也称设备地址。主机就是通过发送设备地址来标识设备的。因此，在接口中有识别设备地址的设备译码器。

⑤ 实现主机与外设之间的通信控制，包括同步控制、中断控制等。为此，在接口中必须包含实现这些控制功能的控制逻辑电路。

**3. 明确外围设备的发展趋势与方向**

目前，计算机技术的飞速发展使计算机系统朝着巨（高性能巨型机）、微（微型化的笔记本计算机、掌上电脑）、网（网络计算机）、智（智能化计算机）、多（多媒体计算机）的方向发展，这使得计算机的外围设备也必须要与其相匹配。

**【知识准备】**

（1）大型高性能和小型、微型的高性能、易维护、低价格

目前，运行速度达每秒几千亿次的大型高性能巨型机已经在运行，运行速度为每秒几万亿次的大型高性能巨型机也在研制之中，这些大型高性能的巨型机其内存容量都在几千兆字节以上，这就要求有大型高性能的外围设备与之相匹配。因此在巨型机系统中，大容量的磁表面存储器、

光存储器和激光打印机等获得了很大的发展。

计算机的微小化是指利用微电子技术和超大规模集成电路技术,把计算机的体积进一步缩小,价格进一步降低。计算机的微小化已成为计算机发展的重要方向,各种笔记本计算机和掌上电脑的大量面世和使用是计算机微小化的一个标志。

计算机向微小化发展要求有微型的外围设备与之配套,所以具有这类特点的外围设备迅速发展,如大小为 2.5/1.8 英寸容量达几十吉字节的硬盘驱动器以及小型激光打印机等。

（2）电子化和智能化

为了适应上述发展的要求,外围设备正在向电子化和智能化的方向发展,如尽量减少外围设备中机械部件的比重,采用辅助电机和大规模/超大规模集成电路器件代替,使其结构简单化。

外围设备的控制采用微处理器、单片机和专用大规模集成电路器件,使外围设备具有处理机的功能。这样不仅使外围设备的体积缩小,增强了功能,提高了可靠性,而且降低了成本。这些特点在打印机、显示器、磁盘存储器、扫描仪中体现得十分明显。

（3）多种技术并存

在外围设备的各个领域中,包括输入/输出设备、外存储器设备和显示终端,到目前为止,还没有哪一种技术能够完全满足各类用户的不同使用需求。实际上,一种技术无论从技术本身还是从成本上均有长有短,不可能都好。即使是一种全新的技术也有一个发展过程,不可能立即代替现有技术,同时原有设备也在改进。

因此,各种技术相互竞争、相互促进,并行发展是外围设备技术发展的必然趋势,这种趋势短期内不会停止。例如,近 10 年虽然出现了激光打印机和光盘存储器,但针式打印机和磁盘仍然在使用和发展,而且将在外围设备技术中继续占据重要的地位。

# 任务二　选购音箱

音箱作为多媒体应用的一种重要的输出设备,其性能的好坏直接决定了多媒体声音的播出效果和听觉感受。

【知识准备】

### 1. 熟悉音箱的性能参数

音箱性能的好坏是由其各项参数共同决定的,所以在选购音箱之前,首先应了解其各项性能参数的真实含义。图 6-4 所示为常见音箱的性能参数表。

图 6-4　音箱的性能参数表

（1）功率

功率决定音箱所能发出的最大声音强度，它主要有两种标注方式：额定功率和峰值功率。

① 额定功率：指在额定频率范围内给扬声器一个规定了波形的持续模拟信号，扬声器能够长时间正常工作的最大功率值。

② 峰值功率：指在扬声器不发生损坏的条件下瞬间能达到的最大功率值。

（2）失真度

指声音的电信号转换为声波信号过程中的失真程度，用百分数表示，越小越好。一般允许的范围是 10% 以内，建议最好选购失真度在 5% 以下的音箱。

（3）信噪比

指音箱回放的正常声音信号与无信号时噪声信号的比值，用分贝（dB）表示。信噪比数值越高，噪声越小。一般音箱的信噪比不能低于 80dB，低音炮的信噪比不能低于 70dB。

（4）频响范围

频响范围是频率范围和频率响应的全称。这两个概念有时并不区分，就叫做频响。

① 频率范围：指音响系统能够回放的最低有效频率与最高有效频率之间的范围，单位是赫兹（Hz）。

② 频率响应：指音箱产生的声压和相位与频率的相关联系变化，单位是分贝（dB）。它是考查音箱性能优劣的一个重要指标，决定音箱的性能和价位，其分贝值越小，说明音箱的频响曲线越平坦、失真越小、性能越高。

（5）阻抗

输入阻抗指输入信号的电压与电流的比值，高于 16Ω 的是高阻抗，低于 8Ω 的是低阻抗。阻抗太高或太低都不好，一般选购标准阻抗为 8Ω 的音箱。

### 2．明确音箱的分类

音箱通常可以按照以下几种标准进行分类。

（1）按使用场合分

按使用场合可分为专业音箱与家用音箱。

① 专业音箱。专业音箱的灵敏度高、声压高、功率大。这类音箱一般用于歌舞厅、卡拉 OK 厅、影剧院、会堂和体育场馆等专业文娱场所，如图 6-5 所示。

图 6-5　专业音箱

② 家用音箱。家用音箱一般用于家庭放音，其特点是放音音质细腻柔和，外型较为精致、美观，放音声压级不太高，功率相对较小。这类音箱如图 6-6 所示。

（2）按有源和无源分

按有源和无源可分为有源音箱和无源音箱。

① 有源音箱。有源音箱由于内置了功放电路，使用者不必考虑与放大器匹配的问题，同时也便于用较低电平的音频信号直接驱动。有源音箱通常标注了内置放大器的输出功率、输入阻抗和

输入信号电平等参数，如图6-7所示。

图6-6　家用音箱

图6-7　有源音箱

　　② 无源音箱。无源音箱即是我们通常采用的内部不带功放电路的普通音箱。无源音箱虽不带放大器，但常常带有分频网络和阻抗补偿电路等。无源音箱一般标注阻抗、功率及频率范围等参数。目前流行的无源音箱如图6-8所示。

图6-8　无源音箱

　　（3）按音箱的数量分

　　按音箱的数量可分为2.0音箱（见图6-9）、2.1音箱（见图6-10）、4.1音箱（见图6-11）、5.1音箱（见图6-12）和7.1音箱（见图6-13）。

图6-9　2.0音箱　　　　　　　　　　　　　图6-10　2.1音箱

图6-11　4.1音箱　　　　　图6-12　5.1音箱　　　　　图6-13　7.1音箱

**说明**

X.1 结构的音箱通过多个环绕音箱(也叫卫星箱)来提供更为准确和丰富的声场定位，数字 X 代表环绕音箱的个数：2 是双声道立体声，一般用 R 代表右声道，L 代表左声道；4 是四点定位的四声道环绕，用 FR 代表前置右声道，FL 代表前置左声道，RR 代表后置右声道，RL 代表后置左声道；5 是在四声道的基础上增加了中置声道，用 C 表示；而其中".1"声道，则是一个专门设计的超低音声道，也就是我们平常所说的低音炮。

**【技能训练 6-1】——掌握音箱的选购要领**

音箱的品牌相当多，而不同音质和材质的音箱，其价格相差也很大，所以在选购音箱时应根据实际需要选择适合自己的音箱。

**1. 音箱的外壳的选择**

购买音箱时，时尚好看的外观是用户选择的重要参考因素。音箱的外壳不外乎有木质和塑料两种材料，由于强度差别和共振效果，木制外壳明显好于塑料的，但售价也略高。木质音箱外观分别如图 6-14 和图 6-15 所示。由于各厂家在对成本的考虑以及技术与加工水平方面的不同，同样是木质音箱，也会有很大的差别。

图 6-14　木质音箱 1　　　　　　　　　图 6-15　木质音箱 2

**说明**

在选购木质音箱时，应尽量选择体积较大、重量较重的。另外，可以查看音箱表面是否光滑平整，箱体表面接缝是否严密。用力敲击箱体，若发出的声音铿锵有力，说明材质质量较好，若发出的声音较空洞，则说明材质密度不大，厚度不够，内部吸音效果不好。

选购音箱时不应只关注木质音箱，塑料音箱不仅在价格上有较大优势，而且外观时尚漂亮，若厂家技术水平较好，音质方面也不会输于木质音箱，其外观如图 6-16 所示。

图 6-16　具有漂亮外观的塑料音箱

**2. 注重实际效果**

对于音箱的功率，通常商家为了迎合消费者的心理，会将功率标得很大，所以在选购时要以额定功率为准。此外，音箱的功率与电源变压器有很大的关系，通常功率越大，变压器也越大，所以音箱也越重。

对于音箱的失真度、信噪比和频响范围等，应通过现场试音来验证，通过播放不同类型的音乐和调节不同的音量大小以及使用不同品牌和档次的音箱来进行对比感受。

### 3．考虑空间大小

空间的大小对音箱回放声音的音质也有较大的影响，应根据居室空间的大小选购功率适宜的音箱，对于普通 $20m^2$ 左右的房间，音箱具有 60W 功率（即有效输出功率为 30W×2）就已经足够。

另外，在音箱的体积方面，还应考虑计算机桌面空间的大小以及携带是否方便，对于笔记本计算机用户而言，可选购时尚小巧的便携式音箱，如图 6-17 所示。

图 6-17　具有时尚外观的便携式音箱

# 任务三　选购打印机

打印机是将计算机中的文字或图像打印到相关介质上的一种输出设备，在办公、财务等领域应用广泛。

【知识准备】

### 1．明确打印机的分类

从打印原理来看，市面上常见的打印机有喷墨打印机、激光打印机和针式打印机。

（1）喷墨打印机

喷墨打印机按工作原理又可分为固体喷墨打印机和液体喷墨打印机两种类型，而常见的是液体喷墨打印机。喷墨打印机通过喷嘴将墨水喷到打印纸上，实现文字或图形的输出。图 6-18 和图 6-19 所示为常见的喷墨打印机。

在彩色打印方面，喷墨打印机可以使用多种颜色的墨水，可以应用到专业彩色图形图像输出的工作环境。图 6-20 所示为常用彩色喷墨打印机的供墨系统。

图 6-18　惠普彩色喷墨打印机　　图 6-19　爱普生彩色喷墨打印机　图 6-20　彩色喷墨打印机的供墨系统

> **说明** 喷墨打印机具有购机成本较低、体积较小、打印颜色丰富等特点，但打印使用的墨水等耗材比较昂贵，特别是对于一些专业打印机所用的耗材。另外，喷墨打印机的打印速度较慢，还应经常保持使用状态，并定期对其进行维护和保养，以防止墨水凝固堵塞喷嘴。

**（2）激光打印机**

激光打印机的主要部件为装有碳粉的感光鼓和定影组件两部分。打印时，感光鼓接收激光束，产生电子以吸引碳粉，然后印在打印纸上，再传输到定影主件加热成型。

激光打印机也可分为黑白激光打印机和彩色激光打印机两种类型。图 6-21 和图 6-22 所示为常见的激光打印机。在彩色打印方面，虽然激光打印机的色彩没有喷墨打印机丰富，但打印成本较低，而且随着技术水平的提高，彩色激光打印机的打印效果也越来越接近真彩。

图 6-21 HP 黑白激光打印机

图 6-22 三星彩色激光打印机

> **说明** 激光打印机不管是在黑白打印还是在彩色打印方面，都具有打印成本低、打印速度快、打印精度高、对纸张无特殊要求以及低噪声等特点。

**（3）针式打印机**

针式打印机也称为点阵式打印机，是一种机械打印机，其工作方式是利用打印头内的点阵撞针撞击色带和纸张以产生打印效果。图 6-23 所示为常见的针式打印机。

针式打印机具有结构简单、价格适中、形式多样和适用面广等特点，主要应用于打印工程图、电路图等工程领域，以及需要同时打印多份票据、报表的场合。

图 6-23 联想 DP600+针式打印机

以上 3 种打印机的优缺点对比如表 6-1 所示。

表 6-1                            3 种打印机的优缺点

| 打印机类型 | 优　点 | 缺　点 |
|---|---|---|
| 喷墨式打印机 | 支持彩色打印，打印速度介于针式打印机和激光打印机之间，并且购机价格较低，颜色丰富 | 耗材较贵、必须定期维护 |
| 激光打印机 | 打印时噪声小、速度快。可以打印高质量的文字及图形，可以打印大量数据，且打印成本低廉 | 不适用于阴冷潮湿的环境 |
| 针式打印机 | 可以使用多种纸型，牢固耐用，耗材价格较低 | 分辨率较低且打印速度慢，不适合打印大量文件以及打印质量要求较高的场合 |

> **说明** 照片打印机如图 6-24 所示，是一种可以进行数码照片级别的打印设备，其中增加了液晶显示和读卡器数码控制线路，用户可以不通过计算机直接在打印机上打印存储卡甚至数码相机上的照片。墨滴体积的大小是照片打印机的关键技术指标，直接影响着最

终的打印品质。

图 6-24 照片打印机

### 2. 熟悉打印机的接口类型

目前，世界上比较有名的打印机生产商主要有惠普、爱普生、佳能和三星，用户可根据不同的需要选择不同的型号。为了方便用户使用，打印机提供了多种不同类型的接口，主要有 LTP、USB、SCSI 和无线接口这 4 种。

（1）LPT 并口

LPT 接口也称为并行接口，简称并口。每块计算机主板上都有一个 LPT 接口，采用 LPT 接口的打印机通用性高。在 USB 接口的打印机出现之前，几乎所有打印机都是采用 LPT 接口。但是 LPT 接口速度慢，随着 USB 接口的出现，LPT 接口的打印机逐渐减少。

（2）USB 接口

USB 接口的打印机因为支持热插拔和即插即用，使用非常方便，在目前得到广泛应用。USB接口传输速率比 LPT 接口速率快，并且安装简单，通用性也好，所以迅速代替了 LPT 接口，成为现在的主流接口形式。

（3）SCSI 接口

SCSI 接口传输速率快，一般用在高档专业的打印机上，但是需要在计算机上再安装一块 SCSI卡，导致成本上升，并且安装复杂，所以现在应用较少，只有少数的专业打印机还在采用这种 SCSI接口。

（4）无线接口

随着无线技术的发展，打印机也用上了无线接口。无线接口的好处就是无需任何电缆连接，通过无线电波就可以实现打印机与计算机（或其他设备）之间数据的传输，简化了数据线的连接。无线接口通常有红外线和蓝牙这两种接口形式。

① 红外线接口　红外线接口的外部传输速率最高是 115.2kbit/s，通信距离最长约为 1m，两个设备红外接口只能在 30° 角范围内活动，如果两个红外接口距离过长、偏差太大或中间被物体隔断，就会出现数据传输中断的故障。尽管红外接口有这么多缺点，但是因为红外传输技术成熟，很多设备都支持并随机都带有红外线接口，且成本低，这种打印机非常适合与移动或手持设备连接使用。

② 蓝牙　蓝牙用微波作为传输载体，是爱立信公司率先开发的一种短距离无线连接技术，提供两台以上带有蓝牙芯片或适配器的设备进行无线连接，通信距离最长大约 10m（增加功率可以达到 100m），无方向性（不受角度或固体遮蔽物影响），可实时进行数据传输，传输速率理论值是 1Mbit/s（蓝牙 2.0 规格的传输速率将达到 12Mbit/s），蓝牙比起红外线来说有许多优势，但是成本高，支持的设备少，目前应用还不是很广泛。

### 3. 认识激光打印机

激光打印机是目前应用最广泛的打印机，在逻辑结构上可分成 6 大系统，分别是供电系统（Power System）、直流控制系统（DC controller System）、接口系统（Formatter System）、激光扫描系统（Laser/Scanner System）、成像系统（Image Formation System）以及搓纸系统（Pick-up/Feed System），其中最重要的就是成像系统。

（1）激光打印机的功能结构

激光打印机从功能结构上分为打印引擎和打印控制器两大部分。打印控制器实际上是一台功能完整的计算机，包括通信接口、处理器、内存和控制接口4大基本功能模块，一些高端机型还配置了硬盘等大容量存储器。

通信接口负责与计算机进行数据通信；内存用以存储接收到的打印信息和解释生成的位图图像信息；控制接口负责引擎中的激光扫描器、电机等部件的控制和打印机面板的输入/输出信息控制；而处理器是控制器的核心，所有的数据通信、图像解释和引擎控制工作都由处理器完成。

打印引擎的结构如图6-25所示，包括激光扫描器、反射棱镜、感光鼓、碳粉盒、热转印单元和走纸机构等几大部分组成。

彩色激光打印机与黑白激光打印机最大的区别是在引擎结构上。彩色激光打印机采用了 C（Cyan，蓝色）M（Magenta，品红）Y（Yellow，黄色）K（Black，黑色）4色碳粉来实现全彩色打印，因此，对于一页彩色内容中的彩色要经过CMYK调和实现，一页内容的打印要经过CMYK的4色碳粉各1次打印过程。

从理论上讲，彩色激光打印机要有4套与黑白激光打印机完全相同的机构来实现彩色打印过程。彩色激光打印机的基本结构如图6-26所示，与黑白激光打印机基本相同，在打印控制器、接口、控制方式和控制语言方面完全相同，因此，在数据传输、数据解释和打印控制流程方面也基本一样。

图6-25　打印引擎的结构

图6-26　彩色激光打印机的基本结构

（2）彩色打印机上的主要耗材

从彩色激光打印机的结构上看，彩色激光打印机的耗材（需定期更换的部件）如下。

- 4个颜色的碳粉盒。
- 1个感光鼓或感光带。
- 1个充电单元。
- 1个定影器。
- 1个调和油盒。
- 1个废墨瓶。

其中碳粉盒是更换频率最高的耗材，感光鼓或感光带也是更换频率较高的耗材，同时也是价格最高的耗材。但相对于彩色喷墨打印机，彩色激光打印机耗材的寿命非常长，从而使它的单页打印成本大大降低。

**4. 明确打印机的性能参数**

对于不同类型的打印机，标注的性能参数也有所不同，其共有的性能参数主要有打印速度、分辨率和内存。

（1）打印速度

对于喷墨打印机和激光打印机，打印速度是指打印机每分钟打印输出的纸张页数，单位用P/min（Pages Per Minute）表示。

对于针式打印机，打印速度通常指单位时间内能够打印的字数或行数，用"字/秒"或"行/分"标识。

（2）分辨率

分辨率又称为输出分辨率，是指在打印输出时横向和纵向两个方向上每英寸最多能够打印的点数，通常以"点/英寸"（dot per inch，dpi）表示。打印分辨率是衡量打印机打印质量的重要指标，它决定打印机打印图像时所能表现的精细程度和输出质量。

（3）内存

打印机中的内存用于存储要打印的数据，其大小是决定打印速度的重要指标，特别是在处理数据量大的文档时，更能体现内存的作用。目前主流打印机的内存主要为 8～16MB，高档打印机有 32MB 或更高。

**【技能训练 6-2】——掌握打印机的选购要领**

打印机的品牌很多，而各品牌的产品又有不同的类型和性能。在选购打印机时，可以参考以下原则。

**1. 选择知名品牌的产品**

知名品牌的打印机质量有保证，售后服务一般较好，通常保修时间为 1 年，而且耗材也比较容易购买。目前市场上知名的打印机品牌主要有联想、惠普、三星、爱普生、松下、富士通、佳能等。

**2. 根据用途选择打印机类型**

根据应用场合选择不同类型的打印机。如果需要打印票据等，应选用针式打印机；如果需要快速打印数量较多的内容，则应选用激光打印机；如果是在家庭使用，打印数量有限，一般购买比较便宜的喷墨打印机即可。

根据是否需要打印彩色图像选择黑白或彩色打印机，一般彩色打印机在机器价格和耗材价格上都比黑白打印机贵，所以在选购时应仔细考虑。

**3. 选择性能适宜的产品**

对于同种类型但性能不同的打印机，价格上会有较大差别，在选购时不应盲目追求高性能，而应根据打印需要选择性能适宜的产品。如在分辨率方面，对于文本而言，600 像素的分辨率就已经达到相当出色的打印质量；而对于照片而言，更高的分辨率可以打印更加丰富的色彩层次和更平滑的中间色调过渡，所以通常需要打印机具有 1 200 像素以上的分辨率。

**【技能训练 6-3】——激光打印机的正确使用**

掌握正确的使用和维护方法，加强日常维护管理，对提高打印机的使用效率，延长使用寿命，具有十分重要的意义。

### 1. 正确选用复印纸

选择好激光打印机用的纸张很重要。为了确保进纸顺畅，纸张必须干净而且精确地裁切，最好选用静电复印纸，太薄或太厚的纸张都容易造成卡纸，潮湿的纸张无法正确进纸，纸张在使用前，不要直接放入纸盒，应将纸张打散，纸盒不要装得太满，且纸张必须保持干净，不能有纸屑、灰尘或其他硬物，以免带入机内，刮伤感光鼓等部件。

### 2. 正确选用打印硒鼓

打印硒鼓是激光打印机中最常用的耗材，不同型号的激光打印机所使用的硒鼓是不同的。所以，要选择同打印机相匹配的硒鼓，不要选用其他型号打印机的耗材，以免损坏机器。

### 3. 正确安装与存放硒鼓

安装硒鼓时，首先要将硒鼓从包装袋中取出，摆动 6～8 次，以使碳粉疏松并分布均匀，然后完全抽出密封条，再以硒鼓的轴心为轴转动，使墨粉在硒鼓中分布均匀，这样可以使打印质量提高。新购置的硒鼓要保存在原配的包装袋中，在常温下保存即可。切记不要让坚硬的物体磕碰到硒鼓，也不要让阳光直接曝晒硒鼓，否则会直接影响硒鼓的使用寿命。

### 4. 其他正确使用事项

激光打印机的放置环境要注意通风。不能把打印机放在阳光直射、过热、潮湿或有灰尘的地方。激光打印机要在计算机启动之后打开电源，否则先开打印机的话，电脑开机会再启动一次打印机，造成额外损耗。

# 任务四　选购扫描仪

对于现有的图书或图像资料，若想将其缩小体积保存或发送到另一处，最方便快捷的方法就是使用扫描仪对其进行扫描，并以图片的形式保存到计算机中或按需要使用网络进行发送。

【知识准备】

### 1. 明确扫描仪的类型

根据扫描原理的不同，可以将扫描仪分为很多类型，一般常用的扫描仪类型有平板式扫描仪、便携式扫描仪和滚筒式扫描仪。

（1）平板式扫描仪

平板式扫描仪在扫描时由配套软件控制扫描过程，具有扫描速度快、精度高等优点，广泛应用于平面设计、广告制作、办公应用和文学出版等众多领域，其外观如图 6-27 所示。

（a）中晶平板扫描仪

（b）惠普平板扫描仪

图 6-27　平板式扫描仪

（2）便携式扫描仪

便携式扫描仪具有体积小、重量轻、携带方便等优点，在商务领域中应用较多，其外观如图 6-28 所示。

（a）方正便携式扫描仪　　　　　　　　　　　　（b）中晶便携式扫描仪

图 6-28　便携式扫描仪

（3）馈纸式扫描仪

馈纸式扫描仪又称为滚动式扫描仪或小滚筒式扫描仪，如图 6-29 所示。其分辨率高，能快速处理大面积的图像，输出的图像色彩还原逼真、放大效果优秀、阴影区域细节丰富。

（a）紫光馈纸式扫描仪　　　　　　　　　　　　（b）中晶馈纸式扫描仪

图 6-29　馈纸式扫描仪

（4）高拍仪

高拍仪传输速率高，能提供高质量扫描，最大扫描尺寸可达 A3 幅面，高拍仪采用便携可折叠式结构设计，既能放置于办公室用，也能随身携带便于移动办公，如图 6-30 所示。

（a）紫光高拍仪　　　　　　　　　　　　　　（b）吉星高拍仪

图 6-30　高拍仪

底片扫描仪主要用于扫描各种透明胶片（底片），如图 6-31 所示；条形码是一种信息代码，用特殊的图形来表示数字、字母信息和某些符号，条码扫描仪实际上是一种条形码自动识别系统，用来识别条形码，如图 6-32 所示。

图 6-31　底片扫描仪

图 6-32　条形码扫描仪

### 2. 熟悉扫描仪的性能参数

扫描仪通常都具有以下几个主要的性能参数。

（1）分辨率

扫描仪的分辨率又分为光学分辨率和最大分辨率，在实际购买时应以光学分辨率为准，最大分辨率只在光学分辨率相同时作为一种参考。

光学分辨率是指扫描仪物理器件所具有的真实分辨率，用横向分辨率与纵向分辨率两个数字相乘表示，如 600 像素×1 200 像素。

（2）色彩位数

扫描仪的色彩位数（以位（bit）为单位）是指扫描仪对图像进行采样的数据位数，也就是扫描仪所能辨析的色彩范围。扫描仪的色彩位数越高，扫描所得的图像色彩与实物的真实色彩越接近。目前市场上扫描仪的色彩位数主要有 30bit、42bit 和 48bit 等。

（3）扫描范围

扫描范围指扫描仪最大的扫描尺寸范围，它由扫描仪的内部机构设计和外部物理尺寸决定，通常可分为 A4、A4 加长、A3、A1 和 A0 等。一般平板扫描仪的扫描范围为 A4 纸大小。

【技能训练 6-4】——掌握扫描仪的选购要领

扫描仪种类很多，对于不同性能的扫描仪，其价格相差也很大。在选购扫描仪时可参考以下原则。

### 1. 选择知名品牌的产品

知名品牌的扫描仪产品，在质量和售后服务上都比较有保障。当前知名的扫描仪品牌主要有清华紫光、方正科技、中晶、爱普生、佳能、尼康、惠普和明基等。

### 2. 根据实际需要选购

如果是家庭使用，仅扫描一些文档或照片等，则选购分辨率为 600 像素×1 200 像素，色彩位数为 32bit 的扫描仪即可满足需要。

如果是广告以及图形图像处理等专业用途，则应当选购分辨率为 1 200 像素×2 400 像素，色彩位数为 48bit 及以上的扫描仪。

如果为了方便在出差时使用，则可选购便携式扫描仪。

### 3. 根据扫描图像的大小选购

对于一般的个人用户，选择 A4 纸大小的平板扫描仪或便携扫描仪就足以满足需要；而对于需要扫描大幅面图像的商业用户，则应选用滚筒式扫描仪。

# 任务五　选购摄像头

摄像头是一种数字视频的输入设备，在现今的数字化时代，其应用已相当普遍，常用于视频聊天、网络会议和远程监控等。图 6-33 和图 6-34 所示为两种常见的摄像头。

图 6-33　极速摄像头

图 6-34　蓝色妖姬摄像头

【知识准备】

### 1. 熟悉摄像头的性能参数

一台摄像头质量的优劣，一般由以下几项性能参数决定。

（1）最高分辨率

摄像头的最高分辨率是指摄像头解析图像的最大能力，即摄像头的最高像素，是摄像头的主要性能指标之一。像素越高，摄像头捕捉到的图像信息越多，图像分辨率就越高，相应的屏幕图像也就越清晰。如 30 万像素的摄像头，其最高分辨率一般为 640×480，500 万像素摄像头的最高分辨率可达 1 280×720。

目前市场上常见摄像头的像素从 30 万到 500 万不等。

（2）色彩位数

数码摄像头的色彩位数又称彩色深度，该参数反映了摄像头能正确记录色调的多少，其值越高，越能更真实地还原亮部及暗部的细节特征。如常见摄像头的色彩位数为 24bit，说明其能表示 $2^{24}$ 种颜色。

### 2. 最大帧数

帧数是指在 1s 内传输图片的张数，可理解为图像在 1s 内的刷新次数，通常用 f/s（Frames Per Second）表示。帧数越大，图像越流畅。通常摄像头能达到的帧数为 30f/s。

（1）传输接口

传输接口决定了是否能够得到清晰流畅的图像，特别是对于像素数较高的摄像头。市场上绝大多数摄像头都是 USB 接口，早期的 USB 1.1 接口可提供 12Mbit/s 的数据传输率，现在基本已被淘汰，而 USB 2.0 接口则可以提供 480Mbit/s 的数据传输率。

（2）图像调节能力

质量好的摄像头通常具有调焦和自动补偿曝光能力，能够保证在不同距离以及不同光照环境下得到清晰的图像。

【技能训练 6-5】——掌握摄像头的选购要领

摄像头产品的种类繁多，在选购时应根据需要选购适合的产品，并应注意以下几点。

（1）不要盲目追求 CCD

现在摄像头中的图像传感器主要有 CCD（Charge Coupled Device）和 CMOS（Complementary Metal Oxide Semiconductor）两种。虽然 CCD 具有技术先进、成像清晰等特点，但目前的摄像头无论是使用 CCD 图像传感器还是 CMOS 图像传感器，在最终的屏幕显示效果上都不会有太大的差异，而且 CCD 的摄像头往往在价格上会比同档次的 CMOS 摄像头贵。所以在选购时一般应现场测试其成像效果，然后根据需要选择合适的摄像头产品。

（2）认清实际分辨率

有些摄像头的实际分辨率只有 200 万像素，而通过软件增值后可达到 800 万像素，在选购时应对这两个参数正确区分。

（3）注意分辨率和帧数的匹配

有些摄像头虽然最大分辨率较大，但在最大分辨率状态下其帧数会较小，在选购时应注意辨别，特别是对于需要进行视频会议的场合，应选用分辨率较高同时帧数也较高的摄像头。

（4）附加考虑软件

通常情况下，摄像头生产商都会在驱动光盘中附送一些软件，在购买摄像头的时候，也要注意附送软件的情况。如果附送的软件能够充分发挥摄像头的应用范围，那么即使价格稍贵一些也是值得的。

（5）外形的选择

对于其外形主要考虑其大小和安放位置，如对于笔记本计算机用户，可选用能夹在显示屏上的摄像头，其外观如图 6-35 和图 6-36 所示。

图 6-35　可夹持摄像头 1　　　　　　　　图 6-36　可夹持摄像头 2

# 任务六　选购投影机

继等离子和液晶电视之后，在商业与教育行业应用最为广泛的投影机也逐渐受到普通用户的关注。常见投影机的外观如图 6-37 和图 6-38 所示。

图 6-37　明基投影机　　　　　　　　图 6-38　索尼投影机

【知识准备】

1. 明确投影机的特点和应用

投影机采用液晶投影技术，其亮度、对比度、分辨率都与高清电视相差无几，而且具备无辐射的优点。与高端电视产品相比，投影机具有画面大、亮度好、可兼容多种视频信号、播放尺寸不受限制和重量轻等特点。

投影机能连接有线电视或普通电视，直接接收多达 100 套电视节目。还可以接收 DVD、VCD、LD 等设备的视频信号和计算机的数字信号。当与音响组合成多媒体家庭影院时，其视听效果可以与真正的影院媲美，其应用如图 6-39 所示。

### 2．熟悉投影机的性能参数

投影机的性能参数较多，在选购投影机之前应正确认识这些参数的含义，才能正确区别出投影机的档次，并有针对性地选择适合的投影机产品。

图 6-39 投影机的应用

（1）画面尺寸

画面尺寸指投出的画面大小，主要有最小图像尺寸和最大图像尺寸，一般用对角线的尺寸表示，单位是英寸。最小画面尺寸和最大画面尺寸是由镜头的焦距决定的，在这两个尺寸之间投射的画面可以清晰聚焦，如果超出这个范围，则会出现画面不清晰和投影效果差等情况。

（2）输出分辨率

指投影机投出的图像的分辨率，可分为物理分辨率和压缩分辨率。物理分辨率决定图像的清晰程度，而压缩分辨率则决定投影机的适用范围。

物理分辨率越高，则可接收分辨率的范围也越大，投影机的适应范围也就越广。目前市场上应用最多的为 SVGA（分辨率为 800 像素×600 像素）和 XGA（分辨率为 1 024 像素×768 像素），其中 XGA 的产品目前是主流产品。

（3）水平扫描频率

电子束在屏幕上从左至右的运动称为水平扫描，每秒钟扫描次数就叫水平扫描频率。水平扫描频率是区分投影机档次的重要指标。

视频投影机的水平扫描频率是固定的，为 15.625kHz（PAL 制）或 15.725kHz（NTSC 制）。频率范围在 15~60kHz 的投影机通常叫做数据投影机，上限频率超过 60kHz 的通常叫做图形投影机。

（4）垂直扫描频率

电子束在水平扫描的同时，又从上向下运动，这一过程叫垂直扫描。每扫描一次形成一幅图像，每秒钟扫描的次数叫做垂直扫描频率，也叫刷新频率，其量的单位符号用 Hz 表示。频率越高，图像越稳定，并且一般不能低于 50Hz，否则图像会有闪烁感。

（5）亮度

亮度，准确提法为光通量，是投影机的一个重要的性能参数，使用单位 lm（流明）表示。投影机的亮度表现受环境影响很大，同时画面尺寸越大，亮度也越暗。目前市场上 LCD 投影机的亮度都可达 3 200lm 左右。

（6）对比度

对比度反映投影机所投影出的画面最亮与最暗区域之比，其对视觉效果的影响仅次于亮度参数。一般来说，对比度越大，图像越清晰醒目，色彩也越鲜明艳丽。

（7）灯泡寿命

投影机的灯泡是耗材，一般能正常使用 3 年以上。灯泡的种类主要有金属卤素灯泡、UHE 灯泡和 UHP 高能灯。

① 金属卤素灯泡：价格便宜但半衰期短，一般使用 2 000 小时左右亮度会降低到原来的一半左右。

② UHE 灯泡（一种超高压汞灯）：价格适中且发热量低，在使用 2 000 小时后亮度几乎不衰减，是目前中档投影机中广泛采用的理想光源。

③ UHP 高能灯（一种超高压汞灯）：发热较少且使用寿命长，可达上万小时，并且亮度衰减

很小，但价格昂贵，一般应用于高档投影机上。

**【技能训练 6-6】——掌握投影机的选购要领**

投影机产品一般价格昂贵，在选购之前应对其性能参数和产品质量进行详细的了解，从而减少资金的浪费，并避免达不到理想的投影效果。

**1. 了解投影机的使用方式**

在选择购买投影机之前，首先应熟悉投影机的使用方式。在选购前应根据使用环境确定购买机器的类型，避免造成以后使用的不便。

由于摆放位置的限制，投射的影像可能变成梯形，因此，购买的投影机最好应具备梯形矫正功能，该功能一般通过数码影像变形技术，将投射的影像变回正方形。

投影机在使用时分为台面正向投射、天花板吊顶正向投射、台面背面投射、吊顶背面投射和背投一体箱式等类型。正向投射是指投影机与观看者处于同一侧；背面投射是指投影机与观看者分别在屏幕两端，这时需要使用背投屏幕，如果空间较小，可选择背面反射镜折射的方法。如果需要固定安装使用，可选择吊顶方式，但必须注意防尘和散热。

**2. 亮度与对比度要适中**

高亮度可以使投影机投射图像清晰亮丽，不过亮度越高，价格也越贵。而且高亮度的投影机在家庭房间等小环境中使用时会很刺眼，容易造成眼睛疲劳，长期观看会影响用户健康。因此根据客厅具体面积的不同，选购的家用投影机亮度一般控制在 500～1 000lm，太高或太低都不太适合在光线较暗的环境中使用。

对比度和亮度是相关联考虑的一个因素，如果亮度在 500～1 000lm，对比度应该在 400:1 左右即可。

**3. 选择分辨率合适的投影机**

分辨率越高，投影机的图像就越清晰，价格也越高。虽然 SVGA 的效果已经能满足家庭的需要，但从目前主流产品看，分辨率为 XGA 标准的投影机的显示效果更清晰、亮丽。

**4. 注意投射距离**

对于家庭用户来说，居住的面积十分有限，而安装的投影机到屏幕之间的距离并不大，因此对于空间狭窄的家居环境而言，投射距离成为选购投影机的重要条件之一，用户应对比不同的投影机在相同的投射对角尺寸下的投射距离，而不能只注意规格表上的最短投射距离。

**5. 耗材及售后服务**

对于投影机而言，灯泡作为唯一的耗材，其寿命直接关系到投影机的使用成本，所以在购买时一定要问清灯泡寿命和更换成本。不同类型的灯泡价格相差较大，在选购时应根据实际情况选择合适的投影机。

另外需要注意的是，不同品牌的投影机使用的灯泡一般不能互换使用，因此，购买投影机时应选择购买知名品牌的投影机，这样可以享受商家的售后服务。

# 任务七　选购数码相机

数码相机早已成为计算机的流行外设之一，数字摄影技术是胶片摄影与计算机图像技术的结合，而数码相机位于数字摄影技术的最前端，其产品的更新、技术的进步及价格的下降，加上Internet 上电子数据交换的广泛需要，促使数码相机成为最热门的新型电子产品。

【知识准备】

**1. 明确数码相机的分类**

目前市场上的数码相机种类繁多，比较著名的数码相机品牌有富士、佳能、索尼、尼康、三星、明基、卡西欧、奥林巴斯、松下、宾得等品牌。

按照不同的分类方式，数码相机可以分为很多种类。

（1）按照用途分类

按照用途可将数码相机分为以下 3 类。

① 卡片相机。卡片机在业界内没有明确的概念，小巧的外形、相对较轻的机身以及超薄时尚的设计是衡量此类数码相机的主要标准，如图 6-40 所示。

卡片机主要特点是可以不算累赘地被随身携带；虽然卡片机功能并不强大，但是最基本的曝光补偿功能以及超薄数码相机的标准配置通常都能满足普通用户的摄影需求。

② 单反相机。单反相机的全称是单镜头反光照相机（见图 6-41）。所谓"单镜头"是指摄影曝光光路和取景光路共用一个镜头；"反光"是指相机内一块平面反光镜将两个光路分开：取景时反光镜落下，将镜头的光线反射到五棱镜，再到取景窗；拍摄时反光镜快速抬起，光线可以照射到感光元件 CMOS 上。

　　　　图 6-40　卡片相机　　　　　　　　　　　图 6-41　单反相机

单反相机使得视差问题基本得到解决，取景、调焦都十分方便，其可以随意换用与其配套的各种广角、中焦距、远摄或变焦距镜头，也能根据需要在镜头安装近摄镜、加接延伸接环或伸缩皮腔。总之凡是能从取景器里看清楚的景物，照相机都能拍摄下来。

③ 长焦相机。长焦数码相机就是拥有长焦镜头的数码相机，如图 6-42 所示。镜头的焦距一般用毫米来表示，例如我们常说的 35mm 的镜头，50mm 的镜头，135mm 的镜头等。镜头根据它的焦距可以分为广角镜头，标准镜头和长焦镜头等，其实这是根据镜头的视角确定的。

图 6-42　长焦相机

说明

在35mm胶卷里，50mm的镜头的视角相当于人眼的视角，也就是说放大倍率为1，我们把它称为标头。通过镜头内部镜片的移动而改变焦距。当我们拍摄远处的景物或者是被拍摄者不希望被打扰时，长焦的好处就发挥出来了。另外焦距越长则景深越浅，和光圈越大景深越浅的效果是一样的，浅景深的好处在于突出主体而虚化背景。

（2）按照图像传感器分类

按照图像传感器不同可以将数码相机分为以下类型。

① 面阵 CCD 数码相机。面阵 CCD 数码相机使用的 CCD 芯片感光区为一个平面矩阵。由于 CCD 形成一个平面矩阵，所以捕捉影像时一次曝光完成，拍摄速度快，对拍摄活动景物和用普通闪光灯拍摄等无任何特殊要求。因此，此种数码相机被称为"实时"相机。

② 线阵 CCD 数码相机。线阵 CCD 数码相机又称为扫描式数码相机。它的传感器是以单个线状分布的。因此，它扫描物体时像平面扫描仪一样速度慢，但能够产生大量的数据。采用 CCD 的数码相机分辨率极高，但曝光时间长，使得这类数码相机无法拍摄活动的景物，也不能进行闪光拍摄。

③ CMOS 数码相机。CMOS 的器件成本比较低。目前，CMOS 数码相机在清晰度和拍摄速度上还有些问题，尚需进一步解决。

**2. 明确数码相机的主要参数**

数码相机是一种高端的计算机外围设备，其主要性能参数如下。

（1）感光器件种类和尺寸

感光器件是数码相机的心脏，目前数码相机的核心成像部件有两种：一种是广泛使用的 CCD（电荷耦合）元件；另一种是 CMOS（互补金属氧化物导体）器件。

说到 CCD 的尺寸，其实是说感光器件的面积大小。现在市面上的消费级数码相机主要有 2/3 英寸、1/1.8 英寸、1/2.7 英寸、1/3.2 英寸 4 种。"1"后面的数值越小，CCD 尺寸越大，成像质量越好，比较好的有 1/1.8 英寸。CCD/CMOS 尺寸越大，感光面积越大，成像效果越好。

（2）有效像素数

与最大像素不同，有效像素数是指真正参与感光成像的像素值。最高像素的数值是感光器件的真实像素，这个数据通常包含了感光器件的非成像部分，而有效像素是在镜头变焦倍率下所换算出来的值。在选择数码相机的时候，应该注重看数码相机的有效像素是多少，有效像素的数值才是决定图片质量的关键。

（3）最高分辨率

数码相机能够拍摄的最大图片的面积，就是这台数码相机的最高分辨率。从技术上说，数码相机能产生的图片在每寸图像内以点数表示，通常以 dpi 为单位（dot per inch）。分辨率越大，图片的面积越大。

分辨率和图像的像素有直接的关系：一张分辨率为 640×480 的图片，它的分辨率就达到了 307 200 像素，也就是常说的 30 万像素，而一张分辨率为 1 600×1 200 的图片，它的像素就是 200 万。这样就可以知道，分辨率的两个数字表示的是图片在长和宽上占的点数的单位。一张数码图片的长宽比通常是 4∶3。

（4）光学变焦

数码相机依靠光学镜头结构来实现变焦。数码相机的光学变焦方式与传统 35mm 相机差不多，就是通过镜片移动来放大与缩小需要拍摄的景物，光学变焦倍数越大，能拍摄的景物就越远。如今的数码相机的光学变焦倍数大多在 2～5 倍之间，即可把 10m 以外的物体拉近至 3～5 米；家用摄录机的光学变焦倍数在 10～22 倍，能比较清楚地拍到 70m 外的东西。使用增倍镜能够增大摄录机的光学变焦倍数。

（5）数字变焦

数字变焦也称为数码变焦，是通过数码相机内的处理器，把图片内的每个象素面积增大，从而达到放大目的。与光学变焦不同，数码变焦是在感光器件垂直方向向上的变化，而给人以变焦效果的。在感光器件上的面积越小，那么视觉上就会让用户只看见景物的局部。但是由于焦距没有变化，所以，图像质量相对于正常情况下较差。

说明

通过数码变焦，拍摄的景物放大了，但它的清晰度会有一定程度的下降，所以数码变焦并没有太大的实际意义。目前数码相机的数码变焦一般在 6 倍左右，太大的数码变焦会使图像严重受损，有时候甚至因为放大倍数太高，而分不清所拍摄的画面。

（6）显示屏的尺寸

数码相机与传统相机最大的一个区别就是它拥有一个可以及时浏览图片的屏幕，称为数码相机的显示屏，一般为液晶结构。数码相机显示屏尺寸即数码相机显示屏的大小，一般用英寸来表示。如 1.8 英寸、2.5 英寸等，目前最大的显示屏在 3.0 英寸。

数码相机显示屏越大，虽然可以令相机更加美观，但显示屏越大，使得数码相机的耗电量也越大。所以在选择数码相机时，显示屏的大小也是一个不可忽略的重要指标。

【知识拓展】——CCD 和 CMOS

1．什么是 CCD

电荷耦合器件图像传感器（Charge Coupled Device，CCD）使用一种高感光度的半导体材料制成，能把光线转变成电荷，通过模/数转换器芯片转换成数字信号，数字信号经过压缩以后由相机内部的闪速存储器或内置硬盘卡保存，因而可以轻而易举地把数据传输给计算机，并借助于计算机的处理手段，根据需要和想象来修改图像。

2．什么是 CMOS

互补性氧化金属半导体（Complementary Metal-Oxide Semiconductor，CMOS）和 CCD 一样同为在数码相机中记录光线变化的半导体。CMOS 的制造技术和一般计算机芯片没什么差别，主要是利用硅和锗这两种元素所做成的半导体，使其在 CMOS 上共存着带 N（带–电）和 P（带+电）级的半导体，这两个互补效应所产生的电流即可被处理芯片记录和解读成影像。然而，CMOS 的缺点就是太容易出现杂点，这主要是因为早期的设计使 CMOS 在处理快速变化的影像时，由于电流变化过于频繁而会产生过热的现象。

3．CCD 与 CMOS 比较

在相同的分辨率下，CMOS 价格比 CCD 便宜，但是 CMOS 器件产生的图像质量相比 CCD 来说要低一些。到目前为止，市面上绝大多数的消费级别以及高端数码相机都使用 CCD 作为感应器；CMOS 感应器则作为低端产品应用于一些摄像头上。

【技能训练 6-7】——明确单反相机的优势

数码单反相机的专业定位，决定了即使是面向普通用户和发烧友的普及型产品也拥有大量过人之处，这是许多发烧友选择数码单反相机的根本原因。

1．图像传感器的优势

对于数码相机来说，感光元件是最重要的核心部件之一，要想取得良好的拍摄效果，最有效的方法不仅仅是提高像素数，更重要的是加大 CCD 或者 CMOS 的尺寸。无论是采用 CCD 还是 CMOS，数码单反相机的传感器尺寸都远远超过了普通数码相机。

数码单反相机的传感器像素数不仅比较高，而且单个像素面积更是民用数码相机的四五倍，因此拥有非常出色的信噪比，可以记录宽广的亮度范围。

### 2. 丰富的镜头选择

数码单反相机作为一种光、机、电一体化的产品，光学成像系统的性能对最终成像效果的影响也是相当重要的，拥有一支优秀的镜头对于成像的意义绝不亚于图像传感器的选择。

在传统单反相机的选择中，镜头群的丰富程度和成像质量就是影友选择的重要因素，佳能、尼康等品牌都拥有庞大的自动对焦镜头群，从超广角到超长焦，从微距到柔焦，用户可以根据自己的需求选择配套镜头。

### 3. 迅捷的响应速度

普通数码相机最大一个问题就是快门时滞较长，在抓拍时掌握不好经常会错过最精彩的瞬间。响应速度正是数码单反相机的优势，由于其对焦系统独立于成像器件之外，它们基本可以实现和传统单反一样的响应速度，在新闻、体育摄影中让用户得心应手。

### 4. 卓越的手控能力

虽说如今的相机自动拍摄的功能越来越强了，但是拍摄时由于环境、拍摄对象的情况是千变万化的，因此一个对摄影有一定要求的用户是不会仅仅满足于使用自动模式拍摄的。这就要求数码相机同样具有手动调节的能力。

具有手动调节功能也就成为数码单反必须具备的功能，也是其专业性的代表。而在众多的手动功能中曝光和白平衡是两个重要的方面。当拍摄时自动测光系统无法准确地判断拍摄环境的光线情况和色温时，就需要用户根据自己的经验来进行判断，通过手动来进行强制调整，以取得好的拍摄效果。

### 5. 丰富的附件

数码单反和普通数码相机一个重要的区别就是它具有很强的扩展性，除了能够继续使用偏振镜等附加镜片和可换镜头之外，还可以使用专业的闪光灯，以及其他的一些辅助设备，以增强其适应各种环境的能力。比如大功率闪光灯、环型微距闪光灯、电池手柄、定时遥控器，这些丰富的附件让数码单反可以适应各种独特的需求。

### 【技能训练 6-8】——掌握数码相机的选购要领

随着国家刺激消费，不断推出各种长假、黄金周等旅游机会，越来越多的家庭和个人都希望拥有一台高性价比的数码相机。随着科学技术的发展，数码相机价格不断下降，新品不断推出，功能日渐丰富，体积越发小巧。

### 1. 一般家庭用户选机原则

一般家庭用户使用数码相机主要用于家庭娱乐，看重实用性、强大的功能以及耐用性，因此高性价比是首选因素。目前市场占主力的 1 000 万和 1 600 万像素的机型即可满足成像需求，此外，多种拍摄模式、宽广的 ISO 值设定范围、高速准确地对焦则是必需的功能特点，而保证耐用性的金属外壳也是必不可少的考虑因素。

### 2. 追求时尚前卫的消费者的选机原则

追求时尚前卫的消费者一般注重外形设计与亮点功能的紧密结合，是首选标准，比如小巧的外形、亮丽的颜色以及舒适的手感等。

### 3. 专业级水准的用户的选机原则

专业级水准的用户最注重对成像质量的极致追求，因此，手动操作功能是必备的，可更换的镜头，1 000 万像素以上的 CMOS 图像传感器和多种图像记录模式是高图像品质的保障。

### 4. 走出高像素误区

像素作为衡量数码相机质量的标准之一，常被消费者视为选购数码相机时的考核重点，但是不宜盲目地追求高像素，甚至将其看作衡量数码相机质量的唯一标准。数码相机成像的原理和传统相机有着本质上的差别，通过感光元件获得的数据必须经过处理并组合，才能生成最终的图像文件，处理引擎的计算方法直接影响最终图像的质量。

### 5. 认识感光元件尺寸的重要性

影响数码相机成像质量的因素有很多，其中，数码相机感光元件的光敏单元尺寸对成像的影响是很大的。光敏单元的尺寸越大，感光元件对光线也就越敏感，产生的信号噪声就越小，对高光和阴影部分的再现就会更优异，对比度也更高。而在有限的感光元件面积上增加过多的光敏单元，会导致光敏单元过小而带来图像信噪比降低、感光度降低等问题。

### 6. CCD 和 CMOS 的选择

目前市场上的数码相机使用的感光元件有 CCD 和 CMOS 两种，二者在功能和性能上存在着很大的差异，在数码相机开始流行的时候，CMOS 技术还不是很成熟，因此，大部分消费者的观念都认为 CCD 比 CMOS 好，而 CMOS 感光元件也有着许多优点，CMOS 一样通过半导体来转换光线，但与 CCD 不同的是，CMOS 的每个光敏元件都有一个将电荷转化为电子信号的放大器，CMOS 可以在每个像素基础上进行信号放大，采用这种方法可节省任何无效的传输操作，所以只需少量的能量消耗，同时噪声也有所降低。

### 7. 认识镜头的重要性

镜头是一部相机的灵魂，数码相机即便有很高的像素数，成像质量仍旧会因为镜头的原因而比较差。换句话说，就是数码相机采用的光学镜头的解析能力一定要优于感光元件的分辨率。

镜头的选购要点如下。

① 镜头口径越大越好。大口径镜头对成像边缘清晰度有好处，并且容易配合附加镜头的使用，获得最理想的拍摄效果。

② 变焦范围越大越好。镜头变焦的范围越大，所拍景物的范围也就越广，清晰度也越理想。

③ 光圈越大越好。通过调整光圈的大小，一个普通的镜头可以营造出不同风格的画面效果，十分实用，例如标准镜头通过调整光圈可以实现长焦效果等。

④ 付款之前验机。用数码相机对着一张白纸进行实拍，然后再用黑布蒙住镜头，拍一张全黑的相片。最后取出数码相机的内存卡，放在读卡器中，用图像软件将相片放大到 5000%，仔细观察画面，若全白的相片中不存在黑点，全黑的相片中不存在白点，则可以放心选购。

### 8. 使用提示

① 数码相机最主要的部件是 CCD，一般都用 "1/? 英寸" 表示，"1" 后面的数值越小，CCD 尺寸越大，成像质量越好，比较好的有 1/1.8 英寸。

② 卡片机的机身薄是最大的特点，因为机身薄，它的光学变焦倍数就不可能很高，最多 2 ~ 3 倍，而非卡片机可以达到 3 ~ 4 倍。专业的可以达到 10 倍以上。光学变焦才是真正的变焦。数码变焦只是徒有虚名。

③ 不要盲目追求 CCD 尺寸，它不是万能的，例如一款卡片机 CCD 为 500 万像素，另一款非卡片机 CCD 为 300 万像素，实际上拍出来的照片还是非卡片机效果好。家用的话，400 万就足

够了。

④ 在选购时，在表示数码相机的像素时有的会标明有效像素，有的会标明插值像素，有效像素才是相机真实的像素，而插值像素简单地说是通过软件处理将照片放大得到的像素，一台相机插值像素 400 万，很可能实际像素只有 320 万，所以要仔细分辨。

## 小　　结

本项目主要介绍了音箱、打印机、扫描仪、摄像头、投影机和数码相机等种外围设备的类型、性能参数以及选购方法。通过本项目的学习，读者可以对计算机的外围设备有一个清晰的认识，在选购时也会更有目的性，更容易买到满意的产品。

## 习　　题

1. 音箱有哪些性能参数？各参数的含意是什么？
2. 打印机有哪几种类型？各类型的优缺点是什么？
3. 扫描仪的性能参数主要有哪些？
4. 摄像头有哪些性能参数？在选购时应注意哪些方面？
5. 投影机有哪些性能参数？在选购时应注意哪些方面？
6. 数码相机有哪些性能参数？在选购时应注意哪些方面？

# 项目七
# 选购其他计算机产品

随着计算机技术的不断发展，计算机产品的种类也越来越丰富，笔记本电脑、品牌计算机、一体机以及平板电脑逐渐走入更多的家庭，为人们的日常生活提供了更大的便利。本项目将介绍这些产品的特点、用途以及选购要领。

**学习目标**

掌握笔记本电脑的选购要领。

掌握平板电脑的选购要领。

掌握一体机的选购要领。

了解品牌计算机的选购要领。

# 任务一　选购笔记本电脑

笔记本电脑是一种小型、可携带的个人计算机，其发展趋势是体积越来越小，重量越来越轻，而功能却越来越强大。与台式机相比的主要区别在于其携带方便。笔记本电脑同样有 CPU、内存、硬盘、显示器和键盘等典型部件，但其结构更紧凑，如图 7-1 所示。

图 7-1　典型笔记本电脑

## 一、明确笔记本电脑的分类

【知识准备】

一般说来，便携性是笔记本电脑相对于台式机最大的优势，一般的笔记本电脑的重量只有 2 千克左右，无论是外出工作还是旅游，都可以随身携带，非常方便。

### 1. 按照用途分

从用途上看，笔记本电脑一般可以分为 4 类。

① 商务型：这类计算机一般用于商务办公，其典型特征为便于携带、移动性强；电池续航时间长，便于长时间工作。

② 时尚型：外观特异也有适合商务使用的时尚型笔记本电脑。

③ 多媒体应用型：结合强大的图形及多媒体处理能力又兼有一定的移动性的综合体，市面上常见的多媒体笔记本电脑拥有独立的较为先进的显卡，较大的屏幕等特征。

④ 特殊用途：服务于专业人士，可以在酷暑、严寒、低气压以及战争等恶劣环境下使用的机型，一般较笨重。

### 2. 按照尺寸分

笔记本电脑屏幕大小也是划分计算机类别的主要依据。

① 15 英寸以上：性能高，视觉效果好，便携性不佳。

② 14 英寸：目前最主流的尺寸，机型选择多。

③ 13 英寸：性能与便携完美平衡的尺寸。

④ 12 英寸以下：便携性突出，机型选择较少。

# 二、了解笔记本电脑的结构

【知识准备】

### 1. 外壳

笔记本电脑的外壳不仅具有美化外观的作用，还能保护内部器件。一般硬件供应商所标示的外壳材料是指笔记本电脑的上表面材料，托手部分及底部一般习惯使用工程塑料。

（1）工程塑料

工程塑料外观靓丽、性价比突出，但是质量较重、导热性能不佳。因其成本低应用广泛，目前多数的塑料外壳笔记本电脑都是采用 ABS 工程塑料制成，如图 7-2 所示。

（2）镁铝合金

银白色的镁铝合金外壳可使产品看起来更豪华和美观，而且易于上色，可以通过表面处理工艺变成个性化的粉蓝色和粉红色，为笔记本电脑增色不少，如图 7-3 所示。但是这类外壳坚固性和耐磨交叉，且成本较高。

图 7-2　工程塑料外壳

图 7-3　镁铝合金外壳

（3）碳纤维复合材料

碳纤维复合材料的韧性和散热效果都很好。与其他外壳相比，使用相同时间，碳纤维机种的外壳摸起来最不烫手。但是碳纤维复合材料的成本较高，成型较困难，因此，碳纤维外壳的形状一般都比较简单，缺乏变化，并且着色也比较难，如图 7-4 所示。

（4）钛合金

钛合金是常用的航天的材料，其各项性能指标均非常优秀，唯一缺点是成本高。这种外壳仅仅用在高端产品中，如图 7-5 所示。

图 7-4　碳纤维复合材料外壳

图 7-5　钛合金外壳

### 2. 显示屏

笔记本电脑显示屏主要分为 LCD 和 LED 两种类型。LCD 是液晶显示屏的全称，主要有 TFT、UFB、TFD 和 STN 等几种类型，其中最常用的是 TFT。

LCD 和 LED 是两种不同的显示技术，LCD 是由液态晶体组成的显示屏，而 LED 则是由发光二极管组成的显示屏。LED 显示器和 LCD 显示器相比，LED 在亮度、功耗、可视角度和刷新速率等方面，都更具优势。

显示屏的尺寸是指屏幕对角线长度，如图 7-6 所示。目前产品主要尺寸如下。

- 11 英寸以下：11.1、11.6。
- 12 英寸：12.1。
- 13 英寸：13、13.1、13.3。
- 14 英寸：14、14.1。
- 15 英寸：15.5、15.6。
- 17 英寸以上：17、17.3、18.4。

### 3. CPU

笔记本电脑的 CPU 也主要有 Intel 和 AMD 两大品牌。

图 7-6　显示屏尺寸

（1）Intel 产品

Intel 产品目前占据个人计算机市场的大部分份额，Intel 生产的 CPU 制定了 x86CPU 技术的基本规范和标准。目前典型的笔记本电脑 CPU 如图 7-7 ~ 图 7-11 所示。

图 7-7　Core i7

图 7-8　Core 2

图 7-9　奔腾双核

图 7-10　赛扬双核

图 7-11　凌动

（2）AMD 产品

除了 Intel 产品外，最新的 AMD 速龙 II X2 和羿龙 II 具有很好的性价比，尤其采用了 3DNOW+ 技术并支持 SSE4.0 指令集，使其在 3D 上有很好的表现。目前典型的笔记本电脑 CPU 如图 7-12 ~

图 7-16 所示。

图 7-12　羿龙 2　　　图 7-13　羿龙　　　图 7-14　速龙双核　　　图 7-15　闪龙　　　图 7-16　炫龙

【知识拓展】——笔记本电脑 CPU 的性能指标

笔记本电脑 CPU 的主要性能指标如下。

① CPU 架构：就是 CPU 核心的设计方案。而个人计算机上的 CPU 架构，其实都是基于 X86 架构设计的，称为 X86 下的微架构，常常被简称为 CPU 架构。

② 制造工艺：是指生产 CPU 的技术水平，改进制作工艺，就是通过缩短 CPU 内部电路与电路之间的距离，使同一面积的芯片上可实现更多功能或更强性能。制作工艺以纳米（nm）为单位，目前 CPU 主流的制作工艺是 45nm 和 32nm。

③ 位宽（32 位与 64 位 CPU）：更大的 CPU 位宽能一次处理更大范围的数据运算和支持更大容量的内存。一般情况下 32 位 CPU 只支持 4GB 以内的内存，有了 64 位 CPU 后，也就有了 64 位操作系统与软件。

④ 主频、外频和倍频：主频是 CPU 运算时的工作频率，在单核时代是决定 CPU 性能的最重要指标。由于 CPU 发展速度远远超出内存、硬盘等配件的速度，因此，出现了外频和倍频的概念，其关系是：主频=外频×倍频。

⑤ 核心数、线程数：目前主流 CPU 有双核、三核、四核和六核等。增加核心数目也就增加了线程数，二者通常情况下是 1:1 对应关系，也就是说四核 CPU 一般拥有 4 个线程。在 Intel 引入超线程技术后，使核心数与线程数形成 1:2 的关系。

⑥ 多媒体指令集：MMX、3DNOW!和 SSE 均是 CPU 的多媒体扩展指令集，在软件的支持下对 CPU 的运算有加速作用，如果使用软件对 CPU 的多媒体指令集进一步优化，CPU 的运算速度将会进一步提升。

4. 硬盘

笔记本电脑硬盘式通用部件，其尺寸通常为 2.5 英寸，比台式机硬盘要小，二者对比如图 7-17 所示。其标准厚度早期产品先后使用 17.5mm 和 12.5mm 两个规格，目前大多使用 9.5mm 超轻超薄机型设计。

笔记本硬盘的转速主要有 5 400r/min 和 7 200r/min 两种，后者逐渐成为主流。其容量有 320G、500G 以及 1T 等规格。

笔记本电脑硬盘的接口类型主要有以下 3 种。

① 使用针脚直接和主板上的插座连接。

② 使用硬盘线与主板相连。

③ 使用转接口和主板上的插座连接。

5. 内存

笔记本电脑内存主要有 DDR（333/400）、DDR2（533/667/800）和 DDR3（1066/1333/1600）等类型，目前 DDR3 1066 或 DDR3 1333 为主流配置。内存容量有 512M、1G、2G 和 4G 等不同规格。其外形如图 7-18 所示。

图 7-17  笔记本电脑硬盘和台式机硬盘对比          图 7-18  笔记本内存

### 6. 电池

锂电池是当前笔记本电脑的标准配置电池，如图 7-19 所示，具有重量轻、寿命长、可以随时充电，过度充电的情况下也不会过热等优点。锂电池的充电次数在 950～1200 次之间。

图 7-19  笔记本电脑电池

目前笔记本电脑电池主要分为 3 芯、4 芯、6 芯、8 芯、9 芯和 12 芯等。芯数越大，续航时间越长，价格也越高，一般 4 芯电池可以续航 2 小时；6 芯则为 3 小时。

### 7. 声卡

大部分笔记本电脑带有声卡或者在主板上集成了声音处理芯片，并且配备小型内置音箱。但笔记本电脑的狭小内部空间通常不足以容纳顶级音质的声卡或高品质音箱。游戏发烧友和音响爱好者可以利用外部音频控制器（使用 USB 连接到笔记本电脑）来弥补笔记本电脑在声音品质上的不足。

### 8. 显卡 GPU

笔记本电脑显卡也主要分为集成显卡和独立显卡两大类。集成显卡具有功耗低、发热量小、性价比高等优点，部分集成显卡的性能已经可以媲美入门级的独立显卡。而独立显卡显示性能更好，但是系统功耗大，发热量大，且需额外花费购买显卡的资金。

笔记本集成显卡主要有英特尔 Intel、A 卡（ATi 显卡）和 N 卡（nVIDIA 显卡）；独立显卡主要分为 A 卡（ATi 显卡）及 N 卡（nVIDIA 显卡）。

ATI 公司产品主流型号有 ATI HD4330、ATI HD4550、ATI HD5450、ATI HD5470、ATI HD5650 和 ATI HD5730 等；nVIDIA 公司产品主流型号主要有 Geforce G210M、Geforce G310M、Geforce GT330M 和 Geforce GTX 425M。其中"GS"、"GT"代表性能指标，GTX>GT>GE>GS>GSO。

### 9. 定位设备

笔记本电脑一般会在机身上搭载一套定位设备（相当于台式计算机的鼠标）。早期一般使用轨迹球（见图 7-20）作为定位设备，现在主要使用触控板（见图 7-21）与指点杆（见图 7-22）。

图 7-20  轨迹球

图 7-21  触控板

图 7-22  指点杆

### 10. 散热底座

笔记本电脑在性能和便携性对抗中，散热成为最重要的因素，散热一直是笔记本核心技术中的瓶颈。笔记本电脑莫名奇妙的死机一般就是系统温度过高导致。为了解决这个问题，人们设计了散热底座，如图 7-23 所示，好的底座可以延长笔记本电脑的使用寿命。

图 7-23  散热底座

### 11. 品牌

目前通常将笔记本电脑品牌划分为以下 2 个类别。

（1）国际品牌

国际品牌主要是美国和日本的品牌，包括 IBM、东芝（TOSHIBA）、戴尔（DELL）、康柏（COMPAQ）、惠普（HP）等。其品牌产品品质较为优秀，市场份额相当高，当然价格也最贵。

（2）国内品牌

国内品牌主要分为大陆品牌和台湾地区品牌。

大陆品牌主要有联想、方正、紫光等。由于价格便宜、维修方便，越来越受到用户喜爱。

台湾地区品牌主要包括宏基（Acer）、华硕（ASUS）、伦飞、联宝等。这类笔记本技术成熟，价格相对便宜，购买的人也非常多。

【技能训练 7-1】——掌握笔记本电脑的选购要领

市场上笔记本电脑的配置、性能、价格都参差不齐，消费者在选购时往往无从下手，如何选择一款适合自己的笔记本电脑，困扰着很多想买笔记本电脑的朋友。

### 1. 选购原则

在挑选笔记本电脑前，我们需要明确两件事：需求（要做什么）和预算（有多少钱）。二者相互关联又相互制约。

（1）从实际需求出发

选购笔记本电脑时，首先应从实际需求出发，明确以下选购要点。

① 在购买之前首先要明确自己的使用范围。

② 自己购买笔记本电脑到底是用来干什么。

③ 做这类工作到底需要什么样的产品。

④ 除满足办公需要外，是不是还想拥有其他一些特殊的功能。

⑤ 做好自己的预算。

（2）性能优先

笔记本电脑的性能直接影响使用者的工作效率，也影响到笔记本电脑价格。针对不同用户群，产品可分为以下几种。

① 低端产品：一般遵循"够用就行"的原则，其配置可以满足用户最基本的移动办公的需要，例如进行文字处理、上网浏览网页等。

② 中端产品：可以较好地满足大部分用户更多的需要，例如日常办公、学习、娱乐等。

③ 中高端产品：作为中端产品的升级，一般在配置上都会有一些特色和亮点，例如突出影音娱乐方面，可以玩大部分的游戏等。

④ 高端产品：采用的配置都是目前最好的，其性能甚至高于一般的台式机，能胜任复杂的图像处理以及运行 3D 游戏等任务。

（3）扩展性好

笔记本电脑不像台式机那样具有良好的扩展性，所以在购买时要充分考虑各类接口的类型、个数以及功能模块。不能只着眼于当前，应适当考虑将来的扩展性。

（4）便携性与质量兼顾

便携性和质量是一对矛盾，在选购时应兼顾这两个方面的要求。

① 轻重要适度：移动性是笔记本电脑最大的特点，所以重量也是选购笔记本电脑时考虑的一个重要因素。

② 外观要合心意：笔记本电脑的外观同样重要，在购买时一定要看好样机，最好是动手体验感觉一下键盘、鼠标的舒适度和灵敏度。

③ 散热与电池要有保证：笔记本电脑受体积的限制，在选购时应该考虑散热问题。另外，还需要考虑笔记本电脑电池的续航能力，充足的供电时间可以给我们移动办公带来足够的便利。

④ 选择合适的屏幕：市场上很多笔记本电脑的 LCD 屏幕都采用了宽频比例进行切割。可以根据个人喜好选择 16:9、16:10 和 15:9 等不同比例屏幕。

（5）认清售后服务

笔记本电脑配件的集成度非常高，在出现故障后，普通用户根本无法方便地找出故障的源头，需要厂家指定的维修点进行维护。所以笔记本电脑良好售后服务显得尤为重要，购买时一定要问清售后服务的要求，以及免费售后服务的时间，是否全球全国联保等。

（6）选择好的品牌

良好的品牌是性能与质量的保证，因此在选购时应该尽可能选择大公司的名牌产品，但也不要迷信名牌，在选购时还要考虑其售后服务的方便性和质量。

**2. 需求定位**

买笔记本电脑首先要知道自己的需求是什么。品牌不同，价位不同，配置不同，其性能也不同。笔记本的选购有其特殊性，不能由用户指定配件，而是由厂商配好套餐，我们选的只是不同品牌的不同套餐而已。

选择笔记本时，我们只能根据自身需求，针对某种配件做主要参考，其他为辅的原则进行选择。由于成本和散热等原因，很多笔记本的配置都是好点的 CPU 配差点的显卡，或差的 CPU 配好点的显卡，选 CPU 还是选显卡，就是很重要的问题。

说明 有人买了高性能的 CPU，直到这台笔记本电脑报废了，CPU 的高性能都没有发挥过，而需要的显卡性能却很一般，想玩的游戏却玩不了，这就是定位不清造成的。

（1）打字、上网和欣赏影视

这类要求比较低，所以配置也不高，价位也低，一般中档 CPU、集成，屏幕 12 ~ 14 英寸的，价格在 3 000 元左右。

（2）玩游戏

这类需求的用户数量较大，也是买笔记本需求的主流。该类笔记本至少选择独立显卡，根据不同游戏要求，显卡和 CPU 都有入门级、中档和高档之分。这类笔记本同时也是各品牌推的主流产品，型号繁多，屏幕 14 英寸为主，价格 4 000~5 000 元左右（6 000 元以下）。15 英寸及 15 英寸屏以上的一般都是性能优异的游戏本，价格也更贵，一般都在 6 000 元以上。

（3）特殊要求

有的用户因为职业和行业的关系，有鲜明的特殊要求，比如有的要运行大型程序，有的要作图，有的要视频处理等，这类用户对 CPU 和显卡都有要求，CPU 要高档的，显卡起码要中档的，内存要大，这部分人也是选购中的少数。这类机型屏幕一般为 14 英寸，价格 5 000 ~ 6 000 元。

**3. 屏幕选择**

选笔记本的第一件事就是选屏幕大小。笔记本屏幕大小，涉及到便携性、游戏性和娱乐性几方面，屏大就重，便携性差；屏小就轻，便携性好。

（1）12 英寸

如果你经常带着笔记本出差或旅行，尽量选择小屏幕。但小屏幕的笔记本价格相对要高（因为模具成本高，还要考虑散热等制造因素），性价比低，性能一般。因为体积小，散热差，所以 CPU 不能用功能强的（部分商务本除外，价格也高很多），显卡也一般用集成显卡。因此，除了轻便，小屏幕没别的好处，而且为了减轻重量都不带光驱。

（2）14 英寸

因为比 12 英寸屏幕大些，所以散热好做些，因此大多采用主流配置。CPU 和显卡中档，中高档都有，能满足游戏和各种办公等需要，价格适中，是各品牌主推产品，也是用户主选的产品，一般 2.3 ~ 2.6kg。如果用户没什么特别要求，一般就可选 14 英寸屏幕。

（3）13.3 英寸

是 12 英寸和 14 英寸结合的产物，性能和 14 英寸差不多，重量比 12 英寸重一点，比 14 英寸轻一点，价格比 14 英寸贵一点，和 12 英寸差不多，但配置要好一些。

（4）15 英寸以上

这是目前流行的娱乐本，15 ~ 17 英寸都有，主要是用于玩游戏，因为尺寸大，散热问题好解决，所以 CPU、显卡都很强劲，价格也较高。但是体积大，不适于移动。

说明 4:3：正屏，早期笔记本电脑屏幕类型，但宽屏普及后，正屏基本退出市场。16:10：即宽屏。早期的宽屏都采用 16:10 的，由于液晶面板厂商出于经济考虑，16:10 的宽屏可被 16:9 的屏幕代替。16:9：目前宽屏的主流产品，适合人眼观看。

**4. 亮点与坏点**

液晶屏在制作过程中，由于各种原因，有可能产生不管屏幕显示什么都是常亮的点（或黑点），称为亮点（或坏点），亮点和坏点会影响人们的视觉感受。国家规定 7 个以下的坏点是正常的，厂商通常规定 4 个坏点以下为合格产品。

所以买笔记本的时候，特别要注意，可以跟经销商谈包点，就是开机有亮点或坏点，就换机，不过要加点钱——包点费（一般 50 或 100 元）。一般好品牌的屏幕有保障些，会承诺无坏点，品牌差点的产品遇到坏点的机会更大一些。

**5．品牌选择**

买笔记本的人都会遇到这个问题——买哪个品牌的好？大家都知道品牌好的，价格高，品牌差点的性价比好，但到底如何选择，这个仁者见仁，智者见智，而且每个人的财力不同，对品牌的态度也不同，我这里也不能说哪个品牌就值得买，哪个品牌就不能买，每个品牌市场定位不同，对应的消费群体也不同。

（1）如果你经济上宽裕，可以购买惠普、戴尔、三星、东芝以及索尼等一线产品，其质量和售后都较优。而且大品牌产品种类丰富，外观和造型都很漂亮。

（2）如果你的预算有限，可选华硕、宏基、联想等产品，其性价比高，品牌质量都不错。这些品牌也是目前购买率较高的主流品牌。

（3）如果你资金特别有限，可选择神舟、方正等品牌。这类产品性价比最高，售后服务正逐步改善。

**6．CPU 的选择**

CPU 由 Intel 和 AMD 双雄兵分天下。从技术上和性能上来说，Intel 始终略胜一筹，AMD 的功耗始终是个问题，在台式机上好一点，毕竟有空间散热，对于笔记本来说，散热的压力不小，AMD 的优势主要在价格上，选用 AMD 的笔记本比同性能的采用 Intel 的价位要低。

（1）普通用户

以日常应用为主，比如上网下载、看电影听音乐、使用 Office 软件等。对这部分用户来说，选择低端的 CPU 产品即可，价格却便宜不少，性价比很高，能"花最少的钱，办够多的事"。如果您的预算较少，可以考虑新款赛扬双核处理器等低端产品。

（2）游戏爱好者

笔记本玩游戏 80%看显卡，10%看处理器，10%看内存。酷睿 2 双核其实就够用了，其中 T 系列和 P 系列的区别在于功耗，P 系列相对更省电一点而已。如果您心里还是总觉得它们性能不够，或是在价格相差不大的情况下，也可以考虑酷睿 i3 甚至 i5 处理器。

（3）图形图像用户

例如经常使用 3DMAX 或 Premier 等图形和视频编辑软件的用户，他们对处理器性能的要求可以说永不满足，这些软件在后期渲染和编码生成的时候，往往要耗费好几个小时甚至一整天的时间，更快的处理器可以将等待时间缩短一些。

对他们而言，应该根据自己的预算选择尽可能好的处理器，从目前的情况来看，酷睿 i7 无疑是首选，如果预算较低，选择酷睿 i5 也不错，因为酷睿 i5 和 i7 支持睿频加速技术，能进一步提高处理器性能。

（4）户外使用者

这类用户对电池续航时间有很高要求，而且希望笔记本越轻薄越好。对那些经常出差，需要在旅途中办公的用户来说，处理器在性能够用的前提下，自然是越省电越好。从目前的情况来看，SU 系列处理器是比较实惠的选择（注：S 代表小型封装，U 代表超低电压），比如 SU4100 和 SU7300。如果预算充裕的话，新一代的 i5-520UM 则更为理想。

**说明**　　如果您已经有了一部主流计算机，出差时想带一部便携的小本，对性能要求不高，又希望价格便宜的话，也可以考虑买一部上网本。但需要注意，Atom 系列处理器仅能满足最基本的日常应用，我们不建议您将上网本当作笔记本来使用。

### 7．产品的验收

购买新的笔记本电脑后，通常可以按照以下步骤验收产品。

① 打开包装箱，找出保修卡，核对一下系列号，机器底部铭牌的系列号，外包装箱序列号以及 BIOS 中的系列号必须一致，否则很可能是商家动过手脚或者拼装货。

② 找出说明书，查看随机产品清单，按清单所列的条目清点随机配件。

③ 取出主机，仔细察看外壳是否有划痕、擦伤、裂缝，因为机器很可能在运输过程中受到损伤。

④ 仔细查看螺丝是否有拧花的痕迹，以断定该笔记本电脑是否被拆开过，换过零件。

⑤ 轻轻摇晃笔记本电脑，仔细听是否有异物的响声，作为精密仪器的笔记本电脑，出厂前经过严格的检验，出现异物响声情况的几率近乎为零。

⑥ 检查各个容易留下使用痕迹的地方，以断定这台笔记本电脑是否被使用过。

- 键盘的键帽是否有油亮的现象。
- USB 插口是否有多次插拔的痕迹。
- 机器的接缝。
- CPU 散热口是否有灰尘。
- 电池与机器插槽的接触部分以及电池的表面是否有插痕。
- 底部橡胶脚垫是否有污损，不干胶商标是否有卷角或者撕开重贴的现象。

⑦ 开机后打开写字板，按平时的使用习惯输入文字，看看是否存在个别按键不灵敏或者卡壳现象，检查键盘按键是否有接触不良或者失灵的情况。

⑧ 打开光驱，检查一下光驱托盘以及光头上是否一尘不染，最好找一些光盘试用一下，检测其读盘性能。看看光盘读取是否正常，有无挑盘现象。

⑨ 打开操作系统自带的声音文件，仔细听是否有杂音、破音、异响，以检测喇叭工作是否正常。

### 【技能训练 7-2】——掌握笔记本电脑的维护技巧

为了延长笔记本电脑的使用寿命，在使用时应注意以下维护要点。

### 1．注意日常维护

在使用笔记本电脑时，要注意以下维护要点。

① 笔记本电脑的第一大戒就是摔。一般的笔记本电脑都装在便携包中，放置时一定要把包放在稳妥的地方。

② 笔记本比一般计算机要更注意不能在强磁场附近使用。不要将笔记本长期摆放在阳光直射的位置下，经常处于阳光直射下容易加速外壳的老化。

③ 笔记本经常会在各种环境下使用，原则上，要比台式机更容易脏，而笔记本结构非常精密，要比台式机更不耐脏；此外，大部分笔记本的便携包是不防水的，所以如果下雨天，你背着笔记本外出，需要采取一定的防雨措施。

④ 笔记本主要是为移动办公服务的，所以，你应该只安装你很了解的稳定的软件，不要拿笔记本电脑试一些没有把握的软件。笔记本电脑上的软件装得太杂，难免引起一些冲突或这样那

的问题。

⑤ 不要随便拆卸笔记本。如果是台式机，即使你不懂计算机，拆开了可能也不会产生严重后果，而笔记本不一样，拧下个螺钉都可能带来麻烦。稍不留神就可能将它拆坏，而且你自行拆卸过的计算机，厂家一般不会保修。

⑥ 保存好你的驱动。笔记本电脑的硬件驱动都是一些非常有针对性的驱动程序，要做好驱动备份，并且注意保存，一旦驱动丢失了，要找齐就不容易了。

⑦ 散热问题一直都是笔记本设计中的难题。由于空间的限制和能源的要求，在笔记本中不可能安装像台式机中使用的那种大风扇。因此，使用时一定要注意给你的机器的散热位置保持良好的通风条件，不要阻挡住散热孔。冬天在被窝里就不好，因为万一睡着了不但容易压坏它，还容易因为散热差而损坏。

**2. LCD 屏幕的保护**

保护 LCD 屏幕时，要注意以下要点。

① 不要拆卸掉 LCD 的保护膜，可避免灰尘及指纹。

② 不要使用尖锐物品，如原珠笔等直接接触 LCD，那将可能使 LCD 划伤。

③ 笔记本不能承受过重的物品放在其上面，可能会导致 LCD 破裂，要注意产品包装袋中标志的最大承受重量。

④ 可以使用工业酒精或是玻璃清洁剂等，先沾一些在柔软的棉布上，以直线方式轻轻擦拭 LCD 屏幕，清洁剂不要过量，以免流入 LCD 的缝隙中，造成 LCD 的线路短路和腐蚀。

**3. 电池的保养**

笔记本长期插着电不但会造成电池温度过高，相对的高温也会影响本身电池的化学活性，日积月累久了之后，电池的化学能便会慢慢降低，最后使电池的供电时间减少。

① 长时间使用外接电源的客户，在电池充满之后应尽量将电池取下，确保电池的化学活性在最佳的状态。

② 若电池长期不用至少每月使用电池工作一次，使其充放电。

③ 第一次使用新购笔记本电脑时，应将电池充足 8 个小时，以便让电池维持最佳状态。

**4. 键盘的保养**

键盘是笔记本电脑使用者最常接触的部分，经年累月下来键盘间都会积聚一些灰尘。

① 定期用干净的油漆刷清除键盘缝隙间的灰尘或杂物，或使用一般清洁照相机镜头的高压喷器罐，将灰尘吹出来。

② 稳定的清洁剂先喷洒在软布上，然后用软布轻轻擦拭键盘，如此不但可将键盘上的油渍轻易地清除，也可以增加键盘与手指间的摩擦力，使打字更为顺手。

③ 注意不要将水撒到键盘上，这可能导致内部印制电路的严重损坏。如果不小心进水应立即切断电源，取下电池，然后找专业人员来处理，不要自行拆卸，可能会扩大损伤。

**5. 硬盘的保护**

硬盘最脆弱的时候是在开机及关机的时候。

① 开机时硬盘激活，电动机的转数还未趋于稳定。如果此时震动的话容易产生盘片损伤造成坏道

② 而关机时，使用者常因为硬盘盘片未完全静止就任意搬动，此时也很容易造成硬盘的伤害。

③ 笔记本电脑应尽量在稳定的状况下使用，避免在火车、汽车等会晃动的地点操作计算机，如此可延长硬盘的寿命。

### 6．光驱的保护

光驱是目前计算机中最易衰老的部件，笔记本的光驱大多也不例外。

① 笔记本光驱大多是专用产品，损坏了要更换是比较麻烦的。用笔记本看 VCD 或听音乐都不是好习惯，更换笔记本光驱的钱足够你买上一台高级 VCD 机或 CD 随身听了。

② 使用光驱时应尽量避免在计算机旁抽烟，香烟中的尼古丁，会聚集在 CD 激光头上，导致读取不良。

③ 不要使用劣质盘片，不规则形状盘片，否则可能严重损坏激光头；平常可用 CD 清洁片，清洁 CD 的读头。

### 7．风扇的保护

风扇的保护要点如下。

① 定期检查风扇是否有积尘而导致散热不良，进而影响计算机的稳定性。

② 若有积尘可用小毛刷，伸入风扇内部，轻轻刷拭，可将积尘刷出。

③ 有些笔记本电脑刚开机时会自动测试您计算机的风扇，若开机时，风扇是无反应的，建议您跟服务站联络，以避免过热造成机器损坏。

### 8．触摸板的使用

触摸板的保护要点如下。

① 使用触摸板时应保持双手清洁，以免鼠标指针乱跑。

② 如表面有脏物，可用软布沾水轻轻擦干净。

③ 触摸板采用静电感应原理，不要使用尖锐物品在上面书写，也不需重压使用，以免造成损坏和变形。

### 9．其他注意事项

此外还要注意以下要点。

① 轻开轻关 LCD 上盖，以避免 LCD 连接线因施力过重而松动，导致屏幕闪烁。

② 应定期更新驱动程序，以保证笔记本电脑的兼容性和稳定性，定期备份笔记本中的重要资料，以降低数据损失的危险性。

③ 除非有特别说明，否则笔记本电脑所有外围接口都不能在开机的时候连接周边设备。

④ 笔记本电脑是高频电子设备，应避免外来干扰，例如移动电话，不能放在正在运行的笔记本电脑上，否则来电话时可能导致笔记本死机或自动关机。

# 任务二　选购平板电脑

平板电脑（英文：Tablet Personal Computer，简称 Tablet PC、Flat Pc、Tablet 或 Slates），是一种小型、方便携带的个人计算机，以触摸屏作为基本的输入设备，允许用户通过触控笔或数字笔进行作业来取代传统的键盘或鼠标。

## 一、认识平板电脑

### 【知识准备】

平板电脑由比尔·盖茨提出，应支持来自 Intel、AMD 和 ARM 的芯片架构，从微软提出的平板电脑概念产品上看，平板电脑就是一款无需翻盖、没有键盘、小到放入手袋，但却功能完整的 PC。

### 1. 平板电脑的发展历程

平板电脑的命名由苹果公司已故 CEO 乔布斯提出，并且申请了专利。

① 微软在苹果提出之后，也做过设想，但由于当时的硬件技术水平还未成熟，而且所使用的 Windows XP 操作系统是为传统计算机设计，并不适合平板电脑的操作方式。

② 直到 2010 年 iPad 的出现，平板电脑才真正进入人们的视野。iPad 由苹果公司首席执行官史蒂夫·乔布斯于 2010 年 1 月 27 日在美国旧金山欧巴布也那艺术中心发布，让各 IT 厂商将目光重新聚焦在了"平板电脑"上。

③ iPad 重新定义了平板电脑的概念和设计思想，取得了巨大的成功，从而使平板电脑真正成为了一种带动巨大市场需求的产品。这个平板电脑（Pad）的概念和微软那时（Tablet）已不一样。2011 年 9 月，随着微软的 Windows 8 系统发布，平板电脑阵营再次扩充。

④ 2012 年 6 月 19 日，微软在美国洛杉矶发布 Surface 平板电脑，Surface 可以外接键盘，微软称，这款平板电脑接上键盘后可以变身"全桌面 PC"Surface 背面微软将提供多种色彩的外接键盘。

### 2. 平板电脑的优势

平板电脑在外观上，具有与众不同的特点。有的就像一个单独的液晶显示屏，只是比一般的显示屏要厚一些，在上面配置了硬盘等必要的硬件设备，如图 7-24 所示。

图 7-24　典型平板电脑

（1）特有的操作系统

其特有的操作系统，不仅具有普通计算机的功能，增加了手写输入，扩展了计算机的功能。扩展使用 PC 的方式，使用专用的"笔"，在计算机上操作，使其像纸和笔的使用一样简单。同时也支持键盘和鼠标，像普通计算机一样的操作。

（2）便携移动

平板电脑像笔记本电脑一样体积小而轻，可以随时转移它的使用场所，比台式机具有移动灵活性。

（3）数字化笔记

平板电脑就像 PDA、掌上电脑一样，做普通的笔记本，随时记事，创建自己的文本、图表和图片。

（4）个性化使用

平板电脑的最大特点是，数字墨水和手写识别输入功能，以及强大的笔输入识别、语音识别、手势识别能力，且具有移动性。

# 二、了解平板电脑的分类

【知识准备】

平板电脑带有触摸识别的液晶屏，可以用电磁感应笔手写输入，集移动商务、移动通信和移动娱乐为一体，具有手写识别和无线网络通信功能，被称为上网本的终结者。

## 1. 双触控平板电脑

双触控平板电脑同时支持电容屏手指触控及电磁笔触控。简单来说，iPad 只支持电容的手指触控，但是不支持电磁笔触控，无法实现原笔迹输入，所以商务性能相对是不足的。目前在全球市场上，双触控平板电脑并不多见，主要原因在于其工艺和技术难度相对较高。

KUPA X11（见图 7-25）是全球首款使用 1 366×768 分辨率高清双触控平板电脑，能同时支持手指多点灵敏触控和电磁笔精准书写，在键盘之外为用户提供更为舒适、自然、快捷的输入方式。

图 7-25　双触控平板电脑　　　　　　　　　图 7-26　滑盖型平板电脑

## 2. 滑盖型平板电脑

滑盖平板电脑的好处是带全键盘，同时又能节省体积，方便随身携带。合起来就跟直板平板电脑一样，将滑盖推出后能够翻转。它的显著优势就是方便操作，除了可以手写触摸输入，还可以像笔记本一样键盘输入，输入速度快，尤其适合炒股、网银时输入账号和密码，如图 7-26 所示。

## 3. 纯平板电脑

是将计算机主机与数位液晶屏集成在一起，将手写输入作为其主要输入方式，它们更强调在移动中使用，当然也可随时通过 USB 端口、红外接口或其他端口外接键盘/鼠标（有些厂商的平板电脑产品将外接键盘/鼠标。

## 4. 商务平板电脑

平板电脑初期多用于娱乐，但随着平板电脑市场的不断拓宽及电子商务的普及，商务平板电脑凭其高性能、高配置迅速成为平板电脑业界中的高端产品代表。一般来说，商务平板用户在选择产品时看重的是处理器、电池、操作系统、内置应用等"常规项目"，特别是 Windows 下的软件应用，对于商务用户来说更是选择标准的重点。

## 5. 工业用平板电脑

简单点说，就是工业上常说的一体机，整机性能完善，具备市场常见的商用计算机的性能，如图 7-27 所示。多数针对工业方面的平板电脑都选择工业主板，价格较商用主板价格高，并采用 RISC 架构。性能要求不高，但是性能应非常稳定。

#### 6. 学生平板电脑

学生平板电脑是平板电脑发展尤其是商务平板电脑进入 ELP（电子教育产品）行业的产物，也被 ELP 行业称为第五代电子教育产品。2011 年是属于学生平板电脑的一年，众多学习机企业纷纷推出"学生平板电脑"，这些产品只是让学习机具备了上网功能。

#### 7. 儿童平板电脑

儿童平板电脑也是平板电脑进入 ELP（电子教育产品）行业的产物，用户不仅包括了学生，还包括了学龄前幼儿。儿童平板电脑最大

图 7-27 工业用平板电脑

的价值是专门为孩子提供了一个相对安全的认识世界、学习知识、开创自我的方式。儿童平板电脑产品从"玩伴"需求催生而来，"后天"又被赋予了教育的价值，跨界"玩具+教育"，从使用形态上来看是此前的电子玩具、掌上游戏机或点读机等产品的升级产品。

# 三、认识 iPad

【知识准备】

iPad 是一款苹果公司于 2010 年发布的平板电脑，定位介于苹果的智能手机 iPhone 和笔记本电脑产品之间，通体只有四个按键，提供浏览互联网、收发电子邮件、观看电子书、播放音频或视频等功能，到目前为止已经发行 3 个版本。

#### 1. 入手前的准备工作

在使用 iPad 前，首先需要了解以下知识。

（1）硬件和软件准备

首先是要有一台带有 USB 2.0 接口的计算机，并且已经安装了以下任意一种操作系统：Mac OS X 或 Windows 7，Windows Vista 或者 Windows XP（安装了 service pack 3 或者更高版本）。其次便是计算机上已经安装有 iTunes 9.1（或者更高版本）。

（2）iTunes store

作为一款苹果公司的产品，我们需要一款叫做 iTunes 的软件来把计算机里的资料传输到 iPad 中。目前 iTunes 的最新版本为 10.2，最好同时申请一个美国账号和一个中国账号，以方便更新下载各种功能，可以自己进行申请。

#### 2. 了解 iPad

iPad 1 代于 2010 年 1 月发布，其外形如图 7-28 所示。2011 年 9 月，iPad 2 代正式上市，其外形如图 7-29 所示。2012 年 3 月，苹果公司在美国芳草地艺术中心发布第三代 iPad。苹果中国官网信息，苹果第三代 iPad 定名为"全新 iPad"。

图 7-28 iPad 1 代

图 7-29 iPad 2 代

iPad 电池为内置锂离子充电电池，可维持 10 h 的连续正常使用。虽然市面上可更换电池，但是推荐使用其自身的原装电池。如果希望延长电池使用时间，可以适当调整屏幕亮度，管理下载的应用程序，关闭 Wi-Fi，开启飞行模式，减少使用定位服务等方式。

如果希望延长电池使用寿命，每个月至少完成一次充放电循环，即充电到电池达到 100%点亮，并连续使用，直到屏幕出现必须进行充电的提示为止。

### 3．使用 iPad

iPad 激活后屏幕上共有 14 个图标（即随机安装了 14 个软件），分别如下。

① 日历：当前的日期保留在 iPad 上。

② 通讯录：在 iPad 上保持最新联系人。

③ 备忘录：随时随地记录备忘录。

④ 地图：查看全球各个位置的地图、卫星影像图。

⑤ 视频：播放 iTunes 资料库或影片收藏中的影片、电视节目。

⑥ YouTube：从 YouTube 的在线收藏播放视频。需设置并登录到 YouTube 账户。

⑦ iTunes Store：在 iTunes Store 中搜索音乐、有声读物、电视节目、音乐视频和影片，在计算机和 iPad 间同步数据。

⑧ App Store：在 App Store 中搜索您可以购买或下载的应用程序。

⑨ 设置：可对 iPad 进行个性化设置，如网络、邮件、Web、音乐、视频、照片等。管理 iPad 无线局域网账户，设定自动锁定和安全密码。

⑩ Safari：用于浏览互联网上的网站。连按两次以放大或缩小，可打开多个网页。可与计算机 Explorer 同步书签。

⑪ Mail：使用多种流行的电子邮件服务、大多数业内标准 POP3 和 IMAP 电子邮件服务收发电子邮件。

⑫ 照片：将拍摄的照片和视频整理到相簿。

⑬ iPod：与 iTunes 资料库同步，然后在 iPad 上播放歌曲、有声读物。可使用"家庭共享"从计算机播放音乐。

⑭ iBooks：免费应用程序，是一个很好的电子书阅读器，它采用的 EPUB 电子书格式。你可以搜索免费的 EPUB 书籍然后使用 iTunes 同步到 iPad 的 iBooks 程序当中。

### 4．iPad 的主要功能

如果你拥有一台 iPad，你能做很多事情：能查航班信息、能处理办公文件、能当 GPS、能用来订餐、能查当日影讯、能上网、能弹钢琴、能画画、能处理图片、能做记事本、能看电影、能听音乐、能弹吉它、能当作图书馆、能成为百科全书等。

（1）TabToolkit，随身音乐梦工厂

TabToolkit 是一个功能强大的吉他六线谱与乐谱查看器，还有多音轨播放功能。其中包括一个音频合成引擎，可让用户逐一收听和控制所有音轨的音频。演奏练习工具还有重放节奏控制器、节拍器和六线谱上传下载管理器。适用于吉他的爱好者甚至专业的音乐家。在操作上，它看上去就是一把虚拟的吉他，构造上完全如同真的一样，用户只需要像弹真吉他一样弹奏，就可以发出美妙的吉他声。

（2）iBook，掌上图书馆

与此前多款电子书产品相比，在 iPad 上阅读文件就像读纸质书籍一样好。点击进入 iBook 程序，一个极具质感的木制虚拟书架就会自动显示出来。在程序的右上角，你可以找得到书店按钮，

点按一下书架就会自动移开，为你显示 iBookstore 的内容，你可以在这里按照不同方式寻找书籍，同时还可以看到读者评价，下载完成后即可阅读。

（3）Google map，全智能导航仪

如果你与朋友约了一个餐厅谈事情，但事先并不知道具体地点，本想打车过去，但谁知出租车司机也不知道。神奇的 Google map 就能发挥作用，不但能协助你找到了那家餐厅，甚至行车路线和周边设施都显示得极其精确。

（4）办公软件，移动工作室

Pages 是一款文档处理软件，类似 Windows 上的 word，可以快速输入文字、调整字体大小等文字处理，还可以插入图片、表格、自定义形状、数据图等，制作专业的工作文档。

numbers 类似于 excel，是一款表格工具，内置了十几种专业的表格模板，无论是处理预算、制定旅行计划，还是给老板做一份详细的财务统计报表，都可以胜任。

使用幻灯片工具——keynote，你一旦有了新的灵感和想法，都可以用它随时随地来给朋友或者同事做演示，非常便捷。

使用记事本——Notes Pro，除了可以使用虚拟键盘输入规范字体的文字，还允许用户尽情地在页面上涂鸦，也可以插入图片、录音、PDF 文件甚至是谷歌图书分页。

使用便签——stick it，用户将各个小便签钉在 iPad 这面"墙"上，用户可以建立多个便签，所有待办事项一目了然，非常方便。

（5）还是一台无敌游戏机

通过 iPad，你可以玩时下热门的各类社交类游戏、网络游戏。人类对于游戏永无止境的追求成就了各种经典游戏的问世，而使用 iPad 玩游戏，更能充分体现出游戏的趣味性和美感，让你真正领略游戏的至高境界。

### 5．iPad 的特点

iPad 2 采用了全新的 A5 处理器。该处理器采用双核心构架，相比 iPad 1，iPad 2 具有两倍的运算速度，9 倍的图形处理能力，大大增强了其技术实力。

（1）触摸笔，改变你的绘画方式

虽然 iPad 的人性化设计已经做到了极致，但是整天用手指摩擦屏幕还是不太舒服。利用触摸笔来完成操作是一件简单可行的事情。专门为 iPad 设计的触摸笔有很多，不但有专门画画的水笔款式，也有细致的签字笔，拥有了这些，你就可以把 iPad 当成画板和便签纸，随时随地记录你的生活。

（2）书架，改变你的阅读方式

ibook 让你体验到了用高清电子屏阅读纸质书的乐趣，不过长时间地手捧 iPad 看书是不是也会觉得疲劳，配套的书架很好地解决了这一问题。把 iPad 调整到最好的展示效果然后放在书架上，就可以轻松地阅读你喜爱的图书。

（3）喇叭，改变你的视听方式

既然被视为一台平板电脑，那么就不能忽视声音的存在。时尚的 VestalifeiPad 瓢虫喇叭通过 USB 或 4 节 AA 电池供电，以扩大 iPad 的音量，并不是谁都能把这么大的喇叭带来带去的，飞利浦设计的喇叭基座 Fidelio D8550 可以很好地与 iPad 融为一体。

（4）无线路由器，改变你的上网方式

目前，iPad 上网主要有两种方式，一种是通过内置 3G 卡上网，如果不需要随时随地上网，Wi-Fi 是不错的选择，只要是在有 Wi-Fi 网络的地方，就可以同样享受到无线上网的乐趣。此时

无线路由便是一个必要的装备，其机身底部有一个 Micro USB 接口，通过它与 iPad 连接设置后，便可以搜索到 Wi-Fi 网络，同时它还可以建立 Wi-Fi 无线局域网，让周围的 Wi-Fi 设备实现网络资源共享。

（5）键盘，改变你的办公方式

习惯了键盘操作的你的确要一段时间才能适应 iPad 触摸式的键盘模式。尽管触摸式虚拟键盘更加方便，但过于灵活以及缺乏质感还是让很多人不适应。为此，苹果公司专门配套出品了外接键盘底座。这个套装是包含一个铝苹果键盘和同步底座。键盘的整体设计完全沿用了 iMac 电脑键盘风格，操作十分方便。

**【技能训练 7-3】**——掌握平板电脑的选购要领。

近两年，随着 3G 网络、Android 系统以及 Web 2.0 在国内逐步普及的契机，平板在国内市场逐渐升温，众多厂商的海量新品铺天盖地地出现在各大电子卖场，此情此景，相信很多消费者都会有些困惑，到底应该如何选用平板电脑呢？

### 1. 操作系统

目前的主流系统分为专为平板电脑而生的苹果的 IOS 系统（iPad 系列专用）、Android 系统（音译为"安卓"，除 iPad 外的绝大多数平板电脑所采用）和从传统 PC 计算机转战到平板电脑上的 Windows 系统。

（1）IOS 系统

IOS 系统以软件标准统一（基本不会出现不兼容现象）、应用数量庞大著称，缺点在于只能使用机身自带的容量不能扩容、传输文件需要通过 iTunes 和专用数据线以及绝大多数服务需要付费（除非越狱）。

（2）Android 系统

相比而言，Android 系统的优点在于开放的环境（允许直接下载、通用的接口及数据线、更多的用户权限以及数量众多的国内应用市场）、应用数量庞大（大部分都是免费的），缺点是应用标准不统一，低配置或低版本的平板会有一部分应用程序出现卡顿或无法使用、版本分裂（目前主流的分为 2.3、4.0，不同版本的系统可能会有部分应用程序无法使用）等情况。

（3）Windows 系统

至于 Windows 系统，微软最近发布的全新 Windows RT 和 Surface 平板电脑凝聚了微软的很多心血，其与传统 PC 有着良好的继承和扩展性，Windows 8 系统的电话版本（Winphone8）现在已经可以在部分诺基亚的机型中看到（Lumia 920 等）。

### 2. 屏幕材质

对于市面上的触屏平板电脑而言，不管是苹果的 iPad 系列，还是三星 galaxy 系列，或是林林总总的国内自主品牌，都会有一块醒目的大屏幕首先映入眼帘。目前市面上应用于平板电脑的主流显示屏大体有三类：IPS 屏、MVA 屏及 TN 屏。

（1）IPS 屏幕

亮度高，色彩鲜艳，高达 178° 的可视角度为中高端产品所青睐，但功耗相对较大，低端产品有漏光现象。目前的大部分中端以上平板均采用 IPS 屏幕解决方案。IPS 屏幕色彩还原度较高，适合游戏、娱乐等需求。

（2）MVA 屏幕

MVA 屏幕 1998 年由富士通推出至今已有 10 余年的历史，整体参数和 IPS 相似，与 IPS 屏幕相比，色调偏冷，目前在国产平板电脑应用稍多。MVA 屏幕更适合阅读及浏览网页。

（3）TNF 屏幕

TNF 屏幕由于可视角度较小（120°），平视屏幕时会看到明显的色彩变暗及部分反色，价格低廉，主要应用在低端产品中。

### 3．分辨率

有了一块好屏幕，自然还要有较高的分辨率才能有更好的显示效果。目前市面上的平板电脑，7 寸的产品中，低端一般为 800 像素×480 像素，这个级别的平板一般可以称为入门级，不需要太仔细看就会看到屏幕上的像素格，字体较小时会看不清。

中高端的一般可以达到 1 024 像素×600 像素或更高的 1 280 像素×800 像素，在这个分辨率下基本已经不会影响阅读文字和视觉效果，比较适合对显示效果不甚苛求的用户。

10 寸产品中，则以 1 024 像素×768 像素（4:3）或 1 280 像素×800 像素（16:9）为起步，目前已经达到了 2 056 像素×1 536 像素，这个分辨率在正常的观看距离下肉眼已经无法识别出像素点了，效果基本达到传统印刷杂志的效果，更适合对画面追求完美的用户。

### 4．屏幕尺寸

目前市面上主流的平板尺寸可以分为 10 寸（9 寸、9.7 寸、10.1 寸等相近的尺寸）和 7 寸，这两种尺寸的区别除去直观的屏幕大小及可视区域（分辨率大小）之外，也和用途有关。

一般而言，10 寸的平板一般是作为家庭娱乐或在有支撑物（桌子，支架或者你的腿）的情况下比较适合，因为大尺寸的另外一个方面就是更多的重量。

除了大小的差别，各个尺寸对应的屏幕比例也有差别。9.7 寸（iPad）为 4:3 比例，适合游戏、娱乐。7 寸（nexus7、kindle fire）、10.1 寸（三星 galaxy 系列）为 16:9 比例，更适合影音及高清视频、影片的观看。

7 寸平板现在正在逐渐成为平板的主流，原因在于更轻的重量和大小适中的屏幕，众多厂商都相继推出不同款式的 7 寸屏幕平板产品。多数 7 寸屏幕的平板，都是采用 16:9 或 16:10 宽屏设计的，其厚度一般都在 12mm 以内，可以插到裤子后袋，这种设计，可谓是找到了当前平板产品性能、用户体验度和便携性之间的最优化平衡点。

### 5．屏幕操控

在屏幕的操控方式方面，传统的平板多采用电阻式触摸屏，可用任何硬物触控，触控精度高，适于手写和绘画等；其屏幕表面为软质材料，易划花，但较电容屏抗冲击性强，其质量较轻，成本较低。

新一代的平板多选用电容式触摸屏，利用人体电场感应，触控感流畅轻松，适于滑触动作（如电子书的翻页，网页的滚动等），在精细触屏输入方面与电阻触摸屏相当（如中文手写和绘制设计图等），可支持多点触控；其屏幕表面可以使用硬质材料制作，抗划防花，质量较重，成本也相对较高。

### 6．核心硬件

平板电脑的核心硬件包括 CPU、GPU 和内存等，其性能关系到平板电脑是可以流畅的运行 3D 游戏，还是只能看看网页逛逛论坛。一般来说，参数越高说明硬件配置越好。这方面大家可以根据实际购买时的需求决定。

一般而言，800～1GMHz 的单核 CPU+1G 左右的内存（一般会写成 RAM），就可以流畅地运行 Android 系统下的大部分游戏（如愤怒的小鸟和切水果等）。而如果希望用平板流畅地玩一些画面华丽的 3D 游戏，则推荐 1.5G 单核或双核 1G 以上，至于苹果的 iPad 系列，由于苹果的机型较少，且对系统及软件的严格把控，所以不必考虑这些参数问题。

### 7. 扩展应用

如果说，无线互联是平板的基本价值，那么，端口扩展则是平板的溢出价值。随着平板设备的性能越来越强大，其实现"大而全"的可能性就越来越高，要把手上的平板性能发挥到极致，设备就要具有相当的扩展性。

（1）存储与 USB 的扩展

其中，最简单、最常用的扩展，自然就是存储与 USB 的扩展，多数平板可支持扩展卡，少数产品还可以通过 USB-HOST，支持硬盘或其他 USB 设备，如 U 盘、摄像头、USB 键盘、3G 数据卡等。随着高清、游戏、应用的进一步增长，用户对平板容量与应用宽度的需求肯定越来越大，市场上此类存储与 USB 扩展的平板也会愈渐增多。

目前中高端的平板，包括三星 Galaxy Tab、东芝 AS100 等产品，很多都提供了 HDMI 数字输出接口，拥有此接口的平板可以把 HD 高清音视频信号输出到如家庭影院等设备中，从而实现 DVD机、高清播放器等传统产品的功用，令平板的娱乐价值进一步提升。

（2）蓝牙功能扩展

蓝牙在平板上的应用跟计算机上的蓝牙应用差不多，主要就是实现文件无线传输、无线输入、无线音频输出等。目前市场上支持蓝牙的平板还不多。

（3）GPS 导航扩展

目前，部分高端平板已开始支持 GPS 导航，而导航类软件也可在现有的平板系统良好兼容，既然平板的设计跟 GPS 导航仪那么相似，而软硬件平台又提供支持，GPS 与平板的融合势必成为今后的一大趋势。

（4）通话功能扩展

虽然现在市场上已经有不少支持 3G 上网的平板，但这些平板大多不具备通话功能，目前仅有三星 Galaxy Tab、戴尔 Streak 等少数产品支持通话功能，今后，平板与通话、蓝牙功能的结合，同样是一大亮点。

### 8. 网络连接

目前，消费市场上流行的平板上网方式，主要有 Wi-Fi 无线连接与 3G 移动网络两大方式，两种上网方式有其不同的特点和适用范围，选择平板产品的时候可以根据自己的需求做好选择。

（1）Wi-Fi 无线网络

Wi-Fi 无线网络是 Wi-Fi 联盟制造商的商标（也可作为产品的品牌认证），是一个创建于 IEEE 802.11 标准的无线局域网络（WLAN）设备标准。目前，Wi-Fi 的主流标准包括 802.11a/b/g/n，是平板产品的主流上网方式，其稳定性适中，速度较快，功耗较低，通过无线点，可以在一定空间范围内自由移动，费用较低或免费。

（2）3G 移动网络

3G 移动网络可用空间范围最广，中国移动、中国联通和中国电信都分别拥有各自的 3G 网络，理想状态下可认为是随处可用，但功耗较高、辐射较大、费用较高、标准互相排斥，且受到实际网络信号覆盖的限制。目前支持 3G 移动网络的平板产品又分为外置无线上网卡与内置模块，其标准多为电信 CDMA2000 和联通 WCDMA，需要支付数据流量资费。

总体看来，得益于无线路由器的普及，如果家里或公司原来"可以上网"的话，那要变成"能让平板通过 Wi-Fi 上网"在家里或公司上网，是非常简单的一件事。即使在外，在很多大城市的公共场所也有 Wi-Fi 热点覆盖，在那里也可以用平板通过 Wi-Fi 上网，所以一台标配支持 Wi-Fi 的平板设备已经可以达到"准随时随地"上网，当然，对于要求较高、预算较为充裕的用户，选购支持 3G 移动网络的平板，会是更佳选择。

# 任务三　选购品牌计算机

品牌机是计算机生产商组装的计算机，这种计算机有着固定的品牌，例如戴尔（Dell）、联想（Lenovo）和惠普（HP）等。兼容机则是计算机用户根据自己的需要选购不同品牌计算机配件组装而成。没有固定的品牌。

## 一、品牌机和兼容机的比较

【知识准备】

### 1．兼容机的特点

兼容机以 DIY（DO IT YOURSELF）精神为指导，最大的特点就是硬件选择和整机组装的自由度很高，没有固定的模式，用户可以根据自己的需求选购各种硬件。

① 自己做主，按需选购。组装完全符合自己需要的计算机，例如配置产品音响效果最佳的计算机，配置显示效果最好的计算机等。

② 开支较小。相对于品牌机而言，一台同样配置的兼容机可以比品牌机节省数百元乃至上千元，对大部分用户而言，这就节约了一笔不小的开支。

③ 升级空间大。用户在选购兼容机配件时，可以预先留下一定的升级空间，有利于日后对计算机性能进行升级。

④ 对用户的专业知识要求较高。兼容机的配件选购完全由个人做主，要求购买者要熟悉各种计算机配件的相关性能、技术参数和市场行情。如果用户想亲自动手组装计算机，那更需要掌握相应的计算机装配与调试技术。

与品牌机完善的质保和售后服务相比，兼容机的质保期较短，一旦某个配件出现故障，维修起来相对麻烦。

### 2．品牌机的特点

兼容机选择的整个过程比较繁琐，需要综合考虑配置、价格、质量和售后等诸多因素，那些缺乏专业知识的用户可能根本就摸不着头脑。

① 购买过程简单方便。选择品牌机省去了详细配置硬件的麻烦。

② 稳定性较高。每一台品牌机在出厂前都经过严格的测试，相对于兼容机而言，稳定性、兼容性和可靠性都较高。

③ 可以得到高附加值的产品。每一台品牌机都会随机赠送正版的操作系统和各类应用软件，方便用户的使用。

④ 售后服务较好。一般而言，品牌机都有 3 年的质保期，而在技术咨询方面更非兼容机可比，可以省去很多后顾之忧。

⑤ 价格偏高。品牌机本身的附加值较高，广告宣传费用、推广费用以及后期的服务费用等均摊到产品上，这样就造成相同配置的品牌机比兼容机价格高。

⑥ 可升级性差。品牌机往往在机箱上贴了封条，如果擅自拆卸机器，就失去了保修资格，使得用户不敢随便对计算机进行升级。

⑦ 瓶颈效应突出。品牌计算机为了降低成本，突出卖点，一般是 CPU 配置较高而其他配置

较低，这样就影响了计算机的整机性能。

最后通过表 7-1 给出兼容机与品牌机的详细对比。

表 7-1                                         兼容机与品牌机的对比

| 项　　目 | 兼 容 机 | 品 牌 机 |
|---|---|---|
| 外观与人性化设计 | 虽然目前计算机配件种类多,但是组合起来却很异类<br>评分：★★☆☆☆ | 品牌机有专业的造型设计，能设计出美观新颖的机型<br>不少品牌机为了方便用户设计了内置电视卡、不开机播放音乐等功能，使产品极具个性<br>评分：★★★★☆ |
| 兼容性与稳定性 | 组装兼容机时,如果选用知名企业生产的配件，质量保障能满足<br>由于要从为数众多的产品中选取配件,且没有正规测试,兼容性则不能保证<br>评分：★★★★☆ | 品牌机的兼容性和稳定性都经过严格抽检和测试，稳定性较高<br>品牌机大多批量生产，也较少出现硬件不兼容现象<br>评分：★★★★★ |
| 产品搭配灵活性 | 不少用户装机时都需要根据专业要求突出计算机某一方面的特性,完全可以根据自己的要求灵活搭配硬件<br>评分：★★★★★ | 品牌机往往满足大多数用户的共同需求，不可能专门为几个用户生产一台计算机<br>评分：★★★☆☆ |
| 价格 | 同配置兼容机的价格都要比品牌机低<br>评分：★★★★★ | 由于包含正版软件捆绑费用、广告费用、售后服务费用等。品牌机的价格要比同配置的兼容机高<br>评分：★★★★☆ |
| 售后服务 | 兼容机的配件只有一年的质保,对于键盘鼠标等易损部件，保质期只有 3 个月<br>评分：★★★☆☆ | 品牌机一般提供一年上门三年质保的售后服务，还有 800 免费技术支持电话<br>评分：★★★★☆ |
| 选择建议 | 专业用户和具有一定专业 DIY 知识的用户可以购买兼容机，通过自己配置计算机，不但体现攒机的乐趣，更是一种学习的过程 | 家庭用户、计算机初级用户可以考虑购买品牌机，以保证质量并便于维护 |

# 二、计算机配置的原则和标准

## 【知识准备】

品牌机与兼容机都有各自的优缺点，但无论是选择兼容机还是品牌机，最重要的是符合自身应用的需要，并遵循 3 个原则：合理的配置、实用的功能、最少的开支。下面以兼容机为例来介绍如何合理配置自己的计算机。

### 1. 五"用"

五"用"原则主要包括以下 5 个方面。

（1）适用

"适用"就是所配置的计算机要能够满足用户的特定要求。用户因使用目的不同，对计算机性能的要求也不同，用户在购买时一定要清楚自己的需求（是学习、娱乐、设计还是工作），才能在配置计算机时得心应手。

（2）够用

"够用"是指所配置的计算机能够达到自己的基本需求而不必超出太多。如果只是以家用为目的，不需要运行大型的 3D 游戏或设计软件，则不必选择比较高端的配件；而对于有特定要求的用户，则应该按需选用高配置的配件。

（3）好用

"好用"是指计算机的易用性，用通俗的话说就是容易上手，能够很好地完成用户给予的指令。

（4）耐用

"耐用"一方面指计算机的健康与环保性，如符合 TCO 认证标准的 LCD 显示器可以更好地保证使用者的健康，另一方面也强调计算机的可扩展性，因为计算机的升级能力也是评价计算机耐用程度的一项指标。

（5）受用

"受用"是包括品牌、服务和价格等在内的一个感性概念。用户在配置计算机时，应该把几项内容加以综合比较和考虑，不要一味地强调价格。目前市场上有一些低价配件，尽管价格很低，但几乎没有配套服务，用户千万不要图一时的利益而导致长久的隐患。

### 2．3个"避免"

组装兼容机的用户一定要有正确的购机思路，避免陷入购机误区。

（1）避免"逐步升级"的思想

现在计算机配件几乎每半年就要更新一次，技术标准和价格行情也会随之变化，因此，在选购配件时，用户应该选择当前的主流产品，只要能够实现所要求的功能就可以了，没有必要预留太多的升级空间。

（2）避免"CPU 决定一切"的思想

很多用户以为 CPU 的性能决定一切，认为只要有了好的 CPU，机器的性能就一定不会差。其实不然，根据木桶理论，一台计算机的整体性能很大程度上是由整体配置中性能最低的配件所决定的，因此，每一个计算机配件都很重要，即使是毫不起眼的电源也会对计算机的整体性能产生影响。如果没有好的硬件与之配套，再好的 CPU 也无法提升系统功能，所以一定要注意计算机配件间的合理搭配。

（3）避免"最新的就是最好"的思想

有的用户以为最新的计算机配件就是最好的。的确，最新的计算机配件有着更为先进的技术和更好的功能，但它也有不足之处，从一方面来讲，计算机配件在刚上市时，价格最为昂贵；从另一方面来讲，还是按照木桶理论，如果没有足够的软件及其他配件与之配合，它所发挥的功能也会大打折扣。

**【技能训练 7-4】——掌握品牌计算机的选购要领**

品牌计算机对于热衷于 DIY 玩家显然是不适合的。但是对于一般的家庭用户，对计算机没有什么特殊的要求，购买品牌计算机是不错的选择。

### 1．著名的计算机品牌

目前市场上主要的品牌计算机如下。

① 苹果 Apple：1976 年美国，世界品牌，领导品牌。

② 联想 Lenovo：1984 年北京，中国驰名商标，中国名牌，国家免检产品。

③ 惠普 HP：1939 年美国，世界品牌。

④ 戴尔 Dell：1984 年美国，世界品牌。

⑤ 方正 Founder：中国驰名商标，中国名牌，一线品牌。

⑥ 神舟 Hasee：2001 年深圳，隶属于新天下集团。

⑦ 宏基 Acer：1976 年中国台湾，领先的计算机品牌。

⑧ 华硕 ASUS：1989 年中国台湾，领先的计算机品牌。

⑨ 海尔 Haier：中国驰名商标，中国名牌，一线品牌。

⑩ 东芝 Toshiba：日本驰名商标。

### 2. 品牌计算机的分类

品牌计算机根据规模大小、知名度、国际国内市场占有率以及技术支持能力等因素可分为多种档次。

（1）第一阵营

第一阵营的产品为国际级知名产品，拥有强大的技术实力。例如苹果、HP、Dell 等都属于国际级知名品牌。这一档次的产品由于品牌附加值高，所以同等配置下价格是最高的，但其稳定性极高，配置比较平衡，硬件质量也严格把关，正常使用基本不会出现硬件问题。

鉴于此类计算机稳定性高、平均无故障时间长但价格偏高的特点，多为机关和单位所选用，也有一部分为预算较多的家庭个人用户所选用。这些跨国集团凭借雄厚的技术实力，针对计算机知识一般的大众家庭用户设计了家电化的计算机产品，此类计算机将常用的扩展功能以专用功能键的方式独立出来，使用户操作尽可能的简单，同时它的外形也摆脱传统计算机的形式，参照时尚化的设计给人耳目一新的感觉，使用起来就像操作一台普通的家电。

（2）第二阵营

第二阵营为国内著名企业生产的品牌计算机，在国内也有相当的知名度，凭借本地化的优势，售后服务工作也有很好的保证，有的产品还提供了全国联保。计算机配置贴近国内用户的需要，部件通用性强，多采用标准接插口，方便用户日后以通用配件升级。

这类计算机部件由定点厂家 OEM，并经过多道检验，出厂前成品整机经过测试和一定时间的烤机，使开箱合格率和翻修率都控制在一个比较理想的水平。此类产品以国内著名的联想、方正、清华同方等品牌为代表。这一档次的计算机性能和稳定性基本可以与国外品牌机媲美，甚至有些厂商已经成为国际化的公司，但价格上要优惠不少。

（3）第三阵营

第三阵营的品牌计算机主要产自当地有一定规模的企业，在特定区域范围内有一定的名气。产品主要靠组装为主，作为专业单位，对计算机的配置和硬件质量的把关较一般用户和计算机城里的装机商更有针对性，同时也具备一定的技术力量和售后服务能力。

（4）第四阵营

第四阵营的品牌计算机多是一些小单位企业在申请了品牌以后自己组装的计算机，除了多了一个商标名称外，本质上与兼容机没有大的区别。这些所谓的品牌计算机多没有联销网点，只是在计算机城租一两个门面出售，售后服务能力相当有限。

此类计算机一般以低价位吸引顾客，甚至价格比组装兼容机还便宜。为了保持利润，往往利用用户对计算机硬件配置的一知半解，采用高档 CPU 配廉价主板加低价位显卡的策略，并在其他地方能省则省。

### 3. 根据个人的预算确定计算机品牌

如果预算充裕自然定位于国际品牌，其品质和易操作性能绝对不会让用户失望。如果用户要求价廉物美，国产的品牌机（也就是上文中提到第二第三阵营的计算机）也是不错的选择，现在很多国产品牌机造型和功能已经很多样化，用户很容易选购到适合自己的计算机。

至于第四阵营的计算机，总的说来与兼容机没有多大的区别，有时还不如现场拼装的机器，所以选购此类计算机要慎重。在确定了品牌档次后就要在同档次各品牌间作比较，配置与价格、售后服务与技术支持、计算机的易用性与外观都是考虑的因素。

最后经过权衡确定了品牌和机型，剩下是购买的问题，建议购买品牌机最好直接到专卖店选购，他们货源充足，技术力量也相对较强，当场试机也比较方面。有时碰巧遇上优惠活动还能得到额外的礼品。

说明

有些品牌计算机个别型号特别突出某些功能，如配置了大尺寸的液晶显示器等，这对一般的家庭用户来说不是非常必须，而且使计算机的价格上升不少。选购品牌计算机，尤其是中档价位的产品，不应过分追求某些超前的功能或配置。品牌机多用显卡的显存容量多少来标志显卡配置的档次，这样是不科学的，建议用户问清显卡芯片的型号和显存容量以便全面比较。

### 4. 根据用途确定计算机品牌

同一品牌的计算机一般也有档次之分，入门级的机型适合基本应用和文字处理，中高档计算机可以适应大部分家庭应用和娱乐的要求，高档机型采用目前最高档的处理器，大容量内存也是基本配置，使用中高档显卡，有的还配置有大尺寸高性能的液晶显示器，价格一般也很高，对于家庭用户这可谓是顶级配置。用户根据自己的应用需要和预算选购。

品牌机根据用途的不同，通常提供家用计算机和商用计算机以及面向高端的图形工作站、服务器等。家用计算机主要在多媒体和 3D 图象处理性能方面增强。商用计算机主要面向单位办公用户，配置比较简单，注重文本显示质量和稳定性。图形工作站和服务器一般提供给专业用户使用，价格也非常高。不同用途的可以根据自身的需要选购相应类型的计算机。

### 5. 选择适用的机型

现在有些品牌机厂商在其计算机的配置宣传单中，往往只将一些最重要的、一般消费者最关心的配件列出来。这是因为多数普通用户还是不太懂计算机知识，只知道 CPU 越快越好，内存、硬盘越大越好。所以，购买品牌机时也要刨根问底，把所有配置到底是什么都问个清楚。（有许多部件是配送的，如有的主板配送内存条、有的配送光驱、有的则配送杀毒软件）。

购买计算机的用户因其使用目的不同而对于计算机的要求也千差万别。例如：学生使用计算机主要用于教育、娱乐；专业人士则强调功能的强大以适应其工作的需求。通常厂商也会因此对其产品进行分门别类地划分以满足不同的需求。

作为用户在选择计算机的时候就一定要清楚自己的需求，是学习、娱乐、设计、游戏还是工作，从而做到选择计算机的时候有的放矢。在软件方面，大多数品牌机都预装了操作系统和一些应用软件。少数较具实力的厂商能针对自己的机型开发出个性化的软件，为用户提供友好易用的界面，如联想计算机附送的"幸福之家"、清华同方的"水木清华"、TCL 的"I 家园"等，这些都可以成为你选购的理由。

### 6. 重视易用性

现在很多计算机，由于对家用的考虑，都提供一些方便使用的功能。一般来说这种易用性主要表现在对计算机软件的易用性和操作的易用性两方面。

软件的易用性指用户可以非常方便地根据计算机给予用户的提示、指令，轻易地根据指令完成既定的目的。例如，如果计算机拥有一个桌面导航系统，就会为用户清楚地了解计算机提供极大的方便。现在很多家用计算机都采用了快捷键的功能键盘配备。比如，一键上网、收发 E-mail、播放 VCD 等，这些都简便了操作过程，而这些恰恰是那些兼容机所不具备的。

### 7. 重视扩展性

就像前面说的，现在很多品牌家用计算机的配置方面都模糊不清。而目前，计算机的升级能力也已经成为评价计算机的一项重要标准。因此，用户在选择计算机的时候，一定要考虑它是否拥有升级能力，以及升级能力是否优异。

### 8. 重视附加价值

除了机器以外，很多品牌机还会提供一些随机附赠的物品，不管商家送你什么东西，归根结底是要结算到产品的成本里去的。从某种意义上说，这是一种变相的搭售行为。所以，购买品牌机时就必须考虑到这些东西是否实用，是否值得。

有些则赠送内容丰富的正版软件包，内容包罗万象，有计算机学习、娱乐、办公、常用工具等，省去用户另外购买的麻烦。不过，也有的厂商搭送的光盘只是一些网上随时可下载到的共享软件。有些厂商在用户购买品牌机的时候还提供了许多优惠方案，如以大大低于市价的价钱购买打印机、扫描仪、数码产品等，如果需要这些设备，就不要错过机会。

### 9. 重视售后服务

很多人购买品牌机都是冲着其良好的售后服务的。一般规模较大的著名品牌机都会提供三年的免费保修服务。形式却不尽相同，第一年为上门服务。其余两年为送修服务（即自己负责机器的运送）；有些则三年都为送修服务。也有的品牌机售后只一年的保修，并要求用户把机器送到维修点，选购时一定要注意。

# 任务四 选购一体机

一体机又称计算机一体机，是由一台显示器、一个键盘和一个鼠标组成的计算机，如图 7-30 所示。其芯片、主板与显示器集成在一起，显示器就是一台计算机，因此只要将键盘和鼠标连接到显示器上，机器就能使用。随着无线技术的发展，一体机的键盘、鼠标与显示器可实现无线连接，机器只有一根电源线，从而解决了的台式机线缆多而杂的问题。

图 7-30　典型一体机

### 【知识准备】

眼下很多商家推出了一体机，一体机比传统的台式机确实占用空间小了很多。一体机是台式计算机和笔记本电脑的混合产物。它集合了台式机的大屏幕和笔记本的美观紧凑的优点。

### 1. 一体机的优势

一体机的优势主要表现为以下几个方面。

（1）简约无线

最简洁优化的线路连接方式，只需要一根电源线就可以完成所有连接。减少了音箱线、摄像头线、视频线、网线、键盘线和鼠标线等。

（2）节省空间

比传统分体台式机更纤细，联想一体台式机可节省最多70%的桌面空间。

（3）超值整合

同价位拥有更多功能部件，集摄像头、无线网线、音箱、蓝牙和耳麦等于一身。

（4）节能环保

一体台式机更节能环保，耗电仅为传统分体台式机的1/3（分体台式机2个小时耗1度电，一体台式机6小时仅耗1度电），电磁辐射更小。

（5）潮流外观

一体台式机简约、时尚的实体化设计，更符合现代人对家居节约空间、美观的宗旨。

## 2．一体机的劣势

一体机的劣势主要表现为以下方面。

（1）产品层次方面

因为涉及到散热及制造工艺等方面的原因，一体机难有高功耗高配置机型。大部分一体机配置相对较弱，仅能满足部分需求。

（2）散热方面

一体机的散热差是制约一体机发展的主要原因，目前的产品通过采用笔记本配件来逐步解决一体机散热性差的问题。

（3）升级方面

如何提升一体机的可升级性是生产制造厂商应该考虑的问题，如何确保一体机在一段时间内不过时，就需要生产制造厂商在硬件配制方面确实下点工夫。

（4）维修方面

一体机的维修需要专业人员来维护，在购机时一定要考虑生产制造厂商的售后服务问题。

## 3．一体机的应用

一体机通常适合以下人群使用。

① 家里空间比较小，或者喜欢简洁明快生活的用户。一体机和笔记本电脑占用的空间差不多。

② 对3D游戏等大功耗应用没有太高要求的用户。因为一体机的散热系统也和笔记本差不多，没有台式机散热能力好。

③ 对计算机硬件不感兴趣的用户。一体机的结构与笔记本一样紧凑，不能随便拆解和替换。维修的时候只能使用相同的部件，不能随意升级换代。

④ 不打算带着计算机随意走动的用户。一体机虽然在很多方面很像笔记本，但却没有笔记本的便携性。

【技能训练7-5】——掌握一体机的选购要领

选购一体机时，主要考虑以下基本因素。

## 1．23寸全高清大屏是首选

大尺寸的显示屏并支持1080P全高清的一体机是不少用户的首要选择。23寸全高清LCD显示屏，是业内公认的最佳一体机黄金尺寸，其分辨率可达1 920像素×1 080像素。除了游戏时视野更宽广、画质更细腻外，其完美的点距也促使人眼感觉非常舒适。

据统计，人们使用计算机浏览页面或文字处理的最佳屏幕尺寸是 23 寸，过大或过小的尺寸会使用户产生不适的感觉。

### 2. 一体机能力实用很重要

当前计算机硬件的发展速度早已远超出用户的应用需要。一体机市场上也有多数满足高端用户或者有特殊应用需要的产品，例如目前非常流行的触控功能。但是，这些一体计算机的价格相对较高。对于普通家庭用户来说，选购一体机配置够用就行，在购机前首先考虑自身的实际需要，再选择能完全满足你日常需要的产品。

### 3. 贴心的家居化细节设计

选购一体机除了要关注屏幕尺寸和配置之外，最容易忽视的一点是，一体机还针对家居环境进行了贴心的家居化设计，这也是一体机产品区别很多台式计算机的一大亮点所在。

（1）在散热方面

部分产品创新地设计了鲨鱼式出风口，最大化的增加了散热孔的数量，以保证了系统的稳定性，不仅能够确保各种大型应用程序的流畅运行，也使整机能在低噪声状态下稳定运行。

（2）防辐射方面

防辐射功能成为越来越多家庭用户的选购重点，有些产品提出了"全三维"辐射屏蔽概念；有的产品在所有辐射量大的部件上都巧妙地安装高档防辐射金属屏蔽罩，最大程度地下降了电磁辐射对人体的危害。

（3）细节设计方面

多数细节上的设计也是在选购一体机时应根据用户的具体情况酌情考虑的问题。例如独立的 VGA 视频输入功能、支持关闭显示器后的音乐播放等功能以及壁挂的功能等。

# 小　结

笔记本电脑因其便携和美观的特点受到越来越多用户的青睐，正逐渐成为计算机市场的销售热点，选购笔记本电脑时要兼顾便携性和质量两个指标。平板电脑是一种小型、方便携带的个人计算机，采用触摸方式取代键盘和鼠标输入，成为计算机娱乐的主流产品，这类产品更新换代周期短。

品牌计算机主要为企业大规模生产，用的配件属于正品，企业有一定的信誉，这是消费者选购品牌计算机的最主要原因。一体机的选购要像选购家电产品一样，应考虑其是不是针对家庭进行了特别的家居化设计，能选购到真正适合个人的一体机产品，促使个人的家居环境美观舒适。

# 习　题

1. 简要总结笔记本电脑的选购要领。
2. 明确笔记本电脑的日常维护技巧。
3. 总结平板电脑的选购要领。
4. 简要总结品牌计算机的选购要领。
5. 对比笔记本电脑、平板电脑以及一体机各自的优势和劣势。

# 项目八
# 系统优化、备份与安全设置

Windows 7 操作系统在运行一些程序时，总会产生一些垃圾文件，系统的一些默认设置会影响系统的运行速度，所以要对系统进行适时的优化和清理。同时系统还可能被病毒、木马等所破坏，所以对系统进行必要的备份和还原也是十分重要的。

**学习目标**

掌握手动优化系统的方法。
掌握利用软件优化系统的方法。
掌握利用系统自带工具备份与恢复系统的方法。
掌握利用软件备份与恢复系统的方法。

# 任务一 系统优化

通过对计算机的优化操作可以提升计算机的运行速度，提高计算机的工作效率。

## 一、优化开机启动项目

在计算机中安装应用程序或系统组件后，部分程序会在系统启动时自动运行，这将影响系统的开机速度，用户可以关闭不需要的启动项来提升运行速度。

**【操作案例 8-1】——优化开机启动项目**

① 打开【控制面板】窗口，切换到【大图标】视图，单击【管理工具】选项，如图 8-1 所示。
② 在打开的【管理工具】窗口中双击【系统配置】选项，如图 8-2 所示。

图 8-1 启动管理工具

图 8-2 启动系统配置

③ 在打开的【系统配置】对话框中切换到【启动】选项卡，在列表框中取消选中不需要启动计算机时运行的项目，如图 8-3 所示，然后单击 确定 按钮。

图 8-3　选取开机启动项目

# 二、设置虚拟内存

虚拟内存是系统在硬盘上开辟的一块存储空间，用于在 CPU 与内存之间快速交换数据。当用户运行大型程序时，可以通过设置虚拟内存来提高程序的运行效率。

【操作案例 8-2】——设置虚拟内存

① 在桌面上的【计算机】上单击鼠标右键，在弹出的菜单中选取【属性】选项，如图 8-4 所示。

② 在打开的【系统】窗口中单击【高级系统设置】选项，如图 8-5 所示。

图 8-4　启动属性设置　　　　　　　　　　图 8-5　【系统】窗口

③ 随后打开【高级属性】对话框，切换到【高级】选项卡，单击 设置(S)... 按钮，如图 8-6 所示。

④ 在【性能选项】对话框中选中【高级】选项卡，然后单击 更改(C)... 按钮，如图 8-7 所示。

⑤ 在【虚拟内存】对话框中取消选中【自动管理所有驱动器的分页文件大小】复选框，在【驱动器】列表中选择设置虚拟内存的磁盘分区。

⑥ 选中【自定义大小】选项，按照如图 8-8 所示设置虚拟内存数值，最后单击 设置(S) 按钮，

设置结果如图 8-9 所示。

图 8-6　【系统属性】窗口

图 8-7　更改虚拟内存

图 8-8　修改虚拟内存大小

图 8-9　修改结果

⑦ 使用同样的方法为其他磁盘设置虚拟内存，然后单击 确定 按钮。

⑧ 根据系统提示重启系统使设置生效。

# 三、设置 Windows 防火墙

Windows 防火墙是 Windows 操作系统自带的安全软件，他可以防止计算机被外网恶意程序破坏，保护用户的计算机。Windows 7 操作系统默认打开了 Windows 防火墙。

【操作案例 8-3】——启动防火墙

① 打开控制面板，在控制面板中选择【系统和安全】选项，如图 8-10 所示。

② 弹出系统和安全窗口，单击【Windows 防火墙】选项，如图 8-11 所示。

③ 弹出【Windows 防火墙】窗口，在左侧单击【打开或关闭 Windows 防火墙】选项，如图 8-12 所示。

④ 弹出【打开关闭防火墙】窗口，在【家庭和工作网络】与【公共网络】选择【启动 Windows 防火墙】单选按钮，如图 8-13 所示。

图 8-10　启动系统和安全功能

图 8-11　启动防火墙

图 8-12　启动防火墙

图 8-13　启用 Windows 防火墙

【操作案例 8-4】——设置防火墙

① 进入【Windows 防火墙】窗口，在左侧单击【高级设置】选项，如图 8-14 所示。

图 8-14　防火墙属性

② 弹出高级安全窗口，首先在本地计算机列表框单击【入站规则】选项，然后在入站规则的列表框单击【新建规则】选项，如图 8-15 所示。

图 8-15 新建入站规则

③ 弹出【新建入站规则】窗口，在要创建的规则类型单选框栏选中【程序】选项，然后单击 下一步(N) > 按钮，如图 8-16 所示。

图 8-16 选择规则类型

④ 弹出【指定入站规则程序路径】窗口，选中【此程序路径】单选框，然后单击浏览按钮，选择添加入站规则的程序，然后单击 下一步(N) > 按钮，如图 8-17 所示。

⑤ 弹出【符合条件的操作】窗口，选中【允许连接】单选框，然后单击 下一步(N) > 按钮，如图 8-18 所示。

⑥ 弹出【配置文件】窗口，选中【域】、【专用】和【公用】复选框，然后单击 下一步(N) > 按钮，如图 8-19 所示。

图 8-17　程序路径

图 8-18　选择操作

图 8-19　配置文件

⑦ 弹出【新建入站规则向导】窗口，在【名称】文本框输入入站规则的名称，然后单击 完成(F) 按钮，如图 8-20 所示。

图 8-20 设置名称

⑧ 退出新建入站规则向导，在入站规则下可以看到刚刚添加的例外程序，如图 8-21 所示。

图 8-21 完成添加

# 任务二 备份与还原系统

由于用户的误操作或木马病毒的侵入导致计算机系统崩溃，这时只能重装系统，但是重装系统步骤比较繁琐，不仅要进行数据备份，还要重新安装软件，耗费大量时间。备份系统可以有效地避免这种问题。

# 一、使用 GHOST 备份操作系统

一键 GHOST 是一款硬盘克隆软件，它将硬盘的分区中的所有资料克隆成一个 GHO 文件，并通过引导来进行还原，在不需要登录 Windows 的情况下进行还原，可以解决很多系统崩溃、无法启动、系统中毒等问题。

### 【操作案例 8-5】——使用 GHOST 备份系统

① 下载安装"一键 GHOST"软件，安装好后双击桌面图标打开软件，首先选中【一键备份系统】单选框，然后单击 备份 按钮，如图 8-22 所示。

② 弹出重启提示窗口，单击 确定 按钮重启计算机进行备份系统，如图 8-23 所示。

图 8-22　GHOST 选择功能

图 8-23　关机重启提示

③ 此时计算机将会自动重启，重启后在进入 Windows 之前会出现 Windows 启动管理器，选择【一键 GHOST】选项，如图 8-24 所示。

④ 出现 GRUB 菜单，选择【GHOST，DISKGEN，MHDD，DOS】选项（程序会自动选择），如图 8-25 所示。

图 8-24　启动管理菜单

图 8-25　GRUB 菜单

⑤ 出现 DOS 一级菜单，选择【1KEY GHOST 11.2】选项（程序会自动选择），如图 8-26 所示。

⑥ 出现 DOS 二级菜单，选择【IDE/SATA】选项（程序会自动选择），如果 8-27 所示。

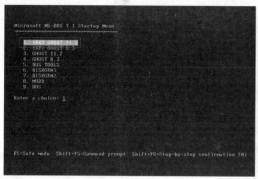

图 8-26　DOS 一级菜单　　　　　　　　　　　　　图 8-27　DOS 二级菜单

⑦ 出现一键 GHOST 窗口，选取【一键备份系统】选项，如图 8-28 所示。

⑧ 出现一键备份系统警告窗口，单击【备份】按钮进行备份，如图 8-29 所示。

图 8-28　GHOST 主菜单

图 8-29　一键备份窗口

⑨ 此时 GHOST 将会自动进行备份，可以通过进度条查看备份进度，这可能需要几十分钟时间，如图 8-30 所示。

⑩ 一段时间后备份结束，弹出成功窗口，单击 重启(R) 按钮重启计算机，如图 8-31 所示。

图 8-30　GHOST 自动备份

图 8-31　备份成功

⑪ 系统重启后打开 F 盘，可以看到【~1】文件夹。该文件夹是备份系统所生产的，如图 8-32 所示。

⑫ 打开【~1】文件夹，里面存放着 C_PAN.GHO 备份文件，该文件存储着刚刚系统备份的信息，如图 8-33 所示。

图 8-32　备份安装目录

图 8-33　备份好的文件

说明　　　一般镜像文件放在第一个硬盘的最后一个分区中，这里这个盘是 F 盘，GHO 存放的路径为【F:\~1\C_PAN.GHO】。一般情况下，为了防止用户误操作删除该文件，因此该文件默认是隐藏文件，用户是查看不了的，可以通过文件夹选项选择【查看所有文件及文件夹】选项后，才能看到该文件。

# 二、使用 GHOST 还原操作系统

【操作案例 8-6】——使用 GHOST 还原系统

① 双击运行【一键 GHOST】软件，首先选中【一键恢复系统】单选框，然后单击 恢复 按钮，如图 8-34 所示。

② 弹出重启提示窗口，单击 确定 按钮重启计算机进行系统恢复，如图 8-35 所示。

图 8-34　GHOST 选择功能

图 8-35　关机重启提示

③ 此时计算机将会自动重启，重启后在进入 Windows 之前会出现 Windows 启动管理器，选择【一键 GHOST】选项，如图 8-36 所示。

④ 出现 GRUB 菜单，选择【GHOST, DISKGEN, MHDD, DOS】选项（程序会自动选择），如图 8-37 所示。

图 8-36　启动管理菜单　　　　　　　　　　　图 8-37　GRUB 菜单

⑤ 出现 DOS 一级菜单，选择【1KEY GHOST 11.2】选项（程序会自动选择），如图 8-38 所示。

⑥ 出现 DOS 二级菜单，选择【IDE/SATA】选项（程序会自动选择），如图 8-39 所示。

图 8-38　DOS 一级菜单　　　　　　　　　　　图 8-39　DOS 二级菜单

⑦ 出现【一键 GHOST】窗口，选取【一键恢复系统】选项，如图 8-40 所示。

⑧ 出现一键备份系统警告窗口，单击 恢复(R) 按钮进行还原，如图 8-41 所示。

图 8-40　GHOST 主菜单　　　　　　　　　　　图 8-41　一键恢复窗口

⑨ 此时 GHOST 将会自动进行还原，可以通过进度条查看还原进度，这可能需要几十分钟时间，如图 8-42 所示。

⑩ 一段时间后，一键恢复成功，弹出成功画面，单击 重启(R) 按钮重启计算机，进入操作系统后发现已经将系统进行了恢复，如图 8-43 所示。

图 8-42　GHOST 正在恢复

图 8-43　恢复成功

## 三、创建系统还原点

Windows 系统自带有【系统还原】功能，可以通过记录还原点设置，来记录用户对系统的修改，当系统出现故障时，可以通过系统还原从而还原到上一个状态，使用 Windows 还原点比较占用系统分区空间，并且必须在 Windows 能启动的情况下才能进行还原。

【操作案例 8-7】——创建系统还原点

① 在桌面右键单击计算机图标，在弹出的菜单中选择【属性】选项，如图 8-44 所示。

② 弹出属性窗口，在左侧单击【系统保护】选项，如图 8-45 所示。

图 8-44　进入属性窗口

图 8-45　属性窗口

③ 弹出系统属性窗口，在保护设置选项栏中单击 创建(C)... 按钮，如图 8-46 所示。

④ 弹出创建还原点窗口，在文本框输入对还原点的描述，然后单击 [创建(C)] 按钮，如图8-47所示。

图8-46　系统属性

图8-47　创建还原点

⑤ 弹出正在创建还原点窗口，系统将自动创建还原点，如图8-48所示。

⑥ 一段时间后，系统完成还原点创建，单击 [关闭(O)] 按钮关闭窗口，如图8-49所示。

图8-48　正在创建还原点

图8-49　完成还原点创建

# 四、还原系统

创建还原点后，计算机出现故障或者运行缓慢时，可以将系统还原到刚刚创建的状态。

【操作案例8-8】——还原系统

① 在桌面右键单击计算机图标，在弹出的菜单中选择【属性】选项，如图8-50所示。

② 弹出属性窗口，在左侧单击【系统保护】选项，如图8-51所示。

图8-50　进入属性窗口

图8-51　属性窗口

③ 弹出系统属性窗口，在系统还原选项栏中单击 系统还原(S)... 按钮，如图 8-52 所示。

④ 弹出还原系统文件和设置窗口，单击 下一步(N) > 按钮，如图 8-53 所示。

图 8-52　系统属性

图 8-53　还原系统文件和设置

⑤ 弹出选择还原点窗口，在列表框里面选择还原点，然后单击 下一步(N) > 按钮，如图 8-54 所示。

⑥ 弹出确认还原点窗口，单击 完成 按钮，如图 8-55 所示。

图 8-54　选择还原点

图 8-55　确认还原点

⑦ 弹还原警告窗口，单击 是 按钮，如图 8-56 所示。

⑧ 还原程序将做还原的准备工作，如图 8-57 所示。

图 8-56　还原提示窗口

图 8-57　准备还原

⑨ 一段时间后，系统会自动还原到指定的还原点，如图 8-58 所示。

⑩ 一段时间后，还原完成，此时计算机会自动重启，重启后会弹出还原成功的提示窗口，如图 8-59 所示。

图 8-58　正在还原

图 8-59　还原完成

# 任务三　备份与还原文件

用户一般都是将数据保存在硬盘上面，因此可能会出现一些故障导致数据的丢失，通过数据的备份与还原可以有效地避免这种情况。

## 一、备份与还原字体

Windows 的字体文件都是保存在 Windows 下的"Fonts"文件下面，避免字体丢失，可以通过保存该文件夹的字体到其他分区中，重装系统后可以进行恢复。

【操作案例 8-9】——备份与还原字体

① 在【开始】菜单中选择【控制面板】选项，如图 8-60 所示。

② 弹出控制面板窗口，选择【外观和个性化】选项，如图 8-61 所示。

图 8-60　进入控制面板

图 8-61　控制面板窗口

说明

如果控制面板窗口和这个窗口不一样，可能是查看方式不同，可以通过单击右上角的查看方式下拉框，选择【类别】选项即可。

③ 出现外观和个性化窗口，单击【字体】选项，如图 8-62 所示。

④ 弹出字体窗口，选中所有字体，然后单击鼠标右键，在弹出的菜单中选择【复制】选项，如图 8-63 所示。

图 8-62　外观和个性化窗口　　　　　　　图 8-63　复制所有字体文件

 此处可以按 Ctrl+A 组合键选中全部文件，按 Ctrl+C 组合键复制全部文件。

⑤ 将这些字体文件复制到备份的一个目录下面，本例在 E 盘新建一个【字体】目录，将备份字体放在里面，如图 8-64 所示。

⑥ 当出现故障而引起字体丢失时，可以通过下面方法进行还原。和上面操作一样，打开控制面板，选择【外观和个性化】选项，然后在右侧栏选择【字体】选项，弹出字体窗口，将刚刚备份的字体全部复制到当前目录即可。如果出现字体已安装提示，单击 否(N) 按钮即可，如图 8-65 所示。

图 8-64　备份字体目录　　　　　　　图 8-65　还原字体

## 二、备份与还原注册表

注册表存放着各种参数，控制着 Windows 的启动、硬件驱动、软件设置等，注册表出现错误可能会导致某些软件异常，更严重可以导致系统崩溃，因此，备份好注册表可以有效地避免这种情况。备份注册表可以通过软件进行备份，也可以使用 Windows 自带备份功能进行。

**【操作案例 8-10】——备份注册表**

① 在【开始】菜单的【搜索程序和文件】文本框输入 "regedit" 然后按回车键，如图 8-66 所示。

② 弹出注册表编辑器窗口，在左侧选择要备份的注册表目录，如图 8-67 所示。

图 8-66 打开注册表管理器　　　　　　　　图 8-67 注册表管理器

③ 在任务栏单击【文件】选项，在弹出的快捷菜单中选择【导出】选项，如图 8-68 所示。

④ 弹出导出注册表窗口，在【保存在】下拉框选择保存目录，再在文件名文本框输入保存注册表文件名，然后单击 保存(S) 按钮，如图 8-69 所示。

图 8-68 选择导出选项　　　　　　　　图 8-69 选择导出位置

**【操作案例 8-11】——还原注册表**

① 在注册表编辑器窗口的任务栏单击【文件】选项，在弹出的快捷菜单中选择【导入】选项，如图 8-70 所示。

② 弹出导入注册表窗口，选择要导入的注册表，然后单击 打开(O) ▼ 按钮，如图 8-71 所示。

# 三、备份与还原 IE 收藏夹

IE 收藏夹保存用户常访问的网站，如果重装系统会丢失这些信息，因此备份 IE 收藏夹可以有效避免这种情况。首先介绍备份 IE 收藏夹方法。

图 8-70　选择导入选项　　　　　　　　　　图 8-71　还原注册表

**【操作案例 8-12】——备份收藏夹**

① 首先打开 IE 浏览器，然后按 Alt 键激活菜单栏，如图 8-72 所示。

图 8-72　打开 IE 浏览器

② 单击菜单栏的【文件】选项，在弹出的快捷菜单中选择【导入和导出】选项，如图 8-73 所示。

图 8-73　选择导入和导出

③ 弹出【导出/导入设置】窗口，选中【导出到文件】单选项，然后单击 下一步(N)> 按钮，如图 8-74 所示。

④ 弹出保存内容窗口，选择需要保存的内容，这里选中【收藏夹】前面的复选框，然后单击 下一步(N)> 按钮，如图 8-75 所示。

图 8-74　导入导出设置

图 8-75　选择导出内容

⑤ 弹出希望从哪个文件夹导出收藏夹，选中【收藏夹】文件夹，然后单击 下一步(N)> 按钮，如图 8-76 所示。

⑥ 弹出保存目录对话框，选择需要保存的目录，然后单击 导出(E) 按钮，完成导出，如图 8-77 所示。

图 8-76　选择导出收藏夹

图 8-77　选择导出位置

### 【操作案例 8-13】——还原收藏夹

① 进入【导入/导出设置】窗口，选中【从文件导入】单选项，然后单击 下一步(N)> 按钮，如图 8-78 所示。

② 弹出导入内容窗口，选择需要导入的内容，这里选中【收藏夹】前面的复选框，然后单击 下一步(N)> 按钮，如图 8-79 所示。

③ 进入从何处导入收藏夹窗口，选中备份的文件，然后单击 下一步(N)> 按钮，如图 8-80 所示。

④ 弹出导入收藏夹的目标文件窗口，选择需要导入的目标文件夹，这里选中【收藏夹】文件夹，然后单击 导入(I) 按钮，完成导入，如图 8-81 所示。

图 8-78　导入导出设置　　　　　　图 8-79　选择导入内容

图 8-80　选择导入文件　　　　　　图 8-81　选择导入目标文件夹

# 四、备份与还原 QQ 聊天记录

QQ 聊天记录可能对用户有重要的意义或者其他作用，备份好 QQ 聊天记录可以让用户保存好这些聊天信息。

【操作案例 8-14】——备份聊天记录

① 登录腾讯 QQ，弹出 QQ 主界面，单击 图标，如图 8-82 所示。

② 弹出消息管理器窗口，在左侧消息分组的列表框中选择要备份的聊天记录，如图 8-83 所示。

图 8-82　QQ 主界面　　　　　　　图 8-83　消息管理器

③ 单击【导出和导入】右侧的下三角按钮，在弹出的菜单中选择【导出消息记录】选项，如图 8-84 所示。

④ 弹出另存为窗口，选择需要保存的目录，在文件名文本框输入保存聊天记录的文件名，然后单击 保存(S) 按钮，如图 8-85 所示。

图 8-84 选择导入和导出选项

图 8-85 选择保存目录

### 【操作案例 8-15】——恢复聊天记录

① 打开消息管理器，单击【导入和导出】按钮，如图 8-86 所示。

② 弹出数据导入工具窗口，选择导入内容，在【消息记录】前的复选框打钩，如图 8-87 所示。

图 8-86 选择导入和导出选项

图 8-87 选择导入内容

③ 选择导入方式，在【从指定文件导入】单选框前打钩，如图 8-88 所示。

④ 弹出文件浏览窗口，选择要导入的文件，然后单击 打开(0) 按钮，如图 8-89 所示。

⑤ 回到数据导入工具窗口，然后单击 导入 按钮，如图 8-90 所示。

⑥ 弹出完成导入窗口，单击 完成 按钮退出数据导入向导，如图 8-91 所示。

图 8-88　选择导入方式

图 8-89　打开目录

图 8-90　选择导入方式

图 8-91　导入成功

## 五、使用 EasyRecovery 还原数据

EasyRecovery 是一款很强大的数据恢复软件，可以恢复用户删除或者格式化后的数据，并且操作简单，用户只需要按照它的向导即可完成数据恢复的操作。

【操作案例 8-16】——恢复被删除后的文件

① 下载并安装 EasyRecovery 软件，双击打开 EasyRecovery 图标，如图 8-92 所示。

② 弹出 EasyRecovery 主界面，在左侧栏单击【数据恢复】按钮，如图 8-93 所示。

图 8-92　打开 EasyRecovery

图 8-93　EasyRecovery 主界面

③ 在右侧栏出现数据恢复选项，单击【删除恢复】选项，如图 8-94 所示。

④ 弹出目的地警告窗口，阅读提示内容并单击　确定　按钮，如图 8-95 所示。

图 8-94 选择删除恢复选项

图 8-95 目的地警告窗口

⑤ 在左侧选择要恢复的分区盘，然后单击 **下一步** 按钮，如图 8-96 所示。

⑥ 恢复程序将扫描该分区上面的文件，如图 8-97 所示。

图 8-96 选择恢复的分区

图 8-97 扫描分区文件

⑦ 一段时间后，会将被删除的文件显示出来，在左侧显示被删除文件的目录，在右侧显示该目录下的文件，在要恢复的文件或者目录前的复选框打钩，然后单击 **下一步** 按钮，如图 8-98 所示。

⑧ 弹出数据恢复目的地选项，单击 **浏览** 按钮，如图 8-99 所示。

图 8-98 选择要恢复的文件

图 8-99 选择文件保存位置

⑨ 弹出保存位置选择窗口，在浏览文件夹窗口选择要保存的目录，然后单击 确定 按钮，如图 8-100 所示。

⑩ 回到 EasyRecovery 主窗口，单击 下一步 按钮，如图 8-101 所示。

图 8-100　选择保存目录　　　　　　　　　　图 8-101　完成目录设置

⑪ 一段时间后，安装向导将完成恢复，并弹出数据恢复成功窗口，此时可以在刚刚选择的目录下看到还原的文件，单击 完成 按钮，如图 8-102 所示。

⑫ 出现保存恢复提示窗口，单击 否 按钮完成数据恢复，如图 8-103 所示。

图 8-102　完成数据恢复　　　　　　　　　　图 8-103　保存恢复提示

### 【操作案例 8-17】——恢复被格式化的硬盘

① 进入 EasyRecovery 主界面，在左侧窗口选择【数据恢复】选项，然后在右侧选择【格式化恢复】选项，如图 8-104 所示。

② 弹出恢复被格式化磁盘选择窗口，在左侧栏选择要恢复的分区，然后单击 下一步 按钮，如图 8-105 所示。

③ 恢复程序会自动扫描格式化硬盘的文件，如图 8-106 所示。

④ 一段时间后，扫描结束，所有丢失的文件将全部显示出来，在要恢复的文件或文件夹前面的复选框打钩，然后单击 下一步 按钮，如图 8-107 所示。

图 8-104 EasyRecovery 主界面

图 8-105 选择被格式化分区

图 8-106 扫描格式化分区文件

图 8-107 选择要恢复的文件

⑤ 弹出数据恢复目的地选项，单击 [浏览] 按钮，如图 8-108 所示。

⑥ 弹出保存位置选择窗口，在浏览文件夹窗口选择要保存的目录，然后单击 [确定] 按钮，如图 8-109 所示。

图 8-108 选择恢复目标

图 8-109 选择恢复目录

⑦ 回到 EasyRecovery 主窗口，单击 [下一步] 按钮，如图 8-110 所示。

⑧ 一段时间后，安装向导将完成恢复，并弹出数据恢复成功窗口，此时可以在刚刚选择的目

录下看到还原的文件，单击 完成 按钮，如图 8-111 所示。

图 8-110　完成目录选择　　　　　　　　　图 8-111　完成格式化恢复

# 任务四　系统安全设置

在如今的网络时代，系统安全是计算机应用中的重要问题。安全性不好的计算机不但容易遭受病毒入侵，更是黑客的工具目标。

## 一、禁止弹出"用户账户控制"对话框

Windows 7 操作系统的用户账户控制功能是一种系统账户权限紧密连接的安全防护机制，一旦有程序需要更高的权限时，例如安装软件时候，就会弹出该对话框，这给有些用户造成了一些麻烦。

【操作案例 8-18】——禁止弹出"用户账户控制"对话框

① 打开控制面板，在控制面板中选择【用户账户和家庭安全】选项，如图 8-112 所示。

② 在弹出用户账户和家庭安全窗口选择【用户账户】选项，如图 8-113 所示。

图 8-112　打开控制面板　　　　　　　　　图 8-113　用户账户和家庭安全

③ 弹出用户账户窗口，单击【更改用户账户控制设置】选项，如图 8-114 所示。

④ 弹出用户账户控制设置，在左侧滑动条有 4 个安全级别选择，其每个级别含义在右边的文本框有相应的解释，要禁止弹出"用户账户控制"对话框，需要选择最低的级别，然后单击确定按钮。如图 8-115 所示。

图 8-114　用户账户

图 8-115　用户控制设置

# 二、防范间谍软件

Windows 7 中集成了反间谍软件，能有效防止间谍软件对系统的破坏。间谍软件泛指未经过用户允许进驻系统并自动运行，将用户信息收集后传给第三方的软件。

Windows Defender 是 Windows 7 的反间谍软件，其实时保护和自动扫描通常都在后台运行，用户也可以按照以下步骤手动扫描间谍软件。

【操作案例 8-19】——防范间谍软件

① 打开【控制面板】窗口，使用大图标显示，然后单击【Windows Defender】选项，如图 8-116 所示。

② 在弹出的窗口中单击【扫描】按钮右侧 按钮，从弹出的快捷菜单中选取不同的扫描方式，这里选取【自定义扫描】选项，如图 8-117 所示。

图 8-116　启动防范间谍软件

图 8-117　定义扫描方式

③ 在图 8-118 所示窗口中单击 选择(E)... 按钮。

④ 在弹出对话框中单击选中要扫描的磁盘分区，如图 8-119 所示，然后单击 确定 按钮。

图 8-118　选择扫描范围

图 8-119　选择磁盘

⑤ 返回到图 8-118 所示界面，单击 立即扫描(C) 按钮开始对选定的磁盘分区进行扫描，如图 8-120 所示。

⑥ 在图 8-118 中单击顶部右侧的【工具】选项，在窗口中选取【选项】选项，如图 8-121 所示。

图 8-120　开始扫描

图 8-121　打开选项设置

⑦ 按照图 8-122 所示设置自动扫描参数，完成后单击 保存(S) 按钮。

⑧ 在窗口左侧单击【默认操作】选项，可以设置系统根据恶意软件对系统威胁级别的默认处理方式，如图 8-123 所示。

说明　与 360 安全卫士等第三方软件相比，Windows Defender 功能更稳定，扫描速度更快，还能尽可能地减少对用户使用系统的干扰。只有在发现间谍软件后，才会在系统通知区给出提示信息。

图 8-122　设置扫描选项　　　　　　　　　　图 8-123　更改默认操作

# 三、使用 360 杀毒软件杀毒

使用 360 杀毒方式灵活，用户可以根据当前的工作环境自行选择。

【操作案例 8-20】——快速扫描

快速扫描可以使用最快的速度对计算机进行扫描，迅速查杀病毒和威胁文件，节约扫描时间，一般用在时间不是很宽裕的情况下扫描硬盘。

① 在托盘区单击 按钮启动 360 杀毒软件。

② 在图 8-124 中单击【快速扫描】按钮开始快速扫描硬盘。

图 8-124　启动快速扫描

③ 扫描结束后显示扫描到的病毒和威胁程序，如图 8-125 所示。选中要处理的项目，然后单击 开始处理 按钮清除威胁。

图 8-125　处理扫描到的威胁

如果在图 8-126 所示界面底部选中【自动处理扫描出的病毒威胁】复选框，则扫描完成后将自动处理扫描到的威胁对象，如果选中【扫描完成后关闭计算机】复选框，则在处理完威胁对象后自动关机。

在扫描结果中，通常包含病毒、威胁和木马等恶意程序。

① 病毒：一种已经可以产生破坏性后果的恶意程序，必须严加防范。

② 威胁：不会立即产生破坏性影响，但这些程序会篡改计算机设置，使系统产生漏洞，从而危害网络安全。

③ 木马：一种利用计算机系统漏洞侵入计算机后窃取文件的恶意程序，木马程序伪装成应用程序安装在计算机上（这个过程成为木马种植）后，可以窃取用户计算机上的文件、重要的账户密码等信息。

图 8-126　扫描过程

【操作案例8-21】——全盘扫描

　　快速扫描虽然快速，但是扫描并不彻底。全盘扫描比快速扫描更彻底，但是耗费的时间较长，占用系统资源较多。建议全盘扫描安排在工作间隙的时间来完成，例如休息时间或者夜间，这样可以避开系统资源的冲突。

　　① 在图8-127中单击【全盘扫描】按钮开始全盘扫描硬盘。

图8-127　全盘扫描

　　② 扫描完成后，按照与快速扫描相同的方法处理威胁文件。

【操作案例8-22】——指定位置扫描

　　指定位置扫描是指扫描指定的硬盘分区或可移动存储设备。例如计算机上接入U盘或移动硬盘后，可以对其进行扫描，以防止将病毒传染给计算机。

　　① 在图8-128中单击【指定位置扫描】按钮，随后打开【选择扫描目录】对话框。

　　② 系统显示目前连接到本机的硬盘分区以及移动存储设备，选中需要扫描的对象，如图8-129所示，然后单击 扫描 按钮。

图8-128　指定位置扫描

图8-129　选取扫描的磁盘

系统开始扫描选定的设备，扫描完成后对威胁对象的处理方法同前。

如果要终止扫描操作，可以在图 8-126 中单击 停止 按钮，然后在弹出的对话框中单击 确定 按钮。单击 暂停 按钮可以暂停扫描过程，需要重新启动时单击 继续 按钮即可恢复前次中断的扫描任务。

# 小 结

本项目主要介绍了对系统进行优化、备份、还原以及各种安全防护方法和技巧。通过本项目的学习，读者应该对系统的维护有所掌握，本项目所涉及的优化方案已经基本可以满足用户使用 Windows 7 操作系统的需求。

# 习 题

1. 简要说明可以使用哪些方法优化系统。
2. 如何备份和还原系统，有条件的情况下自己动手进行相应操作。
3. 如何备份和还原计算机上的文件，有条件的情况下自己动手进行相应操作。
4. 下载并安装 360 杀毒软件，练习其用法。

# 项目九
# 计算机系统的管理和维护

如果一台计算机日常维护良好，不但可以提高工作效率，还能延长使用寿命；缺乏维护的计算机出错频率高，甚至可能导致数据丢失，造成无法挽回的损失。本项目主要介绍常用的计算机系统管理方法和维护技巧。

**学习目标**

明确计算机的工作环境要求及使用注意事项。

了解计算机常用维护工具及它们的用途。

掌握日常维护的相关知识和维护技巧。

明确计算机账户的配置和管理方法。

学会使用 360 安全卫士维护计算机系统。

# 任务一　计算机的日常使用

为了计算机能够长期稳定地工作，用户应该给计算机提供一个良好的运行环境，并掌握正确的使用方法，这是减少计算机故障必须具备的条件。

## 一、计算机的环境要求

**【知识准备】**

一般情况下，计算机的工作环境有如下要求。

### 1. 计算机运行环境的温度要求

计算机通常在室温 15 ~ 35℃的环境下都能正常工作。若低于 10℃，则含有轴承的部件（风扇和硬盘之类）和光驱的工作可能会受到影响；高于 35℃，如果计算机主机的散热不好，就会影响计算机内部各部件的正常工作。

　　　　在有条件的情况下，最好将计算机放置在有空调的房间内，而且不宜靠墙放置，特别不能在显示器上放置物品或遮住主机的电源部分，这样会严重影响散热。

### 2. 计算机运行环境的湿度要求

在放置计算机的房间内，其相对湿度最高不能超过 80%，否则会由于器件温度由高降低时结露（当然这个露是看不见的），使计算机内的元器件受潮，甚至会发生短路而损坏计算机。相对湿度也不要低于 20%，否则容易因为过分干燥而产生静电作用，损坏计算机。

### 3. 计算机运行的洁净度要求

放置计算机的房间不能有过多的灰尘。如果灰尘附落在电路板或光驱的激光头上，不仅会造成其稳定性和性能下降，还会缩短计算机的使用寿命。因此房间内最好定期除尘。

### 4. 计算机对外部电源的交流供电要求

计算机对外部电源的交流供电有两个基本要求：一是电压要稳定，波动幅度一般应该小于 5%；二是在计算机工作时供电不能间断。在电压不稳定的小区，为了获得稳定的电压，最好使用交流稳压电源。为了防止突然断电对计算机的影响，可以装备 UPS。

---

说明

UPS（Uninterruptible Power System，不间断电源）是一种含有储能装置的恒压恒频的不间断电源，用于给单台计算机、计算机网络系统或其他电力电子设备提供不间断的电力供应。当市电输入正常时，UPS 将市电稳压后供应给负载使用；当市电中断时，UPS 能继续供应 220V 交流电维持正常工作并保护负载软、硬件不受损坏。其外观如图 9-1 和图 9-2 所示。

图 9-1　山特 UPS 电源

图 9-2　典型的 UPS 电源

---

### 5. 计算机对放置环境的要求

计算机主机应该放在不易震动、翻倒的工作台上，以免主机震动对硬盘造成损害。另外，计算机的电源也应该放在不易绊倒的地方，而且最好使用单独的电源插座，以免计算机意外断电。计算机周围不应该有电炉、电视等强电或强磁设备，以免其开关时产生的电压和磁场变化对计算机产生损害。

## 二、计算机使用中的注意事项

【知识准备】

为了让计算机更好地工作，在使用时应当注意以下几点。

### 1. 养成良好的使用习惯

良好的计算机使用习惯主要包括以下几方面。

① 误操作是导致计算机故障的主要原因之一，要减少或避免误操作，就必须养成良好的操作习惯。

② 尽量不要在驱动器灯亮时强行关机。频繁开关机对各种配件的冲击很大，尤其是对硬盘的损伤最严重。两次开关机之间的时间间隔应不小于 30s。

③ 机器正在读写数据时突然关机，很可能会损坏驱动器（硬盘、光驱等）。另外，关机时必须先关闭所有的程序，再按正常的顺序退出，否则有可能损坏程序。

季电压波动及打雷闪电时，对计算机的影响是相当大的。因为随时可能发生的瞬时电涌和尖峰电压将直接冲击计算机的电源及主机，甚至损坏计算机的其他配件，所以建议在闪电时不要使用计算机。

④ 在插入或卸下硬件设备时（USB 设备除外），必须在断掉主机与电源的连接后，并确认身体不带静电时才可进行操作。不要带电连接外围设备或插拔机内板卡。

⑤ 不应用手直接触摸电路板上的铜线及集成电路的引脚，以免人体所带的静电损坏这些器件。触摸前先释放人体的高压静电，可以触摸一下自来水管等接地设备即可。

⑥ 计算机在加电之后，不应随意地移动和震动，以免由于震动造成硬盘表面划伤或其他意外情况，造成不应有的损失。

⑦ 使用来路不明的 U 盘或光盘前，一定要先查毒，安装或使用后还要再查一遍，因为有一些杀毒软件不能查杀压缩文件里的病毒。

⑧ 系统非正常退出或意外断电后，硬盘的某些簇链接会丢失，给系统造成潜在的危险，应尽快进行硬盘扫描，及时修复错误。

2．保护硬盘及硬盘上的数据

随着计算机技术的不断发展，硬盘的容量变得越来越大，硬盘上存储的数据越来越多，一旦硬盘出现故障不能使用，将给用户造成很大的损失。

保护硬盘可从以下几方面进行。

① 准备一张干净的系统引导盘，一旦硬盘不能启动，可以用来启动计算机。

② 为防止硬盘损坏、误操作等意外发生，应经常性地进行重要数据资料的备份，例如将重要数据刻录成光盘保存，以便发生严重意外后不至于有重大的损失。

③ 不要乱用格式化、分区等危险命令，防止硬盘被意外格式化。

④ 对于存放重要数据的计算机，还应及时备份分区表和主引导区信息。

# 三、计算机常用维护工具

【知识准备】

随着计算机技术的高速发展，计算机内的电子器件集成度越来越高，发热量越来越大。灰尘逐渐成为计算机中的隐形杀手，当灰尘进入主板上的各种插槽后，很容易造成接触不良，降低计算机工作的稳定性。用户可以自己动手清理机箱中的灰尘和异物。

在清理计算机前，要准备以下维护工具。

（1）螺丝刀

用来拆装计算机的主机以及外围设备，工具包内应含有大、中、小号十字形和一字形螺丝刀，最好选择带磁性的工具，其外观如图 9-3 所示。

（2）镊子

用来夹持微小物体，用于清洗主板，其外观如图 9-4 所示。

（3）清洁刷

用来清理主机箱内或显示器上的灰尘，其外观如图 9-5 所示。

（4）吹气球

用来吹走主机箱内的各种灰尘，其外观如图 9-6 所示。

（5）无水酒精和棉花

用来清洁显示器屏幕的灰尘，还可以清洗主板等配件，如图9-7和图9-8所示。

（6）清洗光盘套装

用来清洁光驱的激光头或磁头。

图9-3　螺丝刀

图9-4　镊子

图9-5　清洁刷

图9-6　吹气球

图9-7　酒精

图9-8　棉花

# 任务二　计算机硬件维护

多数计算机故障都是由于用户缺乏必要的日常维护或维护方法不当而造成的。加强日常维护既能防患于未然，又能将故障所造成的损失减少到最低程度，并最大限度地延长计算机的使用寿命。计算机硬件维护是指在硬件方面对计算机进行维护。

## 一、硬盘的维护

### 【知识准备】

目前，计算机故障30%以上来自硬盘的损坏，其中有相当一部分原因是用户未根据硬盘特点采取切实可行的维护措施所致。因此，硬盘在使用中必须加以正确维护，否则容易导致硬盘故障而缩短使用寿命，甚至殃及存储的数据，给用户带来不可挽回的损失。

图9-9给出了硬盘使用和保养时的注意事项。

硬盘使用中具体应注意以下问题。

① 硬盘进行读、写时处于高速旋转状态，不能突然关闭电源，否则将导致磁头与盘片猛烈摩擦，从而损坏硬盘。

② 用户不能自行拆开硬盘盖，以免灰尘或异物进入盘内，在硬盘进行读、写操作时划伤盘片或磁头。

③ 硬盘在进行读、写操作时，较大的震动会导致磁头与数据区撞击使盘片数据区损坏，因此，在主轴电机尚未停转之前严禁搬运硬盘。

图 9-9　硬盘的保养

④ 硬盘的主轴电机和驱动电路工作时都要发热，在使用中要严格控制环境温度。在炎热的夏季，环境温度一般在 40℃，要特别注意检测硬盘。

⑤ 在温湿的季节，要注意使环境干燥或经常给系统加电，靠自身的发热将机内水汽蒸发掉。

⑥ 尽可能使硬盘不要靠近强磁场，如音箱、喇叭、电机、电台等，以免硬盘中所记录的数据因磁化而受到破坏。

⑦ 病毒对硬盘中存储的信息威胁很大，应定期使用较新版本的杀毒软件对硬盘进行病毒检测，发现病毒应立即采取办法清除。

⑧ 尽量避免对硬盘进行格式化，因为格式化会丢失全部数据并缩短硬盘的使用寿命。

## 二、显示器的维护

【知识准备】

显示器作为计算机的"脸面"，是用户与计算机沟通的桥梁。据统计，显示器故障有 50%是由于环境条件差引起的，操作不当或管理不善导致的故障约占 30%，真正由于质量差或自然损坏的故障只占 20%，可见环境条件和人为因素是造成显示器故障的主要原因。

图 9-10 给出了 LCD 显示器使用和保养时的注意事项。

图 9-10　LCD 显示器的保养

LCD 显示器使用中具体应注意以下问题。

① 禁止液体进入显示器。因为水分会损害 LCD 的元器件，会导致液晶电极腐蚀，造成永久性的损害。

② 不要显示器长时间处于开机状态连续 72 小时以上。建议在不用的时候把它关掉或者将它的显示亮度调低，注意屏幕保护程序的运行等。

③ 在使用清洁剂时，注意不要把清洁剂直接喷到屏幕上，这有可能流到屏幕里造成短路。正确的做法是用软布沾上清洁剂轻轻地擦拭屏幕。

④ LCD 显示器的抗撞击能力很弱，许多灵敏的电器元件在遭受撞击时会损坏，所以在使用 LCD 显示器时一定要防止磕碰。

⑤ 不要随便拆卸 LCD 显示器。在显示器工作时，内部会产生高电压，LCD 背景照明组件中的 CFL 交流器在关机很长时间后依然可能带有高达 1 000V 的电压，擅自拆卸可能会给用户带来伤害。

## 三、光驱的维护

【知识准备】

要保持光驱的良好运行性能、避免故障、延长光驱的使用寿命，对光驱进行日常的保养和维护尤其重要。

图 9-11 给出了光驱使用和保养时的注意事项。

图 9-11　光驱的保养

光驱使用中具体应注意以下问题。

① 将光盘置于光驱内，即使不读盘，也会驱动光驱旋转，这样不但会加大光驱的机械磨损，还可能导致数据损坏。在不使用光盘时，应将其从光驱中取出。

② 少用光驱看 VCD（或 DVD）。在播放 VCD 的过程中，光驱必须数小时连续不停地读取数据。如果 VCD 碟片质量得不到保证，光驱在播放过程中还要频繁启动纠错功能，反反复复地读取数据，对光驱寿命及性能造成损害。用户应将 VCD 内容复制到硬盘上进行欣赏。

③ 使用干净、质量好的光盘对延长光驱寿命是很重要的，所以不要随意放置光盘，不把粘有灰尘油污的光盘放在光驱中，不使用盗版光盘等。

## 四、其他部件的维护

【知识准备】

对计算机其他组件也要进行定期的维护，平时要进行经常性的检查，及时发现和处理硬件问题，以防止故障扩大。

**1. 其他常用部件的维护要点**

以下常用部件的使用注意事项如下。

① 主板：要注意防静电和形变。静电可能会损坏 BIOS 芯片和数据、损坏各种晶体管的接口门电路；板卡变形后会导致线路板断裂、元件脱焊等严重故障。

② CPU：CPU 是计算机的"心脏"，要注意防高温和高压。高温容易使内部线路发生电子迁移，缩短 CPU 的寿命；高压很容易烧毁 CPU，所以超频时尽量不要提高内核电压。

③ 内存：要注意防静电，超频时也要小心，过度超频极易引起黑屏，甚至使内存发热损坏。

④ 电源：要注意防止反复开机、关机。

⑤ 键盘：要防止受潮、沾尘、拉拽以及受潮腐蚀等。沾染灰尘会使键盘触点接触不良，操作不灵，拖拽易使键盘线断裂，使键盘出现故障。

⑥ 鼠标：要防灰尘、强光以及拉拽。滚轴上沾上灰尘会使鼠标机械部件运作不灵；强光会干扰光电管接收信号；拉拽会使鼠标线断裂，使鼠标失灵。

**2. 其他常用部件的维护步骤**

进行全面维护时应准备上面提到的维护工具，然后按下面的步骤进行。

① 切断电源，将主机与外围设备之间的连线拔掉，用吹气球细心地吹拭板卡上的灰尘，尤其要清除面板进风口附近和电源排风口附近以及板卡插接部件的灰尘，同时应用台扇吹风，以便将吹气球吹起的灰尘和机箱内壁上的灰尘带走。

② 计算机的排风主要靠电源风扇，因此电源盒里积累的灰尘最多，将电源盒拆开，用吹气球仔细清扫干净。

③ 如果要拆卸主板上的配件，再次安装时要注意位置是否准确、插槽是否插牢、连线是否正确等。

④ 用酒精和棉花配合将显示器屏幕擦拭干净。

⑤ 将鼠标的后盖拆开，将滚动轴上的杂物清理干净，最好用沾有酒精的药棉进行清洗，晒干。

⑥ 用吹气球将键盘键位之间的灰尘清理干净。

# 任务三　磁盘的清理和维护

磁盘是存储数据的场所，需要对磁盘定期维护以提高磁盘使用性能并保障数据安全。

## 一、清理磁盘

计算机在使用过程中会产生一些临时文件，这些文件不但会占据一定的磁盘空间，还会降低系统的运行速度，因此，需要定期清理磁盘。

**【操作案例 9-1】——清理磁盘**

① 打开【计算机】窗口，在需要清理的磁盘上单击鼠标右键，在弹出的菜单中选取【属性】选项，如图 9-12 所示。

② 在【磁盘属性】对话框的【常规】选项卡中单击 磁盘清理(D) 按钮，如图 9-13 所示。

③ 系统开始计算可以在当前磁盘上释放多少空间，如图 9-14 所示。

图 9-12　启动属性设置

④ 计算完毕后打开【磁盘清理】对话框，在【要删除的文件】列表框中选中要清理的文件类型，然后单击 确定 按钮，如图 9-15 所示。

图 9-13 属性菜单　　　　图 9-14 清理磁盘　　　　图 9-15 选取清理的内容

⑤ 系统弹出询问对话框，单击 删除文件 按钮，如图 9-16 所示。
⑥ 系统开始删除文件，如图 9-17 所示。

图 9-16 确认清理　　　　　　　　　图 9-17 清理文件

## 二、整理磁盘碎片

使用计算机时，用户需要经常安装或卸载程序，同时还要大量转移文件，这将导致计算机中存在大量碎片文件（这就是磁盘上的不连续文件），这些文件需要定期整理。

【操作案例 9-2】——整理磁盘碎片

① 使用上述方法打开磁盘属性文件，切换到【工具】选项卡，单击 立即进行碎片整理(D)... 按钮，如图 9-18 所示。

② 在弹出的对话框中选择要整理的磁盘，然后单击 分析磁盘(A) 按钮，如图 9-19 所示。

图 9-18 属性窗口　　　　　　　图 9-19 选取整理的磁盘

③ 系统开始分析磁盘文件数量、使用频率以及碎片状况，如图 9-20 所示，分析完成后将显示磁盘上碎片所占比例，如图 9-21 所示。

图 9-20 分析磁盘 　　　　　　　　　　　图 9-21 显示分析结果

④ 单击按钮后系统开始整理碎片，如图 9-22 所示，用户需要等待一段时间。整理完毕后，单击 关闭(C) 按钮。

　　磁盘分析后，如果碎片率比较低，可以不必整理磁盘。磁盘碎片整理比较耗费时间，最好安排在工作之外的时间进行，比如晚间，还可以在图 9-22 中单击 配置计划(S)... 按钮打开如图 9-23 所示对话框设置定期整理计划。

图 9-22 分析结果

图 9-23 设置定期整理计划

## 三、检查磁盘错误

磁盘分区在运行中可能会产生错误，从而危害数据安全，使用检查磁盘错误操作可以检查磁盘错误并进行修复操作。

【操作案例 9-3】——检查磁盘错误

① 使用上述方法打开磁盘属性文件，切换到【工具】选项卡，单击 [开始检查(C)...] 按钮，如图 9-24 所示。

② 在图 9-25 中选中两个复选框，然后单击 [开始(S)] 按钮。

③ 如果磁盘当前正在使用，则弹出如图 9-26 所示对话框。单击 [计划磁盘检查] 按钮。当下一次启动 Windows 7 时，计算机将自动检测磁盘错误。

图 9-24　启动磁盘检查

图 9-25　设置检查参数

图 9-26　提示信息

## 四、格式化磁盘

格式化磁盘将彻底删除磁盘上的数据或者将磁盘设置为新的分区格式。

【操作案例 9-4】——格式化磁盘

① 在需要格式化的磁盘上单击鼠标右键，在弹出的菜单中选取【格式化】命令，如图 9-27 所示。

② 在弹出的窗口中选取分区格式，如果要节约时间，可以选中【快速格式化】复选框，然后单击 [开始(S)] 按钮，如图 9-28 所示。

图 9-27　启动格式化操作

图 9-28　设置格式化参数

目前常用的文件系统分区格式主要有 FAT32 和 NTFS 两种。FAT32 支持的单个分区最大容量为 32GB，主要支持早期的 Windows 系统；NTFS 的安全性和稳定性很好，使用中不易产生文件碎片，比 FAT32 能更有效地管理磁盘空间，最大限度地避免了磁盘空间的浪费，是当前最常用的分区格式。

③ 由于磁盘格式化会导致数据丢失，在正式操作前，系统通常会弹出如图 9-29 所示询问对话框，如果确认格式化操作，则单击 确定 按钮。

④ 格式化完成弹出如图 9-30 所示对话框，单击 确定 按钮。

图 9-29　提示信息

图 9-30　格式化完毕

不能对 Windows 7 的系统盘进行格式化。由于格式化会删除分区上原来所有数据，因此在格式化操作前，对于有用的文件应将其转移到别的分区后再格式化。

# 任务四　账户的配置和管理

计算机安全一直是广大用户关心的话题，但用户往往只注重如何用防火墙来防病毒或如何杀毒，却忽略了对计算机一些基本安全的设置。

在 Windows 7 操作系统中，常见的账户类型主要有以下 3 种。

① Administrator（管理员）账户：Administrator 是系统内置的权限等级最高的管理员账户，拥有对系统的完全控制权限，并不受用户账户控制机制的限制。

② 用户创建的账户：在安装 Windows 7 时，用户需要创建一个用于初始化登录的账户。在 Windows 7 中，所有用户自行创建的用户都默认运行在标准权限下。标准账户在尝试执行系统关键设置的操作时，都会受到用户账户控制机制的阻拦，以免系统管理员权限被恶意程序所利用，同时也避免了初级用户对系统的错误操作。

③ Guest（来宾）账户：Guest 账户一般只适用于临时使用计算机的账户，其用户权限比标准类型的账户受到更多限制，只能使用常规的应用程序，而无法对系统设置进行更改。

默认情况下，Windows 7 基于安全考虑，内置的 Administrator 账户和 Guest 账户都处于禁用状态，以免无密码保护的这两个账户被黑客所使用。

## 一、创建新账户

Windows 7 中，要创建新账户，可以按照以下步骤来操作。

【操作案例 9-5】——创建新账户

① 在【开始】菜单中单击账户头像图标，如图 9-31 所示，打开【用户账户】窗口，单击【管理其他账户】选项，如图 9-32 所示。

② 在弹出的窗口中单击【创建一个新账户】选项，如图 9-33 所示。

③ 在打开的窗口中输入账户名称，选取账户类型，然后单击 创建帐户 按钮，如图 9-34 所示。

图 9-31　启动账户管理

图 9-32　启动个人账户设置

图 9-33　创建新账户

图 9-34　设置账户名称和类型

## 二、更改账户类型

为了保障计算机系统的安全，用户可以更改计算机中用户账户的类型，赋予账户不同的操作权限。但是只有管理员权限的用户才能进行相关的账户操作。

【操作案例 9-6】——更改账户类型

① 按照前述操作打开【管理账户】窗口，单击需要更改的用户账户，如图 9-35 所示。

② 在弹出的窗口中单击【更改账户类型】选项，如图 9-36 所示。

③ 在弹出的窗口中修改账户类型，然后单击 更改帐户类型 按钮，如图 9-37 所示。

图 9-35 选择账户

图 9-36 启动更改账户类型操作

图 9-37 更改账户类型

# 三、密码管理

使用密码登录计算机能防止未经授权的计算机登录，增强系统的安全性。

【操作案例 9-7】——创建密码

通过【用户账户】窗口创建密码的步骤如下。

① 在【开始】菜单中单击账户头像图标打开【更改用户账户】窗口，单击【为您的账户创建密码】选项，如图 9-38 所示。

② 在弹出的窗口中输入密码和密码提示（可选项），完成后单击 创建密码 按钮，如图 9-39 所示。

图 9-38　启动创建密码操作　　　　　　　　图 9-39　创建密码

**【操作案例 9-8】——修改密码**

用户可以按照以下步骤修改设置的密码。

① 在【开始】菜单中单击账户头像图标打开【用户账户】窗口，单击【更改密码】选项，如图 9-40 所示。

② 在弹出的窗口中先输入旧密码，然后输入新密码和密码提示（可选项），完成后单击  按钮，如图 9-41 所示。

图 9-40　启动更改密码操作　　　　　　　　图 9-41　修改密码

**【操作案例 9-9】——删除密码**

对于当用户计算机，用户可以按照以下步骤删除密码。

① 在【开始】菜单中单击账户头像图标打开【用户账户】窗口，单击【删除密码】选项。

② 在弹出的窗口中先输入用户密码后单击 删除密码 按钮，如图 9-42 所示。

图 9-42　删除密码

## 四、使用密码重置功能

为了防止用户遗忘密码而不能正确登录系统，可以在创建密码后再创建一个密码重设盘。

【操作案例 9-10】——使用密码重置功能

① 将 U 盘插入计算机的 USB 接口。

② 在【开始】菜单中单击账户头像图标打开【用户账户】窗口，单击【密码重设盘】选项，如图 9-43 所示。

③ 在弹出的【忘记密码向导】对话框中单击 下一步(N) > 按钮，如图 9-44 所示。

图 9-43　启动创建密码重设盘

图 9-44　忘记密码向导 1

④ 选择存储密码的设备（选 U 盘），然后单击 下一步(N) > 按钮，如图 9-45 所示。

⑤ 输入当前账户的登录密码，然后单击 下一步(N) > 按钮，如图 9-46 所示。

⑥ 系统开始创建密码重设盘，完成后单击 下一步(N) > 按钮，如图 9-47 所示。

⑦ 单击 完成 按钮，关闭【忘记密码向导】对话框，完成重设密码盘的创建，如图 9-48 所示。

图 9-45　忘记密码向导 2

图 9-46　忘记密码向导 3

图 9-47　忘记密码向导 4

图 9-48　忘记密码向导 5

当用户登录系统输入密码错误时，将弹出如图 9-49 所示提示信息，单击 确定 按钮，打开如图 9-50 所示界面，单击【重设密码】选项，随后按照系统提示重设密码，其主要步骤与使用"忘记密码向导"创建密码重设盘类型。最后使用新设置的密码登录即可。

图 9-49　登录界面 1

图 9-50　登录界面 2

# 五、账户的个性化设置

在 Windows 7 中可以对账户进行个性化设置，包括定义账户名称和图片等。

【操作案例 9-11】——账户的个性化设置

① 在【开始】菜单中单击账户头像图标打开【用户账户】窗口，单击【更改账户名称】选项，如图 9-51 所示。

② 在弹出的窗口中输入新的账户名称，完成后单击 更改名称 按钮，如图 9-52 所示。

③ 继续在【用户账户】窗口中单击【更改图片】选项，如图 9-53 所示。

④ 在打开的窗口中选择新的图像，然后单击 更改图片 按钮，如图 9-54 所示。也可以单击【浏览更多图片】选项导入计算机中的图片。

图 9-51 启动更改账户名操作

图 9-52 更改账户名

图 9-53 启动更改图片操作

图 9-54 更改图片

# 六、管理账户

由于 Windows 7 禁用了 Administrator 账户和 Guest 账户，用户可以手动启动或禁止这两个账户。

**【操作案例 9-12】——管理账户**

① 在【开始】菜单中单击账户头像图标打开【用户账户】窗口，单击【管理其他账户】选项，如图 9-55 所示。

② 在【选取希望更改的账户】栏中，单击【Guest】选项，如图 9-56 所示。

图 9-55　启动账户管理操作　　　　　　　　　　图 9-56　选择账户

③ 系统显示更改提示，单击 [启用] 按钮，如图 9-57 所示。

④ 如果想要关闭来宾账户，只需要按照图 9-56 所示选择 Guest 账户，然后在图 9-58 中单击【关闭来宾账户】选项即可。

图 9-57　启动来宾账户　　　　　　　　　　　　图 9-58　关闭来宾账户

# 任务五　使用安全防范工具——360 安全卫士

360 安全卫士是一款完全免费的安全类上网辅助工具，可以查杀流行木马、清理系统插件、在线杀毒、系统实时保护及修复系统漏洞等，同时还具有系统全面诊断以及清理使用痕迹等特定辅助功能，为每一位用户提供全方位系统安全保护。

## 一、常用功能

360 安全卫士拥有清理插件、修复漏洞、清理垃圾等诸多功能。

在【开始】菜单中选择【所有程序】/【360 安全中心】/【360 安全卫士】/【360 安全卫士】启动 360 安全卫士。

**【操作案例 9-13】——计算机体检**

通过计算机体检可以快速给计算机进行"身体检查",判断你的计算机是否健康,是否需要"求医问药"了。启动后,360 安全卫士自动对计算机进行体检,结果如图 9-59 所示。

计算机的健康度评分满分 100 分,如果在 60 分以下,说明你的计算机已经不健康了。单击【重新体检】可以重新启动体检操作。单击 按钮,可以修复体检中发现的问题。

**【操作案例 9-14】——查杀木马**

按照以下步骤查杀计算机中的木马。

① 在主界面中单击【查杀木马】按钮,打开如图 9-60 所示软件界面。

图 9-59　计算机体检

图 9-60　查杀木马

② 单击【快速扫描】按钮可以快速查杀木马。并显示查杀结果,如图 9-61 所示。选中要处理的项目,然后单击 按钮清除威胁。

③ 处理完安全隐患后,系统通常会弹出如图 9-62 所示对话框,建议用户单击 按钮重启计算机以彻底清楚木马隐患。

图 9-61　处理查杀结果

图 9-62　重启电脑提示

④ 查杀病毒相似,还可以在图 9-60 中单击【全盘扫描】和【自定义扫描】按钮来扫描磁盘上的木马。

**说明** 木马是有隐藏性的、自发性的可被用来进行恶意行为的程序。木马虽然不会直接对计算机产生破坏性危害，但是木马通常作为一种工具被操纵者用来控制你的计算机，不但会篡改用户的计算机系统文件，还会导致重要信息泄露，因此必须严加防范。

**【操作案例9-15】——修复漏洞**

按照以下步骤修复计算机中的漏洞。

① 在主界面中单击【漏洞修复】按钮，360安全卫士自动扫描计算机上的漏洞，扫描结果包括需要修复的高危漏洞和需要更新的补丁，如图9-63所示。

② 如果扫描发现高危漏洞，应该立即修复。

③ 选中需要安装的补丁，然后单击 立即修复 按钮进行修复操作，如图9-64所示。

图9-63 扫描系统漏洞　　　　　图9-64 安装补丁

**说明** 漏洞是指系统软件存在的缺陷，攻击者能够在未授权的情况下利用这些漏洞访问或破坏系统，系统漏洞是病毒木马传播最重要的通道。如果系统中存在漏洞，就要及时修补，其中一个最常用的方法就是及时安装修补程序，这种程序我们称之为系统补丁。

**【操作案例9-16】——系统修复**

按照以下步骤进行系统修复。

① 在主界面中单击【系统修复】按钮，在打开的窗口中单击【常规修复】按钮，如图9-65所示。

② 系统开始扫描IE浏览器上的插件，扫描结果如图9-66所示。

图9-65 系统修复　　　　　图9-66 处理IE插件

③ 选中插件前的复选框，单击【直接删除】选项清除该插件，单击【信任】选项继续使用该插件。

　　　　插件是一种小型程序，可以附加在其他软件上使用。在 IE 浏览器中安装相关的插件后，IE 浏览器能够直接调用这些插件程序来处理特定类型的文件，例如附着 IE 浏览器上的【Google 工具栏】等。插件太多时可能会导致 IE 故障，因此可以根据需要对插件进行清理。

④ 删除插件时，系统弹出如图 9-67 所示对话框提示锁定主页，建议选中【空白页】选项，然后单击 安全锁定 按钮。

⑤ 最后在窗口底部单击 立即修复 按钮，开始按照设置清除不必要的插件，完成显示清除结果，如图 9-68 所示。

图 9-67　锁定主页

图 9-68　清除 IE 插件

## 【操作案例 9-17】——电脑清理

按照以下步骤进行电脑清理。

① 在主界面中单击【电脑清理】按钮，在打开的窗口中将显示可以清理的内容，如图 9-69 所示。

② 可以选中相应选项前的复选框，也就可以展开选项，选取其下的部分项目，如图 9-70 所示。

图 9-69　清理垃圾

图 9-70　选取清理项目

③ 选取清理的详细项目后，单击 一键清理 按钮开始清理，如图 9-71 所示。

④ 清理完成后，将显示清理结果，如图 9-72 所示。

图 9-71　开始清理

图 9-72　清理结果

垃圾文件是指系统工作时产生的剩余数据文件，虽然每个垃圾文件所占系统资源并不多，少量垃圾文件对计算机的影响也较小，但如果长时间不清理，垃圾文件会越来越多，过多的垃圾文件会影响系统的运行速度。因此建议用户定期清理垃圾文件，避免累积，目前除了手动人工清除垃圾文件外，常用软件来辅助完成清理工作。

⑤ 在图 9-73 中选中【清理垃圾】选项卡，首先设置清理的项目，然后单击 开始扫描 按钮扫描垃圾文件，然后将其彻底清除，如图 9-74 所示。

图 9-73　清理垃圾文件

图 9-74　清理插件

⑥ 在图 9-74 中选中【清理插件】选项卡，单击 开始扫描 按钮扫描计算机中的插件，然后将其彻底清除，如图 9-75 所示。

⑦ 在图 9-75 中选中【清理痕迹】选项卡，选取清理的项目后单击 开始扫描 按钮扫描痕迹，然后将其彻底清除，如图 9-76 所示。

⑧ 在图 9-76 中选中【清理注册表】选项卡，单击 开始扫描 按钮扫描注册表中的冗余项，然后将其彻底清→除。

在计算机操作时，会留下许多操作痕迹，例如访问过的历史网页、输入的搜索关键字、输入的密码信息等。网络痕迹可能会泄露用户的重要信息。

图 9-75　清理痕迹

图 9-76　清理注册表

【操作案例 9-18】——优化加速

在计算机启动过程中，会同时启动大量的应用程序（软件），如果启动的程序过多，会导致系统变慢，这时可以启动开机加速功能。

① 在主界面中单击【优化加速】按钮，开始扫描可以优化加速的项目，扫描结果如图 9-77 所示。

② 选中需要优化项目前的复选框，单击 [立即优化] 按钮开始优化加速，完成后显示优化结果，如图 9-78 所示。

图 9-77　优化加速项目

图 9-78　优化加速结果

# 二、辅助功能

360 安全卫士还提供了计算机门诊、软件管家等辅助功能。

【操作案例 9-19】——电脑门诊

通过电脑门诊可以为你的电脑中遇到的常见故障提供解决方案。

① 在主界面中单击【电脑门诊】按钮，打开【360 电脑门诊】窗口。

② 在左侧选中【常见问题】选项卡，单击页面中的项目可以为目前电脑用户在使用电脑时遇到的热点问题提供解决方案，如图 9-79 所示。

③ 选中【上网异常】选项卡，单击页面中的项目可以为电脑上网时遇到的常见问题提供解决

方案，如图 9-80 所示。单击底部的翻页按钮可以查看更多内容。

图 9-79　解决电脑常见问题　　　　　图 9-80　解决上网异常问题

④ 选中【系统图标】选项卡，单击页面中的项目可以为电脑图标故障提供解决方案，如图 9-81 所示。

⑤ 选中【系统性能】选项卡，单击页面中的项目可以为与系统性能有关的问题提供解决方案，如图 9-82 所示。

图 9-81　解决系统图标故障　　　　　图 9-82　解决系统性能故障

**【操作案例 9-20】——软件管家**

软件管家用于帮助你管理你的电脑上安装的各种应该软件。

① 在主界面中单击【软件管家】按钮，打开【360 软件管家】窗口。

② 在左侧选中【我的软件】选项，可以查看目前电脑中已经安装软件的总数以及分类情况，如图 9-83 所示。

③ 在图 9-83 中单击【全部】选项，系统自动在窗口上部选中【软件卸载】按钮，可以查看软件的详细情况，单击 卸载 按钮可以卸载该软件，如图 9-84 所示。在左侧列表中还可以按照类别对软件进行筛选。

④ 在界面左上角单击【软件宝库】按钮，在窗口将分类显示可以在电脑中安装的各种软件，如图 9-85 所示。如果已经安装了该软件，可以单击 一键升级 按钮将其升级到最新版本；如果尚未安装了该软件，可以单击 一键安装 按钮进行安装。

图 9-83　查看电脑上软件安装情况

图 9-84　查看软件安装详细列表

图 9-85　安装和升级软件

# 小　结

　　本项目主要对计算机日常维护中的相关知识点进行了详细的介绍，包括计算机的工作环境和用户操作的注意事项，以及计算机硬件维护和软件维护方面的知识。通过了解这些知识，读者能够更全面地掌握日常维护计算机的方法和技巧。

# 习　题

1. 计算机工作环境的要求包括哪些方面？
2. 在开关计算机时应注意哪些事项？
3. 计算机日常维护所用的工具有哪些？它们的用途是什么？
4. 简述保养液晶显示器的方法。
5. 简述设置开机密码的方法。
6. 简述设置用户权限的方法。
7. 如何进行磁盘碎片整理？
8. 练习使用 360 安全卫士保护系统。

# 项目十
# 计算机常见故障诊断及维护

计算机系统包含多种部件和外围设备，使用时难免会发生各种故障。大多数常见的硬件故障可以通过简单的分析和排除找出原因，并对症下药对故障进行正确的处理。在计算机的使用过程中会遇到各式各样的问题，其中最为常见的莫过于软件故障，例如文件丢失、文件版本不匹配等内存冲突等，这些都会影响到用户计算机的正常运行。

**学习目标**

了解常见硬件故障原因分析。

掌握常用硬件故障的诊断方法。

了解各部件和设备的常见故障原因和处理方法。

了解软件故障产生的原因。

掌握一些常见软件故障的排除方法。

# 任务一　掌握计算机诊断基础知识

计算机虽然是一种精密的电子设备，但是同时也是一种故障率很高的电子设备，其引发故障的原因以及故障表现形式多种多样。

## 一、认识计算机故障的种类

**【知识准备】**

从计算机故障产生的原因来看，通常将其分为硬件故障和软件故障两类。

### 1. 硬件故障

硬件故障跟计算机硬件有关，是由于主机与外设硬件系统使用不当或硬件物理损坏而引起的故障，例如主板不识别硬盘、鼠标按键失灵以及光驱无法读写光盘等都属于硬件故障。

硬件故障通常又分为"真"故障和"假"故障两类。"真"故障是指硬件的物理损坏，例如电气或机械故障、元件烧毁等。"假"故障是指因为用户操作失误、硬件安装或设置不正确等造成计算机不能正常工作。"假"故障并不是真正的故障。

### 2. 软件故障

软件故障是指软件安装、调试和维护方面的故障。例如软件版本与运行环境不兼容，从而使软件不能正常运行，甚至死机和丢失文件。软件故障通常只会影响计算机的正常运行，但一般不会导致硬件损坏。

说明　软件故障和硬件故障之间没有明确的界限：软件故障可能由硬件工作异常引起，而硬件故障也可能由于软件试用版不当造成。因此在排出计算机故障时需要全面分析故障原因。

## 二、了解硬件故障产生的原因

### 【知识准备】

硬件故障的产生原因多种多样，对于不同的部件和设备，引起故障的主要原因可归纳为以下几点。

#### 1. 硬件自身质量问题

有些厂家因为生产工艺水平较低或为了降低成本使用了劣质的电子元器件，从而造成硬件在使用过程中容易出现故障。

#### 2. 人为因素影响

有些硬件故障是因为用户的操作或使用不当造成的，例如带电插拔设备、设备之间插接方式错误、对 CPU 等部件进行超频但散热条件不好等，均可导致硬件故障。

#### 3. 使用环境影响

计算机是精密的电子产品，因此对环境的要求比较高，包括温度、湿度、灰尘、电磁干扰以及供电质量等方面，都应尽量保证在允许的范围内，例如高温环境无疑会严重影响 CPU 及显卡的性能。

#### 4. 其他影响

由于器件正常的磨损和老化引发的硬件故障。

## 三、熟悉常用诊断工具的用法

### 【知识准备】

在硬件故障诊断过程中通常要用到的工具有万用表、主板测试卡和网线测试仪等。

#### 1. 万用表

万用表是计算机故障维护最常用的测量工具之一，常用来测量电路及元器件的输入、输出电信号。常用的万用表有数字式和指针式两种，如图 10-1 和图 10-2 所示。

① 数字式万用表：使用液晶显示屏显示测试结果，非常直观，使用也很方便，其特有的蜂鸣器可方便地判断电路中的通、断路情况。

② 指针式万用表：通过指针来指示电阻、电压、电流和电容等值，其优点是测量精度高于数字式万用表，但是用起来不如数字万用表方便、直观。

图 10-1　数字式万用表　　　　　图 10-2　指针式万用表

### 2. 主板测试卡

主板测试卡（见图 10-3）是利用主板中 BIOS 内部自检程序的检测设备，通过代码显示出来，结合说明书的"代码含义速查表"就能很快地知道计算机的故障所在。尤其在计算机不能引导操作系统、黑屏或主板未发出提示音时，使用主板测试卡检测故障能事半功倍。

　　在开机前把主板测试卡插到主板相应的插槽（大多为 PCI 插槽）上，开机后测试卡上会显示两位十六进制数，如果长时间停在某个数字上不动，说明该步检测有异常，然后根据计算机的 BIOS 类型，在说明书中找到与显示的数字对应的故障说明。

### 3. 网线测试仪

网线测试仪（见图 10-4）用于测试网线的连通情况，网络发生故障时，可将网线插到测试接口上，通过提示灯的亮灭来判断网线是否正常，为网络故障原因的确定提供依据。

图 10-3　主板测试卡　　　　　　　　图 10-4　网线测试仪

## 四、明确诊断安全事项

【知识准备】

在诊断过程所接触的设备中既有强电系统，又有弱电系统；诊断过程中既有断电操作又有带电操作，用户应采取正确的方法，防止对计算机和设备的损坏，保证用户的安全。

### 1. 交流供电系统安全

计算机一般使用市电 220V、50Hz 的交流电源，电源线太多时，布线要合理，不要交叉，而且要避免乱引乱放的情况。如果条件允许，在接通电源之前最好用交流电压表检查市电是否正常，防止高压对硬件的损坏。

### 2. 直流稳压电源安全

机箱电源输出为 ±5V、±12V 和 ±25V 等直流电，使用不当将会对机器、设备，特别是集成电路造成严重的损坏。所以在连接电源线时，务必不能接错极性，不要短路。

### 3. 导线安全

在故障诊断之前，要严格检查导线，看导线有无损坏或不必要的裸露，如发现必须立即更换或采取绝缘、屏蔽和包扎等措施。

### 4. 带电检测与维修安全

切忌直接用手触摸机器、设备、元器件和测试笔头、探头等位置，以免发生意外事故或造成新的故障。

### 5. 接地安全

在进行带电操作之前，最好先用电压探测笔或电压表对机箱外壳进行测试，确定安全后再进行操作。在断电操作时，也要先将机箱外壳接地，释放可能携带的静电，防止静电对机箱内的电路元件造成损坏。

### 6. 电击安全

电击会对人体、机器、设备甚至房屋造成严重的损害。一般在雷雨天应避免对计算机进行操作，并拔掉电源线、网线等。

### 7. 振动和冲击安全

要避免振动和冲击，特别是在带电操作中，因为设备（如显示器）在受到严重的机械振动和冲击时有引起爆炸的危险。

### 8. 维护人员安全

维护人员不但要熟悉计算机原理和操作规程，还要熟悉仪器、仪表的使用方法，在维护过程中全神贯注、认真负责，这样才能有效并安全地完成诊断与维修任务。

【技能训练 10-1】——掌握计算机故障诊断原则

在对硬件故障进行诊断过程中，一般需要坚持以下 4 项原则。

### 1. 先静后动

先静后动原则包括 3 个内容。

① 检测人员先静后动原则：排除故障前不可盲目动手，应根据故障的现象、性质考虑好检测的方案和方法，以及用何种仪器设备，然后再动手排除故障。

② 被检测的设备先静后动原则：应先在系统不通电的情况下进行静态检查，以确保安全可靠，若不能正常运行，则需在动态通电情况下继续查出故障。

③ 被测电路先静后动原则：指先使电路处于直流工作状态，然后排除故障。此时如电路工作正常（输入、输出逻辑关系正确），再进行动态检查（电路的动态是指加入其他信号的工作状态）。

### 2. 先电源后负载

电源故障比较常见，所以当系统工作不正常时，首先应考虑供电系统是否有问题。先检查保险丝是否被熔断，电源线是否接好或导通，电压输出是否正常，当这些全部检查完毕后，再考虑计算机系统的问题。

### 3. 由表及里

由表及里有两层含义，第一层含义为先检查外表，查看是否有接触不良、机械损坏和松动脱落等现象，然后进行内部检查；第二层含义为先检查机器外面的部件，如按钮、插头和外接线等，再检查内部部件和接线。

### 4. 由一般到特殊

由一般到特殊是指先分析常见的故障原因，再考虑特殊的故障原因。因为常见故障的发生率较高，而特殊故障的发生率较低。

### 5. 由系统到设备

指当一个计算机系统出现故障时，首先要判断是系统中哪个设备出了问题，是主机、显示器、键盘还是其他设备。

### 6. 由设备到部件

指检测出设备中某个部件出了问题（如判断是主机出现故障）后，要进一步检查是主机中哪个部件出了问题，是 CPU、内存条、接口卡还是其他部件。

### 7. 由部件到器件

指检测故障部件中的具体元器件和集成电路芯片。例如已知是主板的故障，而主板上有若干集成电路芯片，像 BIOS 芯片一般是可以替换的，所以要根据地址检测出是哪一片集成电路的问题。

### 8. 由器件的线到器件的点

指在一个器件上发生故障，首先要检测是哪一条引脚或引线的问题，然后顺藤摸瓜，找到故障点，如接点和插点接触不良，焊点、焊头的虚焊，以及导线、引线的断开或短接等。

当计算机发生故障时，一定要保持清醒的头脑，做到忙而不乱，坚持循序渐进、由大到小、由表及里的原则，千万不要急于求成，对机器东敲西碰，这样做非但不能解决问题，甚至还有可能造成新的故障。

### 【技能训练 10-2】——掌握常用计算机故障诊断方法

对于不同类型的故障，其诊断方法也不同。为了能更快、更准确地诊断出故障的原因，掌握各种诊断方法就显得非常重要。

### 1. 交换法

交换法是在计算机硬件故障诊断过程中最常用的方法。在对计算机硬件故障进行诊断过程中，如果诊断出某个部件有问题，而且身边有类似的计算机，就可以使用交换法快速对故障源进行确定。常用的操作方法主要有以下两种。

① 利用正常工作的部件对故障进行诊断：用正常的部件替换可能有故障的部件，接到故障计算机上，从而确定故障源的位置。

② 利用正常运行的计算机对部件故障进行确定：将可能有故障的部件接到能正常工作的计算机上，从而确定部件是否正常。

交换法非常适用于易插拔的组件，如内存条、硬盘、独立显卡、独立网卡等，但前提是必须要有相同型号插槽的主板。

### 2. 插拔法

插拔法是确定主板和 I/O 设备故障的简捷方法，其操作方法如下。

① 如果诊断因为部件松动或与插槽接触不良引起的故障，可将部件拔出后再重新正确插入，以确定或排除故障。

② 将可能引起故障的部件逐块拔下，每拔一块都要观察计算机的运行情况，以此确定故障源。

不能带电拔插，要关机断电后再进行拔插，确认安装无误后再加电开机。接触板卡元器件时要先释放静电，方法是用手摸一下水管或地面。

### 3. 清洁法

如果计算机在比较差的环境中运行，如灰尘比较多、温度和湿度比较高等，则很容易产生故障。对于此类故障，一般采用清洁法进行诊断和维修，其操作方法如下。

① 使用软刷清理主机或部件上的灰尘，以确定并解决因散热导致的故障。

② 使用橡皮擦擦拭部件的金手指，以确定并解决因氧化导致的故障。

### 4. 最小系统法

最小系统法是指在计算机启动时只安装最基本的设备，包括 CPU、显卡和内存，连接上显示器和键盘，如果计算机能够正常启动，则表明核心部件没有问题，然后依次加上其他设备，这样可快速定位故障原因。

一般在开机后系统没有任何反应的情况下，应使用最小系统法。如果系统不能启动并发出报警声，则可确定是核心部件出现故障，可通过报警声来定位故障。

### 5. 直接感觉法

直接感觉法是指通过人的眼、耳、鼻、手来发现并判断故障的方法，其操作方法如下。

① 使用眼睛观察系统板卡的插头、插座有无歪斜；电阻、电容引脚是否相碰；表面是否烧焦变色；芯片表面是否开裂；主板上的铜箔是否烧断。此外还要查看是否有异物掉入主板元器件之间而造成短路。

② 使用耳朵监听电源风扇、显示器变压器以及软、硬盘等设备的工作声音是否正常，系统有无其他异常声响。

③ 使用鼻子辨闻主机、外围设备板卡中有无烧焦的气味，便于找到短路故障处。

④ 用手按压插座式的活动芯片，检查芯片是否松动或接触不良。此外，在系统运行时，用手触摸或靠近 CPU、硬盘和显卡等部件，依照其温度可判断设备运转是否正常。如果某个芯片的表面发烫，则说明该芯片可能已被损坏。

### 6. 诊断程序和硬件测试法

常用的两种程序是主板 BIOS 中的 POST（Power On Self Test）自检程序和高级故障诊断程序，其操作方法主要有以下几种。

① 通过 POST 自检程序，根据相应的声音提示判断故障源位置。

② 根据屏幕上出现的提示信息确定故障原因。

主板 BIOS 在系统启动时会发出不同的声音，提示系统是否正常启动或故障发生的部位，对于不同的 BIOS，其提示声的含义也不同，对于常见的 Award BIOS 和 AMI BIOS，其提示声的含义如表 10-1 和表 10-2 所示。

表 10-1　　　　　　　　　　　　Award BIOS 自检响铃的含义

| 提　示　声 | 含　　　义 |
| --- | --- |
| 1 短 | 系统正常启动，说明机器没有任何问题 |
| 2 短 | 常规错误，可进入 CMOS Setup，重新设置不正确的选项 |
| 1 长 1 短 | 内存或主板出错。换一条内存试试，若还是不行，应更换主板 |
| 1 长 2 短 | 显示器或显示卡出错 |
| 1 长 3 短 | 键盘控制器出错。检查主板 |
| 1 长 9 短 | 主板 Flash RAM（闪存）或 EPROM 错误，BIOS 损坏。换块 Flash RAM 试试 |
| 不断地响（长声） | 内存条未插紧或损坏。重插内存条，若还是不行，更换一条内存 |
| 不停地响 | 电源、显示器未和显示卡连接好。检查一下所有的插头 |
| 重复短响 | 电源有问题 |
| 无声音无显示 | 显示卡接触不良或电源有问题 |
| 1 短 | 内存刷新失败。更换一条内存 |
| 2 短 | 内存 ECC 校验错误。在 CMOS Setup 中，将内存关于 ECC 校验的选项设为"Disabled"就可以解决，不过最根本的解决办法还是更换一条内存 |
| 3 短 | 系统基本内存（内存的第 1 个 64kB 空间）检查失败。更换一条内存 |

| 提 示 声 | 含　义 |
|---|---|
| 4 短 | 系统时钟出错 |
| 5 短 | 中央处理器（CPU）出错 |
| 6 短 | 键盘控制器出错 |
| 7 短 | 系统实模式出错，不能切换到保护模式 |
| 8 短 | 显示内存出错。更换显卡 |
| 9 短 | ROM BIOS 检验错误 |
| 1 长 3 短 | 内存出错。更换一条内存 |
| 1 长 8 短 | 显示测试出错。显示器数据线没插好或显示卡没插牢 |

# 任务二　计算机硬件故障及其排除

下面对主机中的各种部件和计算机各种外围设备的常见故障产生原因和处理方法进行详细的分析，并列举一些常见的故障现象，在遇到类似的故障时作为诊断和维修的参考。

## 一、认识 CPU 和风扇故障

CPU 是计算机的核心部件，也是整个计算机系统中最重要的部件之一。CPU 一旦出现故障，会影响整个计算机系统的正常运行。

### 1．接触不良类故障

将 CPU 从 CPU 插槽中取出，并检查 CPU 针脚是否有氧化或断裂现象，除去 CPU 针脚上的氧化物或将断裂的针脚焊接上，再将 CPU 重新插好即可，如图 10-5 和图 10-6 所示。

图 10-5　CPU 针脚断裂　　　　　　　　　　图 10-6　焊接的 CPU 针脚

### 2．散热类故障

CPU 散热不良导致计算机黑屏、重启、死机等，严重的会烧毁 CPU。原因一般为 CPU 风扇停转、CPU 散热片与 CPU 接触不良、CPU 周围和散热片内灰尘太多等。

解决方法主要有更换 CPU 风扇、在 CPU 散热片和 CPU 之间涂抹硅脂、清理 CPU 周围和散热片上的灰尘。对 CPU 周围和散热片清理前后的对比效果如图 10-7 所示。

【例 10-1】CPU 过热导致自动重新启动。

【故障描述】

系统经常在运行一段时间后突然自动重新启动或自动关闭，而且按下主机电源开关后不能正常启动，但过一段时间后再次按下电源开关又能正常启动系统。

（a）CPU 散热片灰尘太多　　（b）CPU 周围的灰尘　　（c）CPU 周围近照　　（d）清理灰尘后的效果

图 10-7　常见 CPU 周围和散热片灰尘及清理效果

【故障分析】

打开机箱，查看 CPU 的散热片和风扇中的灰尘是否过多，在通电情况下查看 CPU 风扇运转是否正常，用手触摸 CPU 散热片，感觉温度是否正常。

【故障排除】

若发现 CPU 风扇运转不正常，则应查看风扇的电源线是否正确插接，若风扇已损坏，则应更换风扇。若 CPU 散热片温度过高，应拆下风扇对散热片和风扇上的灰尘进行清理。

【例 10-2】CPU 针脚接触不良导致计算机无法启动。

【故障描述】

按下主机电源开关后主机无反应，屏幕上无显示信号输出，但有时又正常。

【故障分析】

首先诊断是显卡出现故障，用替换法检查后，发现显卡无问题。然后拔下插在主板上的 CPU，仔细观察后发现 CPU 并无烧毁痕迹，但 CPU 的针脚均发黑、发绿，有氧化的痕迹。

【故障排除】

清洁 CPU 针脚，然后将 CPU 重新安装，故障得到解决。

# 二、认识主板故障

计算机通过主板将各个部件连接组成一个有机的整体，它是计算机稳定可靠运行的平台。如果主板出现故障，则会严重影响系统的正常运行，甚至导致计算机不能正常启动。

## 1. 主板故障产生原因

主板故障产生的原因大致分为以下几种。

（1）环境因素

计算机的工作环境太差是主板出现故障的主要原因之一，如温度太高、不通风、灰尘太多以及因空气干燥产生静电等。图 10-8 所示为灰尘过多的主板及其清理效果。

（a）主板上灰尘太多　　　　　　　　（b）清理主板上灰尘

图 10-8　主板上的灰尘及清理

（2）电源因素

电压太高或太低都会引起主板工作不稳定或损坏等故障。主机电源质量太差，输出的电压太高或太低，也有可能造成主板出现故障，长期使用还有可能造成主板上的芯片损坏。

（3）人为因素

由于在插拔内存、显卡等器件时方法不当，造成主板上的插槽损坏，如图 10-9 所示。

图 10-9　主板内存插槽损坏

**2.　主板故障诊断步骤**

主板发生故障的部位主要有芯片组、晶体振荡器、鼠标接口、键盘接口、硬盘接口、各种部件插槽以及电池等，通常可以按照以下几个方面对故障进行诊断。

① 主板上的插槽与各种接口卡或外围设备相连接，易发生接触不良或带电插拔烧坏插槽等情况，首先应使用插拔法、清理法和交换法对这些部位进行诊断。

② 各种芯片组、存储器容易因为电源或电池供电不足导致运行不正常，或者受到强电压的冲击造成损坏，可使用诊断程序和硬件测试法进行诊断。

③ 各种接口可能由于经常扳动造成焊接脚松脱或接口损坏等故障，可使用观察法对部件故障进行确认。

④ 各种设置开关和跳线可能由于插接不正确而导致主板不能正常工作，可对照主板说明对其进行确认或重新插接。

【例 10-3】更改 BIOS 设置后不能长时间保存。

【故障描述】

对 BIOS 的设置进行更改后，等到第二次启动计算机时又恢复到原来的设置，并且系统时间又跳回到主板的初始时间。

【故障分析】

此故障是因为 BIOS 设置在断电后无法保存导致的，一般是因为主板 CMOS 跳线设置不当或主板电池电力不足造成的。

【故障排除】

对照主板说明书，查看 CMOS 的跳线设置是否正确，若不正确，则设置到正确的位置。如果仍不能解决，则更换主板电池即可。

【例 10-4】主板高速缓存不稳定引起故障。

【故障描述】

在 CMOS 中设置使用主板的二级高速缓存（L2 Cache）后，在运行软件时经常死机，而禁止二级高速缓存时系统可正常运行。

【故障分析】

引起故障的原因可能是二级高速缓存芯片工作不稳定，用手触摸二级高速缓存芯片，如果某一芯片温度过高，则很可能是不稳定的芯片造成的。

【故障排除】

禁用二级高速缓存或更换芯片即可。

## 三、认识内存故障

内存如果出现故障，会造成系统运行不稳定、程序出现问题和操作系统无法安装等故障。内存故障产生的原因主要有以下几点。

### 1. 接触不良

由于内存条金手指处发生氧化或有灰尘而造成接触不良，这也是内存条出现故障的主要原因。通常可将内存条取下，用橡皮擦擦拭金手指后重新插上以解决此类故障。

### 2. 内存条质量问题

由于购买到劣质的内存条产品，从而造成兼容性和稳定性方面出现问题，应在购买内存条时注意辨别真伪。

### 3. 内存损坏

由于强电压或安装时操作不当，造成内存芯片或金手指被烧坏，从而出现故障，如图 10-10 所示。

图 10-10　被烧坏的内存条

【例 10-5】内存问题导致不能安装操作系统。

【故障描述】

对计算机硬件进行升级后（如安装双内存），重新对硬盘分区并安装 Windows 7 操作系统，但在安装过程中复制系统文件时出错，不能继续进行安装。

【故障分析】

由于硬盘可以正常分区和格式化，所以排除硬盘有问题的可能性。

首先考虑安装光盘是否有问题，格式化硬盘并更换一张可以正常安装的 Windows XP 安装光盘后重新安装，仍然在复制系统文件时出错。如果只插一根内存条，则可以正常安装操作系统。

【故障排除】

此故障通常是因为内存条的兼容问题造成的，可在只插一根内存条的情况下安装操作系统，安装完成后再将另一根内存条插上，通常系统可以正确识别并正常工作。

除此之外，也可更换一根兼容性和稳定性更好的内存条。

## 四、认识硬盘故障

硬盘上存储有大量的数据，一旦硬盘出现故障不能正常使用，对用户来说不仅是金钱上的损失，还有很多资料也会丢失。引起硬盘出现故障的原因主要有以下几种。

### 1. 人为因素

由于拔插硬盘时用力过大或插接方向不正确，造成硬盘接口针脚断裂，从而导致硬盘不能正常读取数据，也可能是对硬盘进行格式化或分区时操作不当造成分区表丢失或损坏。

## 2. 设置不当

由于硬盘的跳线设置不当、BIOS 设置不当、操作系统中对硬盘的传输模式设置不当等，造成不能正常读取数据或读取数据较慢的故障。

## 3. 自然损耗因素

随着使用时间的增加，由于自然磨损等原因，硬盘可能不能正常读取数据或读取数据时噪声过大等情况，此时应及时更换硬盘并转移资料，避免硬盘完全损坏造成数据的丢失。

【例 10-6】开机自检后不能进入操作系统。

【故障现象】

开机自检完成后，不能正常进入操作系统。

【故障分析】

有可能是误操作或者病毒破坏了引导扇区，或者是系统启动文件被破坏或 0 磁道损坏。

【排除故障】

用启动盘启动硬盘，用 SYS C:命令修复系统启动文件。

① 如果无效可以使用杀毒工具检查是否有病毒，如果属于病毒破坏引导扇区的情况就可以解决。

② 如果不是这些问题，就用诺顿磁盘医生修复引导扇区和 0 磁道。

③ 如果无法修复 0 磁道，就需要维修或更换硬盘了。

# 五、光驱故障

光驱是计算机系统中较为常用的外存储设备，其出现故障的原因主要有以下几点。

① 由于光驱的电源线、数据线松脱造成不能正常工作和读取数据。

② 在进行主从设备安装时没有正确地设置跳线。

③ 光驱中的激光头老化或被灰尘遮挡。

【例 10-7】光驱不能读取光盘数据。

【故障描述】

光驱可以正常开合，将光盘放入光驱后，在系统中打开，光驱盘符显示为空，查看光驱属性发现无数据。

【故障分析】

① 光驱可以正常开合，证明光驱通电情况正常。

② 首先更换一张光盘后进行数据读取，以确定是否是光盘自身的问题。

③ 再打开机箱，查看光驱的数据线是否连接好。

④ 最后可使用清洁工具对光驱的激光头进行清洗。

【故障排除】

① 若更换光盘后能正常读取数据，则证明是原光盘有问题，可对其进行清洗并擦拭干净后再次进行读取。

② 若是因为数据线松脱造成的问题，则将数据线连接好。

③ 若对激光头进行清洗后能正常读取数据，则证明是激光头上有灰尘。

④ 若以上情况都被排除后，则可能是光驱自身有问题，应送往维修或更换。

# 六、认识显卡故障

显卡作为计算机系统的一个主要部件，其发生故障的概率也较高。通常引起显卡故障的原因有以下几种。

### 1. 接触不良

显卡的金手指氧化可能造成与主板上的显卡插槽接触不良，一般可拔插一次显卡并清洁显卡的金手指部位即可排除故障。

### 2. 驱动程序故障

进入系统后显卡显示不正常，一般是由于驱动程序没有安装正确或是驱动程序出错造成的，只需重新安装驱动程序即可解决故障。

### 3. 散热问题

显卡因风扇停转或散热片灰尘太多造成散热不良，从而导致温度过高，可能造成花屏、无故死机或关机、无法正常启动等问题。

### 4. 显卡芯片故障

显卡上的 GPU 芯片、显存芯片等因过热或强电压出现故障，此类故障只有联系专业维修人员进行维修或进行更换才可解决。

【例 10-8】因显卡与插槽接触不良引起计算机不能正常启动。

【故障描述】

计算机不能正常启动，打开机箱，通电后发现 CPU 风扇运转正常，但显示器无显示，主板也无任何报警声响。

【故障分析】

① CPU 风扇运转正常，证明主板通电正常。

② 拔下内存条后再通电，若主板发出报警声，则说明主板的 BIOS 系统工作正常。

③ 插上内存条并拔下显卡，主板也有报警声，证明显卡插槽正常，排除显卡损坏的可能，则确定是因为显卡与插槽接触不良。

【故障排除】

使用橡皮擦擦拭显卡的金手指后再插入插槽即可解决故障。

【例 10-9】因显卡散热不良引起花屏现象。

【故障描述】

计算机能正常启动运行，但在运行 3D 软件或游戏一段时间后会出现花屏现象。

【故障分析】

① 此类故障一般首先诊断是显卡的问题，打开机箱，启动计算机查看显卡风扇运转是否正常。

② 用手触摸显卡散热片和背面，感觉显卡的温度是否正常。若出现发烫或温度上升很快等现象，则证明是因为散热不良而导致故障。

③ 若散热片温度正常，而显卡背面温度较高，则可能是因为散热片与显卡芯片接触不良。

【故障排除】

① 若风扇运转出现问题，则需送往维修或更换新的风扇。

② 若只是散热问题，则可对散热片和风扇上的灰尘进行清理。

③ 若是因为散热片与显卡芯片接触不良，则一般需要送往诊断点加涂硅胶导热。

## 七、电源故障

电源作为主机的供电设备，是计算机系统能否正常工作的保障。若电源工作不正常，则有可能烧坏主板和各种部件；若不能提供充足的电功率，则会造成各部件不能正常工作。

### 1. 强电压

电源如果受到强电压的冲击，特别是对于质量不太好的电源，会造成保险丝熔断、电容烧坏等故障，此时应更换元件或更换电源。质量好的电源可有效抵抗强电压的冲击，并在强电压冲击时有效地保护主机内部的器件，所以应尽量选购质量较好的电源。

### 2. 灰尘

电源内部最容易吸附灰尘，灰尘过多可能造成电源散热不良或短路的发生。由于电源内有大电容，操作不当可能引发瞬时高压，会对人员造成危害，所以一般非专业人员最好不要私自打开电源，可送往专业诊断点进行灰尘的清理。

【例 10-10】电源故障导致不能正常启动。

【故障描述】

计算机启动时能通过自检，一段时间后电源突然自动关闭。

【故障分析】

- 将电源连接到其他计算机中观察运行是否正常。
- 电源超过这个额定范围时，电源的过流和过压保护启动，便会自动关闭电源，有必要检查交流市电是否为 220V。
- 计算机中的部件局部漏电或短路，将导致电源输出电流过大，电源的过流保护将起作用，自动关闭电源。此时可用最小系统法逐步检查，找出硬件故障。
- 电源与主板不兼容也可能导致此故障。

【故障排除】

- 连接到其他计算机上后，若工作也不正常，则可能是电源出现故障；若工作正常，则可能是原计算机系统中的部件过多，耗电量过大，而电源功率不足，造成供电不足引起故障，此时应更换功率更大的电源。
- 若检测出交流市电波动较大，则可以加一个稳压器。
- 如果是电源与主板不兼容，可能是由于电源或主板的生产厂家没有按常规标准生产器件，此时需要更换电源。

## 八、鼠标和键盘故障

鼠标和键盘作为计算机的基本输入设备，若发生故障，则会影响计算机的正常使用。鼠标和键盘的常见故障原因有以下几点。

### 1. 自然损耗因素

鼠标和键盘也有一定的使用寿命，一般在长时间使用后会出现按键失效或不灵敏，可对其进行清理或更换，以解决此类故障。

### 2. 人为因素

不小心将其摔坏；将液体溅入鼠标和键盘，从而造成电路损坏或短路，引起鼠标和键盘损坏或工作不正常；经常拔插鼠标和键盘或拔插方法不正确，造成接口损坏；连接时没有正确区分鼠标和键盘的接口，插接错误。

### 3. 设置不当

在操作系统中，由于软件设置改变了鼠标或键盘的某些功能，如键盘上的数字键盘用于操作鼠标光标、鼠标的左右键调换等。对于此类故障，可查看相关资料，并根据需要进行正确的设置即可。

【例 10-11】键盘不能正常输入。

【故障描述】

计算机正常启动后，键盘没有任何反应。

【故障分析】

① 重新启动计算机，在自检时注意观察键盘右上角的"Num Lock"提示灯、"Caps Lock"提示灯和"Scroll Lock"提示灯是否闪了一下，进入系统后再分别按下键盘上这 3 个灯所对应的键，查看灯是否有亮灭现象。

② 检查键盘的连线是否正确，将键盘接到其他计算机中测试能否正常使用。

③ 检查主板上键盘接口处是否有针脚脱焊、灰尘过多等情况。

【故障排除】

① 若键盘上的提示灯一直没有亮，则有可能是键盘与主板没有连接好，可重新拔插一次确认正确连接即可。

② 因鼠标和键盘的接口外观相同，连接时应仔细辨别，或对照主板说明书进行正确插接。

③ 若接到其他计算机中也不能正常使用，则可能是键盘已损坏，只需更换新键盘即可。

④ 若检查主板上的键盘接口处的针脚有脱焊的情况，则应对其进行正确焊接；若发现该处灰尘太多，则有可能是由于灰尘造成短路，应对灰尘进行清理。

## 九、网卡故障

网卡作为与其他计算机进行数据交换的主要部件，若发生故障，则会影响网络的使用，并可能造成其他一些问题的产生。

【例 10-12】添加网卡后不能正常关机。

【故障描述】

计算机原来使用正常，但添加了一块网卡后不能正常关机。

【故障分析】

① 首先应重新安装网卡的驱动程序，以确定是否为驱动程序不正确造成的故障。

② 打开机箱，取下网卡并对网卡的金手指和主板上的 PCI 插槽进行清理，然后重新插上，以确定是否因灰尘过多造成接触不良。

③ 最后可更换一个 PCI 插槽，或将网卡装到其他计算机上，以确定是否为 PCI 插槽或网卡自身的故障。

【故障排除】

① 若是由于网卡驱动程序不正确引起的故障，重新安装驱动程序即可。

② 若是由于接触不良引起的故障，则对网卡和插槽进行清理即可。

③ 若更换 PCI 插槽后恢复正常，则可能是原 PCI 插槽损坏；若将网卡装到其他计算机上也出现类似故障，则可能是网卡损坏，应进行更换。

【例 10-13】网络时续时断。

【故障描述】

一块 PCI 总线的 10/100Mbit/s 自适应网卡，在 Windows XP 系统中使用时网络时续时断。查看网卡的指示灯，发现该指示灯时灭时亮，而且交替过程很不均匀。与该网卡连接的 Hub（集线器）所对应的指示灯也出现同样的现象。

【故障分析】

① 首先诊断是 Hub 的连接端口出了问题，可将该网卡接到其他端口上，若问题依旧，说明 Hub 没有问题。

② 再用网卡随盘附带的测试程序盘查看网卡的有关参数，其 IRQ 值为 5。然后返回到操作系统，查看操作系统分配给网卡的参数值，其 IRQ 同样是 5。

③ 后来又诊断是安装该网卡的主板插槽有故障，于是打开机箱，换几个 PCI 插槽，问题仍然存在。

④ 更换多块网卡，问题依旧，说明不是网卡损坏的问题。

⑤ 最后检查 CMOS 参数设置。

【故障排除】

① 进入 CMOS 设置。

② 选择【PnP/PCI Configuration】选项，可发现【IRQ5】选项后面的状态为"Legacy ISA"。

③ 将【IRQ5】选项状态改为"PCI/ISA Pnp"后，网卡即可工作正常。

# 任务三　计算机软件故障及其排除

与硬件故障相比，软件故障虽然破坏性较弱，但是其发生频率更高。总结来说，其主要原因有以下几个方面。

## 一、软件故障原因分析

【知识准备】

导致计算机软件故障的原因主要有以下几个方面。

### 1. 文件丢失

文件丢失会往往导致软件无法正常运行，特别是重要的系统文件。

（1）虚拟驱动程序和某些动态链接库文件损坏

每次启动计算机和运行程序的时候，都会关联上百个文件，但绝大多数文件是一些虚拟驱动程序（Virtual Device Drivers，VXD）和应用程序依赖的动态链接库文件（Dynamic Link Library，DLL）。当这两类文件被删除或者损坏时，依赖于它们的设备和文件就不能正常工作。

（2）没有正确地卸载软件

如果当用户没有正确地卸载软件而直接删除了某个文件或文件夹，系统找不到相应的文件来匹配启动命令，这样不但不能完全卸载该程序，反而会给系统留下大量的垃圾文件，成为系统产生故障的隐患。只有重新安装软件或者找回丢失的文件才能解决这个问题。

（3）删除或重命名文件

如果桌面或【开始】菜单中的快捷方式所指向的文件或文件夹被删除或重命名，在通过该快捷方式启动程序时，屏幕上会出现一个对话框，提示"快捷方式存在问题"，并让用户选择是否删除该快捷方式。此故障可通过修改快捷方式属性或重新安装软件来解决。

### 2. 文件版本不匹配

用户会随时安装各种不同的软件，包括系统的升级补丁，都需要向系统复制新文件或替换现存的文件。在安装新软件和进行系统升级时，复制到系统中的大多是 DLL 文件，而这种格式的文件不能与现存软件"合作"是大多数软件不能正常工作的主要原因。

### 3. 非法操作

非法操作是由于人为操作不当造成的。如卸载程序时不使用程序自带的卸载程序，而直接将程序所在的文件夹删除，或计算机感染病毒后，被杀毒软件删除的部分程序文件导致的系统故障等。

### 4. 资源耗尽

一些 Windows 程序需要消耗各种不同的资源组合，如 GDI（图形界面）集中了大量的资源，这些资源用来保存菜单按钮、面板对象、调色板等；第二个积累较多的则是 USER（用户）资源，用来保存菜单和窗口的信息；第三个是 System（系统）资源，是一些通用的资源。某些程序在运行时可能导致 GDI 和 USER 资源丧失，进而导致软件故障。

### 5. 病毒问题

计算机病毒会给系统带来难以预料的破坏，有的病毒会感染硬盘中的可执行文件，使其不能正常运行；有的病毒会破坏系统文件，造成系统不能正常启动；还有的病毒会破坏计算机的硬件，使用户蒙受更大的损失。

## 二、软件故障解决方法

软件故障的种类非常繁多，但只要有正确的思路，故障也就迎刃而解。

【知识准备】

### 1. CMOS 设置问题

如果对 CMOS 内容进行了不正确的设置，那么系统会出现一系列的问题。在进行 BIOS 自检前对 CMOS 中的内容进行一次检查。用【Load BIOS Defaults】或【Load SETUP Defaults】选项恢复其默认的设置，再对一些比较特殊的或后来新增的设备进行设置，以确保 CMOS 设置的正确性。

### 2. 硬件冲突问题

硬件冲突是常见故障，通常发生在新安装操作系统或安装新的硬件之后，表现为在 Windows 的设备管理器中无法找到相应的设备，设备工作不正常或发生冲突，这可能是硬件占用了某些中断，导致中断或 I/O 地址冲突。一般可删除某些驱动程序或先去除某些硬件，再重新安装即可。

### 3. 升级软件版本

有些低版本的软件本身存在漏洞，运行时容易出错。如果一个软件在运行中频繁出错，可以升级该软件的版本，因为高版本的软件往往更加稳定。

### 4. 利用杀毒软件

当系统运行缓慢或出现莫名其妙的错误时，应当运行杀毒软件扫描系统，检测是否存在病毒。

### 5. 寻找丢失文件

如果系统提示某个系统文件找不到了，可以从其他使用相同操作系统的计算机中复制一个相同的文件，也可以从操作系统的安装光盘中提取原始文件到相应的系统文件夹中。

### 6. 重新安装应用程序

如果是应用程序运行时出错，可以将这个程序卸载后重新安装，在多数时候重新安装程序可以解决很多程序运行故障。同样，重新安装驱动程序也可修复设备因驱动程序出错而发生的故障。

# 三、系统软件故障

下面通过一些具体的案例来介绍系统常见的软件故障。

【例 10-14】Windows 7 系统不能正常关机。

【故障描述】

在关闭计算机时，计算机没有响应或者出现有一个闪烁光标的空白屏幕。

【故障分析】

引起 Windows 系统出现关机故障的主要原因如下。

① 系统文件冲突。

② CMOS 设置不当。

【故障排除】

（1）因 Config.sys 文件或 Autoexec.bat 文件冲突的解决方法

检查 Config.sys 文件或 Autoexec.bat 文件中是否存在冲突。用文本编辑器查看这两个文件的内容，检查是否有多余的命令，也可以在语句前面加 "rem" 来禁止该语句的执行，逐步排除，直到发现有冲突的命令。

（2）因 CMOS 设置不当的解决方法

计算机启动时进入 CMOS 设置界面，重点检查 CPU 外频、电源管理、病毒检测、磁盘启动顺序等选项设置是否正确。具体设置方法可参看主板说明书，也可以直接恢复到厂家的出厂默认设置。

【例 10-15】关闭 Windows 7 后系统却重新启动。

【故障描述】

关闭 Windows 7 系统后，系统又自动重新启动。

【故障分析】

在默认情况下，当系统出现错误时，计算机会自动重新启动。这样，当用户关机时出现错误，系统也会自动重新启动。将该功能关闭往往可以解决自动重新启动的故障。

图 10-11　控制面板

【故障排除】

① 右键单击【计算机】图标，在弹出的快捷菜单中选择【属性】命令，弹出【控制面板】对话框，单击【高级系统设置】选项，如图 10-11 所示。

② 在弹出的【系统属性】对话框中选中【高级】选项卡，如图 10-12 所示。

③ 单击【启动和故障恢复】栏中的 设置(T)... 按钮，弹出【启动和故障恢复】对话框。

④ 在【系统失败】栏中取消选中【自动重新启动】复选框，如图 10-13 所示。

【例 10-16】Windows 7 系统运行多个任务时，速度突然下降。

【故障描述】

计算机启动后，当同时使用 Word、QQ 和游戏等多个软件时，计算机运行速度会明显下降，并经常提示虚拟内存不足。

【故障分析】

正常情况下，目前计算机配置的内存运行多个软件不会对系统速度有太大的影响，更不会出现内存不足的情况，因此初步判断是因为虚拟内存设置不当引起的故障。一般 Windows 系统预设的是由系统自行管理虚拟内存，它会因应用程序所需而自动调节驱动器页面文件的大小，但这样的调节会给系统带来额外的负担，有可能导致系统运行速度变慢。

图 10-12  打开【高级】选项卡

图 10-13  不选中【自动重新启动】复选框

【故障排除】

① 右键单击【计算机】图标，在弹出的快捷菜单中选择【属性】命令，弹出【控制面板】对话框，单击【高级系统设置】选项。

② 在弹出的【系统属性】对话框中选中【高级】选项卡。

③ 单击【性能】栏中的 设置(S) 按钮，弹出【性能选项】对话框，再切换到【高级】选项卡，如图 10-14 所示。单击【虚拟内存】栏中的 更改(C) 按钮，弹出【虚拟内存】对话框。

④ 选择驱动器为 C 盘，在【每个驱动器的分页文件大小】栏中选中【自定义大小】单选按钮，然后设置页面文件的初始大小和最大值。最大值一般为初始大小的 1～2 倍，如图 10-15 所示。

图 10-14  【高级】选项卡

图 10-15  【虚拟内存】对话框

【例 10-17】Windows 7 系统运行时出现蓝屏。

【故障描述】

计算机在运行时突然出现蓝屏现象，如图 10-16 所示，在屏幕上显示停机码为 "0x0000001E: KMODE_EXCEPTION_NOT_HANDLED"。

【故障分析】

Windows 系统检查到一个非法或者未知的进程指令，这个停机码一般是由有问题的内存造成的，或者是由有问题的设备驱动、系统服务或内存冲突和中断冲突引起的。

【故障排除】

（1）因内存不兼容的解决方法

如果更换一块与主板兼容的内存条后，蓝屏问题得到解决，那么该问题就是由于内存不兼容而引起的，因此更换一块与主板兼容的内存条即可。

（2）因设备驱动问题的解决方法

图 10-16　蓝屏

如果在蓝屏信息中出现了驱动程序的名字，则在安全模式或者故障恢复控制台中禁用或删除驱动程序，并禁用所有刚安装的驱动和软件。如果错误出现在系统启动过程中，则进入安全模式，将蓝屏信息中所标明的文件重命名或者删除。

（3）因其他问题引起蓝屏的解决方法

在安装 Windows 系统后第一次重启时即出现蓝屏，可能是系统分区的磁盘空间不足或 BIOS 兼容有问题。如在关闭某个软件时出现，则可能是软件本身存在设计缺陷，升级或卸载该软件即可。

【例 10-18】无法浏览网页。

【故障描述】

使用 IE 浏览器上网时无法打开网页。

【故障分析】

网络设置不当、DNS 服务器故障、网络防火墙问题、IE 损坏等都可能导致用户无法上网。

【故障排除】

1. 因网络设置不当的解决方法

这种原因多为手动指定 IP、网关、DNS 服务器的连网方式下。在【Internet 协议（TCP/IP）属性】对话框中仔细检查计算机的网络设置，输入正确的 IP、网关和 DNS 即可解决问题。

2. 因网络防火墙问题的解决方法

如果网络防火墙设置不当，如安全等级过高、将 IE 浏览器放进了阻止访问列表、错误的防火墙策略等，都可能导致无法上网。可以修改防火墙策略、降低防火墙安全等级或直接关闭防火墙。

3. 因 IE 浏览器损坏的解决方法。

如果 QQ 等软件可以正常上网，但 IE 浏览器仍无法浏览网页，则可能是 IE 的内核损坏导致的故障，可进行下面的操作。

① 在【开始】菜单底部文本框中输入"regedit"后回车，打开【注册表编辑器】窗口，并依次展开 HKEY_LOCAL_MACHINE\SOFTWARE\Microsoft\Active Setup\Installed Components\{89820200-ECBD-11cf-8B85-00AA005B4383}，如图 10-17 所示。

② 双击右侧窗口的【IsInstalled】选项，在弹出的【编辑 DWORD 值】对话框中修改 DWORD 值，将【数值数据】参数修改为 0 即可，如图 10-18 所示。

【例 10-19】IE 浏览器被恶意修改。

【故障描述】

IE 浏览器的标题栏被一些程序恶意修改，如在 IE 浏览器最上方的蓝色横条里显示广告，而不是默认的"Microsoft Internet Explorer"。

图 10-17 【注册表编辑器】窗口　　　　　图 10-18 【编辑 DWORD 值】对话框

【故障分析】

这是因为某些恶意网页在用户计算机中加了一个自运行程序，它会在系统启动时将用户的 IE 起始页设成非法的网站。

【故障排除】

① 用前面介绍的方法打开【注册表编辑器】窗口。

② 依次展开 HKEY_LOCAL_MACHINE\SOFTWARE\Microsoft\Windows\CurrentVersion\ Run。

③ 先在窗口右侧找到【registry.exe】选项，再删除自运行程序"C:\Program Files\registry.exe"。

④ 最后从 IE 选项中重新设置起始页即可。

【例 10-20】IE 浏览器窗口始终最小化。

【故障描述】

每次在 IE 浏览器中打开的都是最小化窗口，即便在窗口最大化后，下次启动 IE 浏览器后，新窗口仍旧以最小化显示。

【故障分析】

IE 浏览器具有"自动记忆功能"，它能保存上一次关闭窗口后的状态参数，IE 浏览器本身没有提供相关的设置选项，不过可以借助修改注册表来实现。

【故障排除】

① 打开【注册表编辑器】窗口，依次展开 HKEY_CURRENT_USER\Software\Microsoft\ Internet Explorer\Desktop\OldWorkAreas，然后选择窗口右侧的【OldWorkAreaRects】选项并将其删除，如图 10-19 所示。

图 10-19 删除 OldWorkAreaRects 文件

② 在【注册表编辑器】窗口中依次展开【HKEY_CURRENT_USER\Software\Microsoft\ Internet Explorer\Main】，选择窗口右侧的【Window_Placement】选项并将其删除。

③ 关闭【注册表编辑器】窗口，重新启动计算机，打开 IE 浏览器，将其窗口最大化，再还原窗口，再次最大化，最后关闭 IE 浏览器。以后重新打开 IE 浏览器时，窗口就显示正常了。

【例 10-21】内存不能为 "read" 的故障。

【故障描述】

在使用 IE 浏览器时，有时会弹出【iexplore.exe　应用程序错误】提示对话框，显示 "0x70dcf39f" 指令引用的 "0x00000000" 内存（或者 "0x0a8ba9ef" 指令引用的 "0x03713644" 内存）不能为 "read"，如图 10-20 所示。单击 确定 按钮后，又出现 "发生内部错误，你正在使用的其中一个窗口即将关闭" 的提示对话框，关闭该提示信息后，IE 浏览器也被关闭。

图 10-20　应用程序错误

【故障分析】

内存不能为 "read" 的故障主要由内存分配失败引起的，造成这种问题的原因很多，内存不够、系统函数的版本不匹配等都可能导致内存分配失败。这种问题多见于操作系统使用很长时间，安装了多种应用程序（包括无意中安装的病毒程序），更改了大量的系统参数和系统档案之后。

【故障排除】

① 在【开始】菜单底部文本框中输入 "regsvr32 actxprxy.dll"，回车后重新注册该 DLL 文件。

② 用同样的方法再依次运行以下几个命令：regsvr32 shdocvw.dll、regsvr32 oleaut32.dll、regsvr32 actxprxy.dll、regsvr32 mshtml.dll、regsvr32 msjava.dll、regsvr32 browseui.dll 和 regsvr32 urlmon.dll。

③ 最后修复或升级 IE 浏览器，同时给系统打上补丁即可。

【例 10-22】Windows 7 系统中不能安装软件。

【故障描述】

一台安装了 Windows 7 系统的计算机在运行了一段时间后，无法再安装其他软件，每次安装的时候都会提示出错。

【故障分析】

出现这种故障一般是由于系统盘中的临时文件太多，占据了大量的磁盘空间，使得安装软件所需要的硬盘空间不足引起的。

【故障排除】

运行磁盘清理程序，将系统盘的临时文件夹清空。

# 四、应用软件故障

【例 10-23】安装程序启动安装引擎失败。

【故障描述】

在安装软件时提示 "安装程序启动安装引擎失败：不支持此接口"。

【故障分析】

引起安装程序无法启动的原因比较多，但最可能的原因是软件安装需要的 Windows Installer 服务出现了问题。

【故障排除】

① 在【开始】底部文本框中输入 "服务"，然后回车，打开【服务】窗口。

② 找到【Windows Installer】选项，然后启动该服务，如图 10-21 所示。

图 10-21　启动 Windows Installer 服务

③ 重新安装软件，如果仍然存在问题，则可在微软站点下载最新的 Windows Installer 并重新安装。

【例 10-24】Foxmail 升级后无法发送邮件。

【故障描述】

Foxmail 升级之后只能接收邮件，而不能发送邮件。

【故障分析】

实现邮件收发需要借助于 POP3 和 SMTP 两种服务。POP3 用于接收邮件，而 SMTP 用于发送邮件。为了避免用户发送大量的垃圾邮件，许多新的 SMTP 服务器都采用了身份验证机制，在发送邮件时需要先进行身份验证，因此升级后的故障应该就出在这里。

【故障排除】

① 启动 Foxmail，右键单击当前用户名并选择【属性】命令，弹出【邮箱账户设置】对话框。

② 切换到【邮件服务器】标签卡，然后选中【SMTP 服务器需要身份验证】复选框即可。

【例 10-25】网际快车下载故障。

【故障描述】

安装网际快车后，不能使用鼠标右键下载文件。

【故障分析】

网际快车的安装路径一定不能用中文名，如使用中文名，不但会导致右键菜单中的相关命令不起作用，有时还会导致其他问题的出现。

【故障排除】

① 将网际快车的安装路径用英文名称表示，如果右键菜单仍然不起作用，则将 "jccatch.dll" 和 "fgiebar.dll" 文件复制到 "C:\Windows\system32" 目录下。

② 分别在【运行】对话框中输入 "regsvr32 jccatch.dll" 和 "regsvr32 fgiebar.dll" 后单击 确定 按钮，重新注册 DLL 文件。

③ 最后在【运行】对话框中输入 "regsvr32 vbscript.dll"，重新注册该 DLL 文件。

【例 10-26】工行 U 盾在 Windows 7 系统下蓝屏。

【故障描述】

在 Windows 7 系统中插入工行 U 盾，就会导致系统蓝屏。

【故障分析】

工行 U 盾与 Windows 7 系统不兼容。

【故障排除】

（1）安装捷德 U 盾驱动

① 首先下载工行捷德 U 盾 Windows 7 驱动程序。如果用户安装了原来光盘中的 U 盾驱动，可以采取打补丁的方式，安装捷德 U 盾 Windows 7 专用驱动。

② 安装过程中会有两次 Windows 7 安全提示，选择【始终安装此驱动程序软件】选项，完成驱动程序的安装。

③ 再次插入工行 U 盾，Windows 7 系统会自动搜索驱动并安装成功，解决工行 U 盾与 Windows 7 系统不兼容的问题。

（2）安装华虹 U 盾驱动

① 首先下载工行华虹 U 盾驱动程序，关闭 UAC（用户账户控制），然后以管理员身份运行该驱动。

② 插入华虹 U 盾，并指定搜索路径，如果默认路径是"X:\Windows\System32\drivers"，此时须修改为"X:\Windows\system32"（X 为 Windows 7 系统所在分区盘符）。接下来的操作按系统提示完成即可。

【例 10-27】登录 QQ 时提示快捷键冲突。

【故障描述】

正常启动 QQ 程序并登录到服务器时，出现快捷键冲突提示信息。

【故障分析】

在启动 QQ 前，用户可能启动了其他后台程序，而该程序中的相关快捷键设置与 QQ 的快捷键设置有所冲突（如 Photoshop 的撤销操作快捷键与 QQ 提取消息快捷键相同，均为 Ctrl+Alt+Z 组合键）。

【故障排除】

首先检查正在后台运行的程序，把引起冲突的程序关闭即可。也可以在【QQ2012】面板左下角单击 按钮，从弹出的菜单中选取【系统设置】/【基本设置】选项打开【系统设置】对话框中，在左侧列表中选取【热键】选项重新设置快捷键，如图 10-22 所示。

图 10-22　重新设置快捷键

## 五、其他故障

【例 10-28】Flash 版本导致网页一些内容不能显示

【故障描述】

刚刚安装的操作系统，可能没有安装最新版的 flash player，打开某些带有 flash 的网页时，会弹出【你的 flash 版本过低】提示。这时用户需要安装最新版本的 flash player，如图 10-23 所示。

图 10-23　未安装 flash 播放器或者
flash 播放器版本过低

【故障排除】

① 首先关闭所有网页浏览器，在 adobe 官网或者相关门口网站下载 flash player 最新版本，双击打开该安装包，如图 10-24 所示。

② 出现 flash 安装向导，选中【我已经阅读并同意 Flash Player 许可协议的条款】选项，然后单击安装按钮，如图 10-25 所示。

图 10-24　下载后的 flash player 安装包

图 10-25　flash player 安装向导

③ 一段时间后，安装完成，单击 完成 按钮退出安装向导，如图 10-26 所示。

④ 再次打开刚刚的窗口，可看到可以成功播放 flash 了，如图 10-27 所示。

图 10-26　安装完成窗口

图 10-27　成功打开网页

【例 10-29】任务管理器没有标题栏和菜单栏。

【故障描述】

用户想查看当前计算机的性能以及运行的程序和进程等，就需要打开任务管理器进行查看，但是有时用户可能会遇到任务管理器没有标题栏和菜单栏，这样当用户不能切换查看的内容，如图 10-28 所示。

【故障排除】

① 在任务栏单击鼠标右键，在弹出的快捷菜单中单击【启动任务管理器】选项，如图 10-29 所示。

图 10-28　任务管理器查看不了菜单栏　　　　　图 10-29　启动任务管理器

② 如果发现没有菜单任务栏，在任务管理器窗口的四周的空白处双击鼠标左键即可恢复原来的窗口，如图 10-30 所示。

③ 完成后发现已经恢复原来的菜单栏和任务栏，用户可以进行自由的切换了，如图 10-31 所示。

图 10-30　任务管理器窗口　　　　　图 10-31　恢复后的任务管理器窗口

【例 10-30】频繁弹出拨号连接窗口。

【故障描述】

当用户第一次进行拨号连接后，用户如果换一个网络后，可能会一直出现拨号连接的对话框，手动关闭后，等一段时间又会弹出来，如图 10-32 所示。

图 10-32　频繁弹出拨号窗口

【故障排除】

① 打开 IE 浏览器，在菜单栏单击【工具】选项，在弹出的菜单中单击【Internet 选项】选项，如图 10-33 所示。

② 弹出 Internet 选项窗口，首先单击【连接】选项卡，如图 10-34 所示。

图 10-33　IE 浏览器打开工具菜单

图 10-34　Internet 选项窗口

如果是 IE9 的用户，需要在键盘按 Alt 激活，才能看到浏览器的菜单栏。

另外 IE9 的用户也可以单击右上角的齿轮按钮，在弹出的快捷菜单选择【Internet 选项】即可。

③ 在连接的选项卡里面的选中【从不进行拨号连接】单选框，如图 10-35 所示。

④ 单击 确定 按钮保存设置，可以看到不会再频繁出现该窗口，如果需要自动进行拨号连接，选中【始终拨打默认连接】单选框即可，如图 10-36 所示。

图 10-35　设置从不进行拨号连接

图 10-36　设置始终拨打默认连接

【例 10-31】找不到语言栏/不能切换安装的输入法。

【故障描述】

一般用户安装操作系统后，都会安装新的输入法，但是有时用户可能会遇到切换了很多遍都切换不了自己的输入法的情况，这很可能是因为用户没有加载到语言栏里。如果语言栏中只有一个输入法，那么系统就不会显示语言栏。

【故障排除】

① 打开控制面板，将左上角的查看方式设置为【类别】，然后单击【时钟、语言和区域】选

项，如图 10-37 所示。

②　弹出时钟、语言和区域窗口，单击【区域和语言】选项，如图 10-38 所示。

图 10-37　控制面板窗口

图 10-38　语言和区域窗口

③　在连接的选项卡里面的选中【从不进行拨号连接】单选框，如图 10-39 所示。

④　弹出文本服务和输入语言窗口，选中【常规】选项卡，可以看到在已安装的服务中只有【美式键盘】一个选项。此时单击 添加(D)... 按钮，如图 10-40 所示。

图 10-39　区域和语言窗口

图 10-40　添加输入法

⑤　弹出添加输入语言窗口，在语言列表框找到需要添加的语言，在前面的复选框打钩，这里选择【搜狗拼音输入法】选项，然后单击 确定 按钮，如图 10-41 所示。

⑥　退出添加输入语言窗口，可以看到刚刚添加的语言已经显示在已安装的服务列表中，单击 确定 按钮保存并退出，如图 10-42 所示。

⑦　在右下角可以看见语言栏并可以进行切换，用户也可以添加多个输入法，通过按 Ctrl + Shift 组合键进行相应的切换，也可以直接通过右键语言栏进入设置窗口，如图 10-43 所示。

⑧ 在语言栏单击鼠标右键，在弹出的菜单中选择【属性】选项，弹出【文本服务和输入语言】窗口，可以快速对输入法进行设置，如图 10-44 所示。

图 10-41　选择要添加的输入法

图 10-42　添加后的输入法

图 10-43　语言栏

图 10-44　文本服务和输入语言

【例 10-32】睡眠状态仍连接网络。

【故障描述】

默认情况下，Windows 7 进入睡眠状态后，会自动断开网络连接。如果用户离开计算机时间过长，并设置的睡眠模式，Windows 会进入睡眠状态，就会停止下载、上传、QQ 在线等网络连接活动，下面简单介绍如何在睡眠状态连接网络。

【故障排除】

① 单击 Windows 徽标，在弹出的菜单栏搜索文本框内输入"regedit"，然后回车，如图 10-45 所示。

② 弹出注册表管理器窗口，在左侧的树状目录单击【HKEY_LOCAL_MACHINE】前的三角箭头展开注册表目录，依次展开的目录为【HKEY_LOCAL_MACHINE\SYSTEM\CurrentControlSet\Control\SessionManager\ Power】，如图 10-46 所示。

③ 展开到 Power 后，单击该文件夹，在右侧可以看到一些注册表选项，如图 10-47 所示。

④ 在 Power 文件夹单击鼠标右键，在弹出的快捷菜单选择【新建】【QWORD（32-位）值】选项，如图 10-48 所示。

图 10-45　进入注册表

图 10-46　注册表窗口

图 10-47　进入 Power 目录

图 10-48　新建 QWORD（32-位）值

⑤ 在右侧窗口可以看到新建的注册表项，命名为【AwayModeEnabled】，如图 10-49 所示。

⑥ 双击该选项，弹出编辑该项的值窗口，在数值数据文本框输入【1】，如图 10-50 所示。

图 10-49　设置名称

图 10-50　设置数据数值

⑦ 单击 确定 按钮保存设置，可以看到注册表里多了一个选项，说明设置成功，此时用户计算机在睡眠状态可以连接网络，如图 10-51 所示。

图 10-51　设置完成

# 小　结

　　本项目主要对硬件故障的诊断及维修方法进行了详细的介绍，并根据不同的部件和设备分析了各自常见的故障原因和解决方法，最后通过常见的案例直观地介绍了可能引起故障的原因和相对应的解决方法。随后通过一些计算机软件故障的解决方法和案例，介绍了如何排除计算机的软件故障以及排除软件故障的思路。有一点需要提醒读者注意：没有任何一本书可以囊括计算机所有会出现的故障，因此关键是要学会举一反三。在维修的过程中也要注意积累经验，多进行交流；遇到没有见过或无法排除的问题，要多到网上寻找类似故障的解决方法，并从中得到启示。

# 习　题

1. 硬件故障的产生原因主要有哪些？
2. 硬件故障诊断过程中使用的工具主要有哪些？各有什么作用？
3. 硬件故障诊断的原则和步骤是什么？
4. 硬件故障诊断的方法有哪些？如何操作？
5. CPU 和风扇的常见故障原因和处理方法有哪些？
6. 主板的常见故障原因和处理方法有哪些？
7. 内存的常见故障原因和处理方法有哪些？
8. 显卡的常见故障原因和处理方法有哪些？
9. 计算机故障处理要遵循哪些原则？
10. 列举可能引起软件故障的因素（至少 3 个）。